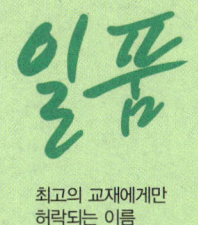

최고의 교재에게만
허락되는 이름

「일품」 합격수험서로 녹색자격증 취득한다!
자격증 취득은 원리에 충실해야 합니다. 최적의 길잡이가 되어드리겠습니다.

「일품」 합격수험서로 녹색직업 부자된다!
다른 수험서와 차별화된 차이점은 조그마한 부분에서부터 시작됩니다.

365일 저자상담직통전화
010-7209-6627

지난 40여 년 동안 수많은 수험생들이 세화출판사의 안전수험서로 합격의 기쁨을 누렸습니다.

많은 독자들의 추천과 선택으로 대한민국 안전수험서 분야 1위 석권을 꾸준히 지키고 있는 도서출판 세화는 항상 수험생들의 안전한 합격을 위해 최신기출문제를 백과사전식 해설과 함께 빠르게 증보하고 있습니다.
저희 세화는 독자 여러분의 안전한 합격을 응원합니다.

40년의 열정, 40년의 노력, 40년의 경험

정부가 위촉한 대한민국 산업현장 교수!
안전수험서 판매량 1위 교재 집필자인
정재수 안전공학박사가 제안하는
과목별 **321** 공부법!!

[되고 법칙]

돈이 없으면 벌면 되고 잘못이 있으면 고치면 되고 안되는 것은 되게 하면 되고, 모르면 배우면 되고, 부족하면 메우면 되고, 잘 안되면 될때까지 하면 되고, 길이 안보이면 길을 찾을때까지 찾으면 되고, 길이 없으면 길을 만들면 되고, 기술이 없으면 연구하면 되고, 생각이 부족하면 생각을 하면 된다.

*수험정보나 일정에 대하여 궁금하시면 세화홈페이지(www.sehwapub.co.kr)에 접속하여 내려받으시고 게시판에 질문을 남기시거나 궁금한 점이 있으시면 언제든지 아래의 번호로 전화하세요.

| 3 단 계
대 비 학 습 | 365일
합격상담직통전화 | **010-7209-6627** |

---

1 필기 합격

3단계 | 합격단계 — · 합격날개 · 과목별 필수요점 및 문제

2단계 | 기본단계 — · 필수문제 · 최근 3개년 3단계 과년도

⬇

1단계 | 만점단계 — · 알짬QR · 1주일에 끝나는 합격요점

2 필기 과년도   33년치 3주 합격

3단계 | 합격단계
- 기사—공개문제 22개년도 (2003~2024년)기출문제
- 산업기사—공개문제 23개년도 (2002~2024년)기출문제

2단계 | 기본단계
- 기사—미공개문제 11개년도 (1992~2002년)기출문제
- 산업기사—미공개문제 10개년도 (1992~2001년)기출문제

1단계 | 만점단계
- · 알짬QR ·
- 1주일에 끝나는 계산문제총정리
- 미공개 문제 및 지난과년도

산업안전 우수 숙련 기술자 (숙련 기술장려법 제10조)

정/직한 수험서!
재/수있는 수험서!
수/석예감 수험서!

• 특허 제 10-2687805호 •

아래와 같은 방법으로 공부하시면 반드시 합격합니다.

자격증 취득은 기초부터 차근차근 다져나가는 것이 중요합니다. 필기에서는 과목별 요점정리와 출제예상문제를, 과년도에서는 최근 기출문제와 계산문제 총정리를, 실기 필답형에서는 합격예상작전과 과년도 기출문제를, 실기 작업형에서는 최근 기출문제 풀이 중심으로 공부하시면 됩니다.

필기시험 합격자에게는 2년간 실기시험 수험의 응시가 주어지고, 최종 실기시험 합격자는 21C 유망 녹색자격증 취득의 기쁨이 주어지게 됩니다.

일품 필기 일품 필기 과년도 일품 실기 필답형 일품 실기 작업형

---

3 실기 필답형 **4주 합격**

3단계 | 합격단계 : 과목별 필수요점 및 출제예상문제

2단계 | 기본단계 :
• 기본 : 과년도 출제문제 (1991~2000년)
• 필수 : 과년도 출제문제 (2001~2024년)

⇩

1단계 | 만점단계 :
• **알짬QR** •
• 실기필답형 1주일 최종정리
• 1991~2010년 기출문제

4 실기 작업형 **1주 합격**

3단계 | 합격단계 : 과년도 출제문제 (2017~2024년)

⇩

2단계 | 기본단계 : 각 과목별 필수 요점 및 문제

⇩

1단계 | 만점단계 :
• **알짬QR** •
• 2000~2016년 기출문제

*산재사고로 피해를 입으신 근로자 및 유가족들에게 심심한 조의와 유감을 표합니다.

산업안전지도사 건설안전공학 과년도

개정증보판 / 개정법 적용

NCS적용 백과사전식 12개년 기출문제 해설

녹색자격증 녹색직업

▶ ISO 9001:2015 인증
▶ 안전연구소 인정

ONLY ONE 지도사 합격

세계유일무이
365일 저자상담직통전화
010-7209-6627

대한민국 산업현장교수/기술지도사
안전공학박사/명예교육학박사

정재수 지음

2차 전공필수

「산업안전 우수 숙련기술자 선정」

지도사 · 산업안전, 건설안전 기사 · 기능장 · 기술사 등 관련 자격 및 의문사항에 대하여
365일 성심 성의껏 답변해 드리고 있습니다. 저자와 상담 후 교재를 구입하세요.
www.sehwapub.co.kr

대한민국 최초, 최다, 최고, 최상, 최적 적중률의 안전관리 완벽합격!

· 특허 제10-2687805호 ·
명칭 : 국가직무능력표준에 따른 자격사 교육 콘텐츠 생성 자동화 방법, 장치 및 시스템

도서출판 세화

책 한권 사는 것으로 시험에 합격할 수는 없습니다.
하지만, 오늘 산 책으로 합격을 향한 첫 걸음은 시작됩니다.
자기 자신과의 외롭고 긴 싸움의 여정
더 나은 내가 되어가는 인고의 시간,
그 순간순간마다
도서출판 세화가 함께 하겠습니다.

미래로 향한 한걸음
www.sehwapub.co.kr
도서출판 세화

머리말

세계 어떤 기업, 정부, 공공기관도 산업재해예방 기준을 100% 달성할 수는 없을 것이다. 그러나 안전을 위한 조직적 절차를 개발하고 보완할 경우 사업에 수반되는 고위험과 산업현장의 사고 건수를 선진국에서는 강력한 안전제도의 관리조치에 의한 안전대책을 취하고 있다.

유럽회원국은 지속적으로 연구를 진행해왔고 안전보건실패에 의한 손실이 회사의 총매출액(TURN OVER)3~5%에 달했음을 확인하였다. 우리나라 정부에서도 중대재해가 발생하면 기업은 반드시 망할 것이라 고용노동부장관이 강조한 사실이 있다.

이러한 손실은 오늘날 경제기후에 의하면 아주 심각하다. 우리나라도 이에 따른 방안으로 산업의 경제력 향상을 위한 기술개발투자의 증대와 함께 산업재해 절감을 위한 선진 안전 기획단도 출범하였다.

특히 재해 예방기관의 전문화로 산업안전지도사의 CONSULTING 업무가 법적으로 확정되어 안전분야의 산업안전 지도사로서는 최고의 직업으로 부각되고 있는 것이 오늘의 현실이다.

그러나 지도사 자격을 취득하기 위해서는 단시간의 준비만으로 쉽게 취득할 수 있는 것이 아니라고 생각한다.

필자는 이러한 점을 착안하여 어떻게 하면 짧은(단) 시간 내에 가장 효과적으로 자격을 취득할 수 있는가에 대한 연구와 고민 끝에 2차 전공 과년도 문제를 해설하여 수험생들이 공부하는 데 도움이 되도록 작성했고 문제 및 해설을 체계적으로 심층분석하여 반드시 합격할 수 있도록 하였다.

앞으로 계속 내용을 보완하여 산업안전 지도사(건설안전공학) 합격수험서로서 대한민국 최초 저서이자 최고 · 최상의 책으로 거듭 나도록 독자와 함께 노력을 다할 것이다.

끝으로 이 책을 펴내는데 밤낮으로 세계 최고 최상의 출판사가 되기를 노력하시는 도서출판 세화 박용 사장님께 영원히 고마움을 잊지 않을 것이며 영원히 사랑해 주시는 나의 하나님께 감사드립니다.

평화의 도시 파주에서

자격시험 안내사항

1. 시험일정 정보

시험관련 상세정보는 산업안전지도사 홈페이지(www.q-net.or.kr/site/indusafe)
와 산업보건지도사(www.q-net.or.kr/site/indusani)참조

2025년도 지도사 시행일정(총괄)

제1차 시험				제2차 시험			
정기접수	빈자리접수	시험시행일	합격자 발표일	정기접수	빈자리 접수	시험시행일	합격자 발표일
2.24~2.28	3.20~3.21	3.29(토)	4.30(목)	5.12~5.16 (2, 3차 동시)	6.5~6.6 (2, 3차 동시)	(2차) 6.14(토) (3차) 8.20(수) ~8.23(토)	7.30(수) 9.24(수)

2. 시험과목 및 시험방법

(1) 시험과목

구분	교시	시험과목		시험시간	배점
제1차 시험	1	공통필수 (3)	• 공통필수Ⅰ (산업안전보건법령) • 공통필수Ⅱ (산업안전일반6범위 / 산업위생일반5범위) • 공통필수Ⅲ (기업진단·지도)	90분 - 5지 택일형 :과목당 25문제	과목당 100점
제2차 시험	1	전공필수 (택1)	산업안전지도사	• 기계안전공학 • 전기안전공학 • 화공안전공학 • 건설안전공학	100분 -주관식 논술형 4개(필수 2/ 택1) -주관식 단답형 5문제(전항 작성)	-주관식 논술형 : 75점 (25점*3문제) -주관식 단답형:(5점*5문제)
	1	전공필수 (택1)	산업보건지도사	• 직업환경의학 • 산업위생공학		
제3차 시험	-	-	• 면접시험	1인당 20분 내외	10점

(2) 과목별 출제범위

1 제1차 시험(3과목)

		산업안전지도사		산업보건지도사		
	과목	출제범위	과목	출제범위	시험방법
1차 공통 필수	산업안전보건법령(Ⅰ)	「산업안전보건법」, 같은 법 시행령, 같은 법 시행규칙, 「산업안전보건기준에 관한 규칙」	산업안전보건법령(Ⅰ)	산업안전지도사와 동일	객관식 5지 택일형
1차 공통 필수	산업안전일반 6범위(Ⅱ)	산업안전교육론, 안전관리 및 손실방지론, 신뢰성공학, 시스템안전공학, 인간공학, 산업재해 조사 및 원인 분석 등	산업위생일반 5범위(Ⅱ)	산업위생개론, 작업관리, 산업위생보호구, 건강관리, 산업재해 조사 및 원인 분석 등	객관식 5지 택일형
	기업진단·지도(Ⅲ)	경영학(인적자원관리, 조직관리, 생산관리), 산업심리학, 산업위생개론	기업진단·지도(Ⅲ)	경영학(인적자원관리, 조직관리, 생산관리), 산업심리학, 산업안전개론	

2 제2차시험(택 1과목)

구분		산업안전지도사				산업보건지도사	
		기계안전분야	전기안전분야	화공안전분야	건설안전분야	산업안전분야	산업보건분야
	과목	기계안전공학	전기안전공학	화공안전공학	건설안전공학	직업환경의학	산업위생공학
전공필수	시험범위	-기계·기구·설비의 안전등(위험기계·양중기·운반기계·압력용기 포함) -공장자동화설비의 안전기술 등 -기계·기구·설비의 설계·배치·보수·유지기술 등	-전기기계·기구 등으로 인한 위험방지 등(전기방폭설비 포함) -정전기 및 전자파로 인한 재해예방 등 -감전사고 방지기술 등 -컴퓨터·계측제어 설비의 설계 및 관리기술 등	-가스·방화 및 방폭설비 등, 화학장치·설비안전 및 방식기술 등 -정성·정량적 위험성 평가, 위험물 누출·확산 및 피해 예측 등 -유해위험물질 화재폭발 방지론, 화학공정 안전관리 등	-건설공사용 가설구조물·기계·기구 등의 안전기술 등 -건설공법 및 시공방법에 대한 위험성 평가 등 -추락·낙하·붕괴·폭발등 재해요인별 안전대책 등 -건설현장의 유해·위험요인에 대한 안전기술 등	-직업병의 종류 및 인체발병경로, 직업병의 증상 판단 및 대책 등 -역학조사의 연구방법, 조사 및 분석방법, 직종별 산업의학적 관리대책 등 -유해인자별 특수건강진단 방법, 판정 및 사후관리 대책 등 -근골격계 질환, 직무스트레스 등 업무상 질환의 대책 및 작업관리방법 등	-산업환기설비의 설계, 시스템의 성능검사·유지관리 기술 등 -유해인자별 작업환경측정 방법, 산업위생통계 처리 및 해석, 공학적 대책 수립 기술 등 -유해인자별 인체에 미치는 영향·대사 및 축적, 인체의 방어기전 등 -측정시료의 전처리 및 분석 방법, 기기분석 및 정도관리기술 등

3. 시험과목
(1) 제2차 시험
1 산업안전지도사

구분	과목명 (응시분야)	출제범위
제2차 시험	기계안전공학	○ 기계·기구·설비의 안전 등(위험기계·양중기·운반기계·압력용기 포함) ○ 공장자동화설비의 안전기술 등 ○ 기계·기구·설비의 설계·배치·보수·유지기술 등
	전기안전공학	○ 전기기계·기구 등으로 인한 위험 방지 등(전기방폭설비 포함) ○ 정전기 및 전자파로 인한 재해예방 등 ○ 감전사고 방지기술 등 ○ 컴퓨터·계측제어 설비의 설계 및 관리기술 등
	화공안전공학	○ 가스·방화 및 방폭설비 등, 화학장치·설비안전 및 방식기술 등 ○ 정성·정량적 위험성 평가, 위험물 누출·확산 및 피해 예측 등 ○ 유해위험물질 화재폭발 방지론, 화학공정 안전관리 등
	건설안전공학	○ 건설공사용 가설구조물·기계·기구 등의 안전기술 등 ○ 건설공법 및 시공방법에 대한 위험성 평가 등 ○ 추락·낙하·붕괴·폭발 등 재해요인별 안전대책 등 ○ 건설현장의 유해·위험요인에 대한 안전기술 등

2 산업보건지도사

구분	과목명 (응시분야)	출제범위
제2차 시험	직업환경의학	○ 직업병의 종류 및 인체발병경로, 직업병의 증상 판단 및 대책 등 ○ 역학조사의 연구방법, 조사 및 분석방법, 직종별 산업의학적 관리대책 등 ○ 유해인자별 특수건강진단 방법, 판정 및 사후관리대책 등 ○ 근골격계질환, 직무스트레스 등 업무상 질환의 대책 및 작업관리 방법 등
	산업위생공학	○ 산업환기설비의 설계, 시스템의 성능검사·유지관리기술 등 ○ 유해인자별 작업환경측정 방법, 산업위생통계 처리 및 해석, 공학적 대책 수립기술 등 ○ 유해인자별 인체에 미치는 영향·대사 및 축적, 인체의 방어기전 등 ○ 측정시료의전처리 및 분석 방법, 기기 분석 및 정도관리기술 등

4. 출제영역
(1) 산업안전지도사

과목명	주요항목	세부항목
산업안전보건법령	1. 산업안전보건법 2. 산업안전보건법 시행령 3. 산업안전보건법 시행규칙 4. 산업안전보건기준에 관한 규칙	1. 총칙 등에 관한 사항 2. 안전·보건관리체제 등에 관한 사항 3. 안전보건관리규정에 관한 사항 4. 유해·위험 예방조치에 관한 사항(산업안전보건기준에 관한 규칙 포함) 5. 근로자의 보건관리에 관한 사항 6. 감독과 명령에 관한 사항 7. 산업안전지도사 및 산업보건지도사에 관한 사항 8. 보칙 및 벌칙에 관한 사항
산업안전일반	1. 산업안전교육론	1. 교육의 필요성과 목적 2. 안전·보건교육의 개념 3. 학습이론 4. 근로자 정기안전교육 등의 교육내용 5. 안전교육방법(TWI, OJT, OFF.J.T 등) 및 교육 평가 6. 교육실시방법(강의법, 토의법, 실연법, 시청각교육법 등)
	2. 안전관리 및 손실방지론	1. 안전과 위험의 개념 2. 안전관리 제이론 3. 안전관리의 조직 4. 안전관리 수립 및 운용 5. 위험성평가 활동 등 안전활동 기법
	3. 신뢰성공학	1. 신뢰성의 개념 2. 신뢰성 척도와 계산 3. 보전성과 유용성 4. 신뢰성 시험과 추정 5. 시스템의 신뢰도
	4. 시스템안전공학	1. 시스템 위험분석 및 관리 2. 시스템 위험분석기법(PHA, FHA, FMEA, ETA, CA 등) 3. 결함수분석 및 정성적, 정량적 분석 4. 안전성평가의 개요 5. 신뢰도 계산 6. 유해위험방지계획
	5. 인간공학	1. 인간공학의 정의 2. 인간-기계체계 3. 체계설계와 인간요소 4. 정보입력표시(시각적, 청각적, 촉각, 후각 등의 표시장치) 5. 인간요소와 휴먼에러 6. 인간계측 및 작업공간

과목명	주요항목	세부항목
산업안전일반		7. 작업환경의 조건 및 작업환경과 인간공학 8. 근골격계 부담 작업의 평가
	6. 산업재해조사 및 원인 분석	1. 재해조사의 목적 2. 재해의 원인분석 및 조사기법 3. 재해사례 분석절차 4. 산재분류 및 통계분석 5. 안전점검 및 진단
기업진단 · 지도	1. 경영학(인적자원관리, 조직관리, 생산관리)	1. 인적자원관리의 개념 및 관리방안에 관한 사항 2. 노사관계관리에 관한 사항 3. 조직관리의 개념에 관한 사항 4. 조직행동론에 관한 사항 5. 생산관리의 개념에 관한 사항 6. 생산시스템의 설계, 운영에 관한 사항 7. 생산관리 최신이론에 관한 사항
	2. 산업심리학	1. 산업심리 개념 및 요소 2. 직무수행과 평가 3. 직무태도 및 동기 4. 작업집단의 특성 5. 산업재해와 행동 특성 6. 인간의 특성과 직무환경 7. 직무환경과 건강 8. 인간의 특성과 인간관계
	3. 산업위생개론	1. 산업위생의 개념 2. 작업환경노출기준 개념 3. 작업환경 측정 및 평가 4. 산업환기 5. 건강검진과 근로자건강관리 6. 유해인자의 인체영향

(2) 산업보건지도사

과목명	주요항목	세부항목
산업안전보건법령	1. 산업안전보건법 2. 산업안전보건법 시행령 3. 산업안전보건법 시행규칙 4. 산업안전보건기준에 관한 규칙	1. 총칙 등에 관한 사항 2. 안전 · 보건관리체제 등에 관한 사항 3. 안전보건관리규정에 관한 사항 4. 유해 · 위험 예방조치에 관한 사항(산업안전보건기준에 관한 규칙 포함) 5. 근로자의 보건관리에 관한 사항 6. 감독과 명령에 관한 사항 7. 산업안전지도사 및 산업보건지도사에 관한 사항 8. 보칙 및 벌칙에 관한 사항
산업위생일반	1. 산업위생개론	1. 산업위생의 정의, 목적 및 역사 2. 작업환경노출기준

과목명	주요항목	세부항목
산업위생일반	1. 산업위생개론	3. 산업위생통계 4. 작업환경측정 및 평가 5. 산업환기 6. 물리적(온열조건 이상기압, 소음진동 등) 유해인자의 관리 7. 입자상물질의 종류, 발생, 성질 및 인체영향 8. 유해화학물질의 종류, 발생, 성질 및 인체영향 9. 중금속의 종류, 발생, 성질 및 인체영향
	2. 작업관리	1. 업무적합성 평가 방법 2. 근로자의 적정배치 및 교대제 등 작업시간 관리 3. 근골격계 질환예방관리 4. 작업개선 및 작업환경관리
	3. 산업위생보호구	1. 보호구의 개념 이해 및 구조 2. 보호구의 종류 및 선정방법
	4. 건강관리	1. 인체 해부학적 구조와 기능 2. 순환계, 호흡계 및 청각기관구조와 기능 3. 유해물질의 대사 및 생물학적 모니터링 4. 직무스트레스 등 뇌심혈관질환 예방 및 관리 5. 건강진단 및 사후 관리
	5. 산업재해 조사 및 원인 분석	1. 재해조사의 목적 2. 재해의 원인분석 및 조사기법 3. 재해사례 분석절차 4. 산재분류 및 통계분석 5. 역학조사 종류 및 방법
기업진단ㆍ지도	1. 경영학(인적자원관리, 조직관리, 생산관리)	1. 인적자원관리의 개념 및 관리방안에 관한 사항 2. 노사관계관리에 관한 사항 3. 조직관리의 개념에 관한 사항 4. 조직행동론에 관한 사항 5. 생산관리의 개념에 관한 사항 6. 생산시스템의 설계, 운영에 관한 사항 7. 생산관리 최신이론에 관한 사항
	2. 산업심리학	1. 산업심리 개념 및 요소 2. 직무수행과 평가 3. 직무태도 및 동기 4. 작업집단의 특성 5. 산업재해와 행동 특성 6. 인간의 특성과 직무환경 7. 직무환경과 건강 8. 인간의 특성과 인간관계
	3. 산업안전개론	1. 안전관리의 개념 및 이론 2. 기계, 화학설비의 위험관리 개요 3. 전기, 건설작업의 위험관리 개요 4. 안전보건경영시스템 개요 5. 위험성 평가 등 안전활동기법 6. 안전보호구 및 방호장치

산업안전지도사(건설안전공학) 답안 작성 요령

논술식 답안 형식

1. 서언
2. 유형
3. 특징
4. 도입사유
5. 사전검토
6. Flowchart
7. 재해현황
8. 재해발생원인
   - 직접원인
   - 간접원인
9. 안전대책
   - 인적(3E)
   - 물적(시설)
   - 법령준수
10. 향후 나아갈 방향
11. 결언

*질의에 따라서 정답만 작성

단답형 답안 형식

1. 정의
2. 특성
3. 대책(방법)
4. 향후개발방향

합격결론

산업안전보건기준에 관한 규칙이 합격을 좌우한다.

안전관리(참고)(Keyword 40 point)

1. 산업안전관리론
   ① 안전보건조직
   ② 안전보건관리
   ③ 산업재해 발생 및 대책
   ④ 안전점검 및 진단
2. 안전보건교육 및 산업심리
   ① 안전보건교육
   ② 산업심리
3. 인간공학 및 시스템 안전공학
4. 사고 4요소
   ① MEN(인적)
   ② Machine(물적 · 기계적)
   ③ Media(작업적)
   ④ Management(관리)
5. 3E
   ① Engineering(기술 · 공학 · 설계)
   ② Education(안전교육 · 훈련)
   ③ Enforcement(규제 · 단속 · 감독)
6. 3S
   ① Standardization(표준화)
   ② Specification(전문화)
   ③ Simplification(단순화)
7. 신기술
   ① EC화
   ② High-Tech화
   ③ Robot화(자동화)
   ④ CAD화
   ⑤ System화
   ⑥ P.Q화
8. 결언
   ① 경영자
   ② 안전보건관리책임자
   ③ 안전관리자
   ④ 근로자
   ⑤ 민 · 관 · 산 · 학연

산업안전일반(참고)(재해요인/대책)

1. 직접원인
   1) 불안전 상태
      ① 물자체
      ② 안전방호장치
      ③ 복장보호구
      ④ 작업장소
      ⑤ 작업환경
      ⑥ 생산공정
      ⑦ 경계표시
      ⑧ 설비결함
   2) 불안전한 행동
      ① 위험장소 접근
      ② 안전장치 기능 제거
      ③ 복장보호구 잘못 사용
      ④ 기계기구 잘못 사용
      ⑤ 불안전한 속도 조작
      ⑥ 위험물 취급 부주의
      ⑦ 불안전한 상태 방치
      ⑧ 불안전한 자세 동작
      ⑨ 감독연락 불충분
2. 간접원인(3E)/대책
   1) 기술적 원인(Engineering)
      ① 건물기계장치 설계불량
      ② 구조자료의 부적합
      ③ 생산공정의 부적당
      ④ 점검 및 보존 불량
   2) 교육적 원인(Education)
      ① 안전인식 부족
      ② 안전수칙 오해
      ③ 경험훈련 부족
      ④ 작업방법 · 교육 불충분
      ⑤ 유해위험 작업교육 불충분
   3) 작업관리상 원인 (Enforcement)
      ① 안전관리조직 결함
      ② 안전수칙 미제정
      ③ 작업준비 불충분
      ④ 인원배치 부적당
      ⑤ 작업지시 부적당
3. 안전시설대책
   ① 안전 난간대
   ② 추락 방지망
   ③ 보호방호 설비
   ④ 환기 설비
   ⑤ 안전보건 표지판
   ⑥ 그 밖의 안전 설비

건설안전공학(원인/대책)

1. 원인
   ① 건설재료
   ② 건설요소
   ③ 재료역학
   ④ 안전관리
   ⑤ 시험미비
   ⑥ 설계미비
   ⑦ 자재관리
   ⑧ 공정순서
   ⑨ 급속진행(공기 단축)
   ⑩ 인력관리
   ⑪ 기계장비관리
   ⑫ 노무관리
   ⑬ 공기단축
   ⑭ 규격미달
   ⑮ 작업습관
2. 대책
   ① 기술축적
   ② 기계화
   ③ 경량화
   ④ 근대화
   ⑤ 공정관리
   ⑥ 규격관리
   ⑦ 시공관리
   ⑧ 시험관리
   ⑨ 품질관리
   ⑩ 안전관리
   ⑪ 자재관리
   ⑫ 장비관리
   ⑬ 원가관리
   ⑭ 근대화
   ⑮ 표준화
3. 나아갈 방향
   ① CAD
   ② EC화
   ③ C · M화
   ④ P · Q
   ⑤ ISO.9000
   ⑥ ISO.18,000
   ⑦ Robot화
   ⑧ System화
   ⑨ Computer화
   ⑩ Total system화
4. 산업안전지도사 자세
   ① 실력 안전
   ② 품위 안전
   ③ 봉사 안전

산업안전지도사(건설안전공학) 시험준비 요령

1. 산업안전 지도사 자격취득의 목적

(1) NCS 기준 적용 FTA 시장 개방 및 품질 기계안전 확보에 대응

① 전문가로서 책임과 권한부여
② 전문기술인으로 사회에 공헌
③ 집중적 공부를 통한 개인의 발전 및 명예 향상

(2) 신분의 변화

① 기술인 최고의 권위, 명예
② 전문가로서의 대우, 권한활동
③ 사회적 신분보장

2. 산업안전 지도사 시험준비

(1) 산업안전지도사 시험의 요구사항

① 폭넓은 이해 : 숲을 보는 Mind로 공부
② 문제의 핵심파악 : Frame 작성의 중요성 – 문제가 요구하는 핵심포함
③ 현대기술 발달의 흐름 파악
④ 당면한 문제와 대응책(주요 현안) 및 현재와 비교
⑤ 문제의 정확한 전개

(2) 산업안전 지도사의 구비 조건

학습이론+실무경험+능력=산업안전 지도사 합격

(3) 대응방법

① 단기간(1~2개월) 집중적 투자 – 시간, Mind 600시간≒일
② 예상문제 준비(시험을 위한 Critical한 Item부터 시작하여 본인의 역량에 맞게 문제를 넓혀가는 방법이 바람직함)
　㉮ 1단계 30~50문제

　　　　　㉯ 2단계 70문제
　　　　　㉰ 3단계 100문제 이상
　　　③ 공부하는 방법
　　　　　㉮ 한국산업인력공단 규격답안지 볼펜사용(시험장에서 답안 작성 때와 동일한 조건으로 공부)
　　　　　㉯ 본인 스스로 다양한 Frame 작성하여 답안작성을 숙달시킬 것(3문제 출제인 경우 100분 중 30+30+30분 문제풀이, 10분 Frame 작성
　　　　　㉰ 각종 정보지 활용 및 응용-안전저널, 안전 정보지, 안전학회지 기타(PC통신) 등
　　　　　㉱ 가능한 Team운영 및 동료직원과 함께 공부
　　　　　　　㉠ 상호 생활 통제 기능
　　　　　　　㉡ 정보의 공유

(4) 용어 해설의 이해-단답형 출제대비

　　① 수시로 틈틈히 시간활용(메모노트 상시휴대)
　　② 용어해설 문제가 통상 10문제씩 출제되므로 1문제당 1페이지 정도는 작성이 필요하므로 상기 Frame이 요구됨
　　③ 반드시 자신감 유지 및 합격자신

(5) 8M(5M+MINUTES, MIND, MANAGEMENT)의식

　　5M → Money, Method, Machine, Material, Men

3. 답안작성 요령

출제기준을 분석해 보면 시사성 있는 문제, 최근에 계속적으로 사회적 Issue가 되고 있는 사항들을 중점적으로 쉽게 출제가 되고 있으며, 지도사 준비를 위한 참고서는 유일 무일 본서뿐이며 보다 고득점을 위한 답안작성의 차별화가 요구되고 있다. 그 중에 특별히 강조하고 싶은 내용은

① Hardware문제(총론을 제외한 사항)를 답할 경우에도 Software(관리기술) 즉, 총론을 이해하고 적용하는 측면에서의 접근이 필요하다. 단면적이고 논리적인 답변보다는 현장감이 느껴지는 적극적, 실용적, 능동적, 직간접 경험을 토대로 한 주관적인 답안작성이 요구됨.
② 문제가 요구하는 내용에 국한시켜 생각하지 말고 현장안전 관리자의 입장에서 관련된 사항 모두를 연관하여 접근하는 자세가 필요

㉮ 답안의 차별화 – 고득점 확보
㉯ 논리, 경험, 주관 등 삽입
㉰ 외래어(영어, 한자 등) 사용
㉱ Flow Chart, Graph 등 삽입
㉲ 답안의 표준화 준비 – 서론, 결론 부분 특히 준비
㉳ 문제의 요점파악 FRAME 작성
- 서론(개요, 머리말)
- 도입배경
- 역할/목적
- 필요성, 기대효과
- 의의/정의
- 문제점, 대응방안(방향), 예상되는 문제점, 개선방안(방향)
- 장점, 단점, 특징 등

안전관리헌장

개정 : 안전행정부고시 제2014-7호

재난 및 안전관리기본법 제7조에 의하여 안전관리헌장을 다음과 같이 개정 고시합니다.

2014년 1월 29일
안전행정부장관

안전은 재난, 안전사고, 범죄 등의 각종 위험에서 국민의 생명과 건강 그리고 재산을 지키는 가장 중요한 근본이다.

모든 국민은 안전할 권리가 있으며, 안전문화를 정착시키는 일은 국민의 행복과 국가의 미래를 위해 반드시 필요하다.

이에 우리는 다음과 같이 다짐한다.

Ⅰ. 모든 국민은 가정, 마을, 학교, 직장 등 사회 각 분야에서 안전수칙을 준수하고 안전 생활을 적극 실천한다.

Ⅰ. 국가와 지방자치단체는 국민의 안전기본권을 보장하는 안전종합대책을 수립하고, 안전을 위한 투자에 최우선의 노력을 하며, 어린이, 장애인, 노약자는 특별히 배려한다.

Ⅰ. 자원봉사기관, 시민단체, 전문가들은 사고 예방 및 구조 활동, 안전 관련 연구 등에 적극 참여하고 협력한다.

Ⅰ. 유치원, 학교 등 교육 기관은 국민이 바른 안전 의식을 갖도록 교육하고, 특히 어릴 때부터 안전 습관을 들이도록 지도한다.

Ⅰ. 기업은 안전제일 경영을 실천하고, 위험 요인을 없애 사고가 발생하지 않도록 적극 노력한다.

국가직무능력표준
National Competency Standards

▶ NCS(국가직무능력표준)이란?

산업현장의 직무를 수행하기 위해 필요한 능력(지식, 기술, 태도)을 국가적차원에서 표준화한 것으로 능력단위 또는 능력단위의 집합을 의미함.

▶ NCS 자격검정 활용

(1) 자격종목

1 개념

자격종목은 국가기술자격의 등급을 직종별로 구분한 것으로 국가기술자격 취득의 기본 단위를 말함(국가기술자격별 2조). 자격종목 개편은 국가기술자격 종목 신설의 필요성, 기존 자격종목의 직무내용, 범위 및 난이도, 산업현장 적합도 등을 고려하여 새로운 국가기술자격을 신설하거나 기존의 국가기술자격을 통합, 폐지하는 것을 의미함.

2 구성요소

자격종목 개편은
- ① 자격종목
- ② 직무내용
- ③ 검토대상 능력군
- ④ 검정필요여부
- ⑤ 출제기준과 비교
- ⑥ 검토의견
- ⑦ 추가·삭제가 포함되어야 함.

구성요소	세부 내용
자격종목	검토대상 국가기술자격 종목 제시
직무내용	자격종목의 직무내용 제시
검토대상 능력군	검토대상 능력군의 능력단위, 능력단위요소, 수행준거 제시
검정필요여부	수행준거 중 자격검정에 필요한 부분 제시
출제기준과 비교	검정이 필요한 수행준거와 출제기준을 비교
검토의견	비교를 통해 현행 국가기술자격의 출제기준 검토
추가·삭제	출제기준 검토를 통해 추가나 삭제가 필요한 부분 제시

(2) 출제기준

1 개념
출제기준은 자격검정의 대상이 되는 종목의 과목별 출제의 대상범위를 나타낸 것으로 출제문제 작성방법과 시험내용범위의 기준을 의미함(국가기술자격법 시행규칙 제38조)

2 구성요소
① 직무분야
② 자격종목
③ 적용기간
④ 직무내용
⑤ 필기검정방법
⑥ 문제수
⑦ 시험기간
⑧ 필기과목명
⑨ 필기과목 출제 문제수
⑩ 실기검정방법
⑪ 시험기간
⑫ 실기과목명
⑬ 필기, 실기과목별 주요항목
⑭ 세부항목
⑮ 세세항목이 포함되어야 함

구성요소		세부 내용
직무분야		해당 자격이 활용되는 직무분야
자격종목		국가기술자격의 등급을 직종별로 구분한 것 국가기술자격 취득의 기본단위
적용기간		작성된 출제기준이 개정되기 전까지 실제 자격검정에 적용되는 기간
직무내용		자격을 부여하기 위하여 개인의 능력의 정도를 평가해야 할 내용
필기과목	필기검정방법	필기시험의 검정방법 현행 국가기술자격에서는 객관식, 단답형 또는 주관식 논문형이 있음
	문제수	필기시험의 전체 문제수 제시
	시험기간	필기시험 시간
	필기과목명	기술자격의 종목별 필기시험과목
	출제 문제수	필기시험의 문제수

산업안전·보건지도사 면제서류 제출 안내사항

1. 면제서류 제출방법 : 방문 및 등기우편 제출

○ 면제서류 제출기관

기관명	주소	우편번호	담당부서	연락처
서울지역본부	서울 동대문구 장안벚꽃로 279	02512	자격시험3부	02-2137-0566
부산지역본부	부산 북구 금곡대로 441번길 26	46519	자격시험3부	051-330-1963
대구지역본부	대구 달서구 성서공단로 213	42704	자격시험1부	053-580-2385
광주지역본부	광주 북구 첨단벤처로 82	61008	자격시험1부	062-970-1799
대전지역본부	대전 중구 서문로 25번길 1	35000	자격시험1부	042-580-9131

2. 시험(일부)면제 요건 (산업안전보건법 시행령 제104조))

○ 다음 각 호의 어느 하나에 해당하는 사람에 대한 시험의 면제는 해당 분야의 업무영역별 지도사 시험에 응시하는 경우로 한정함

① 「국가기술자격법」에 따른 건설안전기술사, 기계안전기술사, 산업위생관리기술사, 인간공학기술사, 전기안전기술사, 화공안전기술사 : 별표 32에 따른 전공필수·공통필수Ⅰ 및 공통필수Ⅱ 과목

※ 인간공학기술사는 공통필수Ⅰ 및 공통필수Ⅱ 과목만 면제하고 전공필수(제2차 시험)는 반드시 응시

② 「국가기술자격법」에 따른 건설 직무분야(건축 중 직무분야 및 토목 중 직무분야로 한정한다), 기계 직무분야, 화학 직무분야, 전기·전자 직무분야(전기 중 직무분야로 한정한다)의 기술사 자격 보유자 : 별표 32에 따른 전공필수 과목

③ 「의료법」에 따른 직업환경의학과 전문의 : 별표 32에 따른 전공필수·공통필수Ⅰ 및 공통필수Ⅱ 과목

④ 공학(건설안전·기계안전·전기안전·화공안전 분야 전공으로 한정한다), 의학(직업환경의학 분야 전공으로 한정한다), 보건학(산업위생 분야 전공으로 한정한다) 박사학위 소지자 : 별표 32에 따른 전공필수 과목

⑤ 제2호 또는 제4호에 해당하는 사람으로서 각각의 자격 또는 학위 취득 후 산업안전·산업보건 업무에 3년 이상 종사한 경력이 있는 사람 : 별표 32에 따른 전공필수 및 공통필수Ⅱ 과목

※ 산업안전·보건업무는 다음의 업무에 한하여 인정

> ① 안전·보건 관리자로 실제 근무한 기간
> ② 산업안전보건법에 따라 지정·등록된 산업안전·보건 관련 기관 종사자의 실제 근무한 기간
> ※ 안전·보건관리전문기관, 재해예방지도기관, 안전·보건진단기관, 작업환경측정기관, 특수건강진단기관 등 (지정서로 확인)
> ③ 기업체에서 실제 안전관리 또는 보건관리 업무를 수행한 기간
> ※ 품질·환경 업무, 시설(안전)점검 등 산업안전보건법상의 안전·보건관리 업무와 무관한 경력기간은 제외하고, 경력증명서상에 '안전관리' 또는 '보건관리'라고 기재되어 있으며 수행기간이 구체적으로 기재되어 있을 경우에 한해 인정

⑥ 「공인노무사법」에 따른 공인노무사 : 별표 32에 따른 공통필수Ⅰ 과목
⑦ 산업안전(보건)지도사 자격 보유자로서 다른 지도사 자격 시험에 응시하는 사람 : 별표 32에 따른 공통필수Ⅰ 및 공통필수Ⅲ 과목
⑧ 산업안전(보건)지도사 자격 보유자로서 같은 지도사의 다른 분야 지도사 자격 시험에 응시하는 사람 : 별표 32에 따른 공통필수Ⅰ, 공통필수Ⅱ 및 공통필수Ⅲ 과목
 ※ '별표32'는 붙임 참조

○ 제1차 또는 제2차 필기시험에 합격한 사람에 대해서는 다음 회의 시험에 한정하여 합격한 차수의 필기시험을 면제함
○ 면제요건 산정 기준일 : 서류심사 마감일

3. 면제자 증빙서류 및 제출 시 유의사항

> ※ 증빙서류 제출·심사 후에 시험의 일부면제자로 원서 접수 가능

■ 제출서류

유형	제출서류
1호, 2호	○기술사 자격취득자 : 국가기술자격증(기술사)은 미제출(공단 자체 확인)하므로 제출서류 없음.
3호	○직업환경의학과 전문의 : 서류심사신청서(공단 소정양식) 1부, 직업환경의학과 전문의 자격증 사본 1부(원본제시)
4호	○서류심사신청서(공단 소정양식) 1부 ○박사학위증(전공분야가 건설·화공·기계·전기안전, 직업환경의학, 산업위생공학 중 하나가 명확히 적혀 있어야 함) 1부. ○외국학위의 경우, 박사학위증과 함께 학과커리큘럼도 제출(반드시 대사관확인 또는 아포스티유 증명을 받아 번역공증(또는 외국어번역행정사 번역확인증명서)하여 제출) ※ 영국 대학교 및 대학원에서 취득한 각종 학위는 주한영국문화원에서 발행하는 '영국 학력확인서'도 제출 가능
5호	○서류심사신청서(공단 소정양식) 1부 ○박사학위증(전공분야가 건설·화공·기계·전기안전, 직업환경의학, 산업위생공학 중 하나가 명확히 적혀 있어야 함) 1부. ○외국학위의 경우, 박사학위증과 함께 학과커리큘럼도 제출(반드시 대사관확인 또는 아포스티유 증명을 받아 번역공증(또는 외국어번역행정사 번역확인증명서)하여 제출) ※ 영국 대학교 및 대학원에서 취득한 각종 학위는 주한영국문화원에서 발행하는 '영국 학력확인서'도 제출 가능

유형	제출서류
5호	○ 경력(재직)증명서(공단 소정양식) 1부(다음의 경력만 인정) ① 안전·보건 관리자로 실제 근무한 기간(경력증명서에 '안전관리자/보건관리자'명시) ② 산업안전보건법에 따라 지정·등록된 산업안전·보건 관련 기관 종사자의 실제 근무한 기간 ※ 안전·보건관리전문기관, 재해예방시노기관, 안전·보건진단기관, 작업환경측정기관, 특수건강진단기관 등 ③ 기업체에서 실제 안전관리 또는 보건관리 업무를 수행한 기간 ※ 품질·환경 업무, 시설(안전)점검 등 산업안전보건법상의 안전·보건관리 업무와 무관한 경력기간은 제외하고, 경력증명서상에 '안전관리' 또는 '보건관리'라고 기재되어 있으며 수행기간이 구체적으로 기재되어 있을 경우에 한해 인정 ○ 아래의 4대 보험 가입증명서 중 선택하여 1부 또는 행정정보공동이용시스템 조회로 대체 가능 • 건강보험 자격득실확인서(전체이력) : www.nhic.or.kr ☎ 1577-1000 • 국민연금 가입자 가입증명(전체이력) : www.nps.or.kr ☎ 1355 ※ 행정정보공동이용시스템 활용 동의 시 4대 보험 가입증명서를 제출하지 않아도 됨 ※ 4대보험 가입증명서 직접 제출 시에는 반드시 발급번호가 있어야 함
6호	○ 서류심사신청서(공단 소정양식) 1부 ○ 공인노무사 자격증 1부(원본 제시)
7호 8호	○ 고용노동부 자격취득자 명단을 이관 받아 등록하므로 별도 제출 서류 없음(취득자임에도 원서접수 시 '해당없음'으로 표시되면 반드시 052-714-8389로 문의바랍니다.)

■ 4호 및 5호에서 전공분야가 건설·화공·기계·전기안전, 직업환경의학, 산업위생공학 중 하나가 명확히 적혀 있지 않은 경우
　○ (국내학위의 경우) 세부전공증명서(별첨)를 작성하여 총장(또는 대학원장, 학과장) 명의로 공단 서류심사 지부·지사로 전자문서 송부할 경우 인정
　○ (외국학위의 경우) 박사학위증에 전공분야가 건설·화공·기계·전기안전, 직업환경의학, 산업위생공학이라고 기재되지 않은 경우, 취합하여 별도 심사 후 결과 통보

■ 제출서식 다운로드
　○ 서류심사신청서, 경력(재직)증명서, 세부전공증명서 양식은 국가자격시험(www.q-net.or.kr) 산업안전지도사·산업보건지도사 홈페이지에서 다운로드

■ 제출방법 : 방문 또는 등기우편접수
■ 제출기관 : 하단의 시행기관 참조
　※ 시험과목의 일부면제를 받기 위해 우리 공단(2012년 이후)에 증빙서류를 제출한 경우에는 다시 제출할 필요 없음(원서 접수 시 시스템에서 자동 확인)

기관명	주소	우편번호	담당부서	연락처
서울지역본부	서울 동대문구 장안벚꽃로 279	02512	자격시험3부	02-2137-0566
부산지역본부	부산 북구 금곡대로 441번길 26	46519	자격시험3부	051-330-1963
대구지역본부	대구 달서구 성서공단로 213	42704	자격시험1부	053-580-2385
광주지역본부	광주 북구 첨단벤처로 82	61008	자격시험1부	062-970-1799
대전지역본부	대전 중구 서문로 25번길 1	35000	자격시험1부	042-580-9131

0000년도 제0회 산업안전지도사 2차 국가자격 시험문제

교시	시간	응시분야
1교시	100분	건설안전

수험번호		성 명	

【 수험자 유의사항 】

1. **시험문제지 표지**와 시험문제지의 **총면수, 문제번호 일련순서, 인쇄상태** 등을 확인하시고, 문제지 표지에 수험번호와 성명을 기재하시기 바랍니다.

2. 수험자 인적사항 및 답안지 등 작성은 **반드시 검정색 필기구만**을 계속 사용하여야 합니다.(그 외 **연필류, 유색필기구, 2가지 이상 색 혼합사용** 등으로 **작성한 답항은 0점 처리**됩니다.)

3. 답안 작성 시 문제번호 순서에 관계없이 답안을 작성하여도 되나, **반드시 문제번호 및 문제를 기재**(긴 경우 요약기재 가능)하고 해당 답안을 기재하여야 합니다.

4. 답안작성은 시험시행일 현재 시행되는 법령 등을 적용하시기 바랍니다.

5. **감독관의 지시에 불응하거나 시험시간 종료 후 답안지를 제출하지 않을 경우** 불이익이 발생할 수 있음을 알려 드립니다.

6. 시험문제지는 시험 종료 후 가져가시기 바랍니다.

 안내사항

○ 시험 합격자에게 '**합격축하 SMS(알림톡) 알림 서비스**'를 제공하고 있습니다.
○ 수험자의 의견을 적극 반영하기 위하여 QR코드를 활용한 설문조사를 실시하고 있으니 적극 참여 바랍니다.

- 수험자 여러분의 합격을 기원합니다 -

 한국산업인력공단
HUMAN RESOURCES DEVELOPMENT SERVICE OF KOREA

[개선사항 및 향후일정 안내문]

☐ 개선사항 안내

공단에서는 수험자의 응시편의를 위해 시험제도를 개선하였습니다.

1. 시험전일 18시부터 시험실을 미리 확인할 수 있습니다.
   - ▶ Smart Q-finder(시험실 바로가기) QR코드를 스마트폰으로 스캔하여 확인 또는 큐넷 로그인 후 [마이페이지] - [원서접수내역]에서 확인 가능
   - ▶ SMS 수신 동의자에 한하여 시험실 사전 안내 메시지(알림톡) 발송
2. 수신 동의자에 한하여 시험 합격축하 알림 서비스를 제공합니다.
3. 수험자 교육은 아나운서의 안내방송으로 제공합니다.
4. 시험시간 1/2경과 후 퇴실이 가능하도록 변경되었습니다.

♧ 수험자 여러분의 합격을 기원하며, 우리공단은 '고객매우만족(10점 만점에 10점!)'을 위하여 최선을 다하겠습니다.

차례

- 머리말 — A-3
- 자격시험 안내사항 — A-4
- 산업안전지도사(건설안전공학) 답안 작성 요령 — A-10
- 산업안전지도사(건설안전공학) 시험준비 요령 — A-11
- 안전관리헌장 — A-14
- 국가직무능력표준(NCS) — A-15
- 산업안전·보건지도사 면제서류 제출 안내사항 — A-17

산업안전지도사 2차 건설안전공학 과년도 문제

- 2013년 6월 22일 제3회 과년도 문제 — 3
- 2014년 6월 28일 제4회 과년도 문제 — 21
- 2015년 7월 27일 제5회 과년도 문제 — 35
- 2016년 6월 25일 제6회 과년도 문제 — 67
- 2017년 6월 24일 제7회 과년도 문제 — 100
- 2018년 6월 16일 제8회 과년도 문제 — 134
- 2019년 6월 15일 제9회 과년도 문제 — 160
- 2020년 11월 14일 제10회 과년도 문제 — 183
- 2021년 6월 5일 제11회 과년도 문제 — 206
- 2022년 6월 11일 제12회 과년도 문제 — 224
- 2023년 6월 17일 제13회 과년도 문제 — 244
- 2024년 6월 8일 제14회 과년도 문제 — 259

특별부록 1 참고문헌 및 자료
특별부록 2 답안지 양식 및 답안작성 시 유의사항

산업안전지도사 2차 건설안전공학 과년도 문제

- 1개년 : 제03회 2013년 06월 22일
- 2개년 : 제04회 2014년 06월 28일
- 3개년 : 제05회 2015년 07월 27일
- 4개년 : 제06회 2016년 06월 25일
- 5개년 : 제07회 2017년 06월 24일
- 6개년 : 제08회 2018년 06월 16일
- 7개년 : 제09회 2019년 06월 15일
- 8개년 : 제10회 2020년 11월 14일
- 9개년 : 제11회 2021년 06월 05일
- 10개년 : 제12회 2022년 06월 11일
- 11개년 : 제13회 2023년 06월 17일
- 12개년 : 제14회 2024년 06월 08일

2013년 6월 22일 제3회 기출문제 NCS 분석

1. 시험과목 및 배점분석

구분	시험과목	시험시간	문제유형	배점
2차 전공필수	건설안전공학	100분	주관식 단답형 및 논술형 1) 단답형 : 5문제 2) 논술형 : 4문제 중 3문제 　(필수 : 2, 선택 : 1)	총점 100점 1) 단답형 : 5×5=25점 2) 논술형 : 25×3=75점

2. NCS 문제분석

대분류	중분류	소분류	문제내용	비고
단답형	산업안전보건법령	안전보건규칙	1. 건설공사에서 사용되는 시스템 비계의 장·단점을 쓰시오.(5점)	제69조
	기본안전공학	인장시험	2. 철근의 인장강도 시험으로 얻어지는 응력-변형률 곡선을 그림으로 나타내고 항복강도, 극한 강도 및 파괴강도를 그림에 표시하시오.(5점)	응력-변형률 곡선
	작업지침	사면붕괴	3. 토사사면과 암사면의 사면붕괴 형태를 쓰시오.(5점)	2019년 기출문제
	산업안전보건법	안전보건규칙	4. 크레인을 사용하여 작업할 때 안전사고 예방을 위한 근로자 준수사항 5가지를 쓰시오.(5점)	제146조
	기본안전공학	지진구조	5. 지진에 저항하는 구조의 형태 3가지와 그 의미를 간단히 쓰시오.(5점)	지진에 저항하는 구조 3가지
논술형	산업안전보건법	동바리설계	6. 콘크리트 공사에서 거푸집과 동바리 설계 시 고려하여야 할 하중과 구조검토 사항을 설명하시오.(25점)	거푸집동바리 설계
	건축공사	거푸집동바리 설계		콘크리트공사 표준안전작업 지침 제4조
	산업안전보건법령	안전보건규칙	7. 건설현장에서 작업 중 발생할 수 있는 화재 발생유형과 예방대책에 대하여 설명하시오.(25점)	산업안전 보건규칙 제232조 제233조 제245조
	건축공사	BIM	8. 최신설계비법(BIM ; Building Information Modeling)이 건설안전기술에 미치는 영향과 활용에 대하여 설명시오.(25점)	BIM
	산업안전보건법	거푸집 지보공의 해체공사	9. 거푸집 및 거푸집 지보공의 해체공사에 대한 안전대책을 설명하시오.(25점)	제332조

2013년도 6월 22일 산업안전지도사 2차 국가자격시험

시간	응시분야	수험번호	성명
100분	건설안전공학	20130622	도서출판 세화

다음 단답형 5문제를 모두 답하시오.(각 5점)

문제 1

건설공사에서 사용되는 시스템 비계의 장·단점을 쓰시오.(5점)

정답

〈장점〉
① 조립의 시스템화로 공기단축 가능
② 일체화된 시스템으로 하중을 골고루 전달
③ 조립된 부재 중 누락 부재 발생 시 발견 용이
④ 조립 방법이 간단하여 근로자 교육 후 바로 투입 가능
⑤ 연결재가 나사타입이 아닌 핀타입으로 안전성이 뛰어남

〈단점〉
① 가격이 다른 비계에 비해 고가임
② 조립을 위한 별도의 공간이 필요
③ 단기적으로 사용하기에는 생산성이 떨어짐(장기적으로 사용)
④ 이형적인 구조의 건물에는 설치에 제약이 많음
⑤ 대지가 협소한 경우 비계가 대지경계선을 넘어가는 경우가 발생하므로 민원 소지 있음 "끝"

정답근거

① 산업안전보건기준에 관한 규칙 제69조(시스템 비계의 구조)
② 산업안전보건기준에 관한 규칙 제70조(시스템 비계의 조립 작업시 준수사항)
③ KOSHA GUIDE(C-32-2020) 시스템비계 안전작업 지침

보충학습

시스템비계 용어 정의
① "시스템 비계"라 함은 [그림]과 같이 수직재, 수평재, 가새재 등의 부재를 공장에서 제작하

여 현장에서 조립하여 사용하는 가설 구조물을 말한다.
② "받침철물"이라 함은 수직재의 하부에 설치하여 미끄러짐이나 침하를 방지하고 비계의 수직과 수평을 유지시키기 위한 조절형 부재를 말한다.
③ "가새(Bracing)"라 함은 비계에 작용하는 수평방향의 압축·인장력을 지지하는 부재를 말하며 수평재와 수평재, 수직재와 수직재를 경사지게 연결하는 부재를 말한다.
④ "수직재"라 함은 상부하중을 하부로 전달하는 시스템비계의 구성하는 부재 중 기둥 부재를 말한다.
⑤ "수평재"라 함은 수직재에 직각으로 결합되어 수평하중을 지지하는 부재를 말한다.
⑥ "접합부"라 함은 수직재에 용접으로 고정하여 수직재와 수평재 및 가새재를 조립할 수 있는 부재(철물)을 말한다.
⑦ "벽이음"이라 함은 비계와 건물 등의 구조체에 연결하여 풍하중, 충격하중 등의 수평 및 수직하중에 의한 인장 및 압축하중을 지지하는 부재를 말한다.
⑧ "연결조인트"라 함은 시스템비계의 수직재와 수직재를 상·하로 연결하여 수직재의 이탈을 방지하기 위하여 사용하는 연결핀을 말한다.

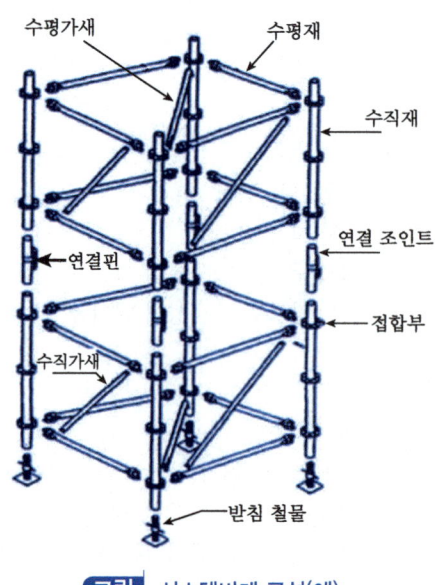

그림 시스템비계 구성(예)

⑨ "추락방호망"이라 함은 고소작업 중 근로자의 떨어짐 및 물체의 맞음을 방지하기 위하여 수평으로 설치하는 보호망을 말한다.
⑩ "수직보호망"이라 함은 가설구조물의 측면에 수직으로 설치하여 자재의 떨어짐 및 먼지의 비산 등을 방지하기 위하여 설치하는 보호망을 말한다.
⑪ "낙하물 방지망"이라 함은 작업 중 재료나 공구 등의 낙하물로 인한 피해를 방지하기 위하여 설치하는 방지망을 말한다.

문제 2

철근의 인장강도 시험으로 얻어지는 응력-변형률 곡선을 그림으로 나타내고 항복강도, 극한 강도 및 파괴강도를 그림에 표시하시오. (5점)

정답

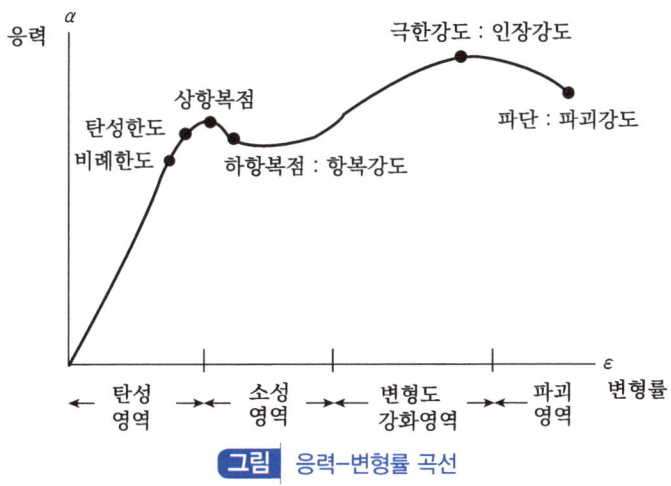

그림 응력-변형률 곡선

보충학습

용어정의(구간별 지점 설명)

① 비례한도 : 응력과 변형률이 비례적으로 증가하는 구간으로 '훅의 법칙(Young Modulus, 영계수, 종탄성계수)'이 적용되는 구간이다.

② 탄성한도 : 재료에 가해진 하중을 제거하면, 변형이 완전히 없어지는 탄성변형의 최대 응력으로 이 구간 이후는 소성변형이 일어난다.

③ 상 항복점 : 탄성한도를 지나 응력이 점차 감소해도 변형이 점점 커지다가 응력의 증가없이 급격히 변형이 일어나는 최대 응력이다.

④ 하 항복점(항복강도) : 항복 중 불안정 상태를 계속하고 응력이 최저인 지점
강재의 영구변형은 항복점이 분명하지 않은 경우 비례한도 기울기의 2[%] OFFSET하여 만나는 점을 항복강도로 한다.

⑤ 극한강도(인장강도) : 재료의 변형이 끝나는 최대 응력

⑥ 파괴강도 : 변형이 멈추고 파괴되는 응력

⑦ 강도(Strength) : 재료가 소성변형에 저항하는 정도(응력), 재료와 하중의 성질에서 탄성구간에서 소성구간으로 넘어갈 때의 항복강도, 인장 시 네팅(Necking)이 일어나기 시작하는 극한강도로 표기할 수 있다. 강(Steel)은 알루미늄 보다 항복강도가 높다라는 것은 강이 소성변형에 대한 저항이 크다는 것을 의미한다.

⑧ 강성(Stiffness) : 재료가 탄성변형에 저항하는 정도를 나타낸다. 강이 알루미늄보다 3배의 강성을 가진다는 의미는 동일한 응력에서 알루미늄의 3배의 변형을 갖는다는 의미이다.

⑨ 경도(Hardness) : 재료 표면의 손상에 저항하는 정도(재료 표면의 무르고 단단한 정도)로 경도는 재료의 강도와 내후성과 관련이 있다.
경도시험법으로는 로크웰, 브리넬, 비커스, 쇼어 경도계 등이 있다.

문제 3

토사사면과 암사면의 사면붕괴 형태를 쓰시오. (5점)

정답

(1) 토사사면의 사면붕괴 형태

① 사면천단부(사면선) 붕괴 : 사면경사각이 53° 이상인 경우 발생되는 붕괴
② 사면중심부(내) 붕괴 : 연약토지반에서 굳은 기반이 얕은 경우 발생
③ 사면하단부(저부) : 연약토지반에서 굳은 기반이 깊은 경우 발생

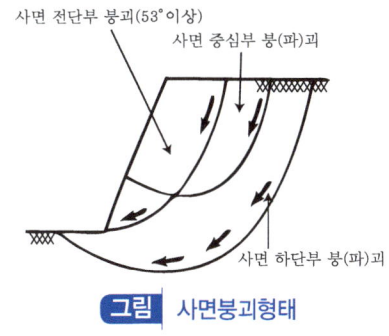

그림 사면붕괴형태

(2) 암사면의 붕괴 형태

① 원호붕괴 : 일정한 지질구조 형태를 보이지 않는 표토나 암반 등에서 발생
② 평면붕괴 : 절리면과 사면의 지질구조가 질서정연한 경우 발생
③ 쐐기붕괴 : 2개 이상의 불연속면이 교차하는 암반에서 발생
④ 전도붕괴 : 불연속면과 경사면의 방향이 평행한 수직절리가 발달된 암반에서 발생

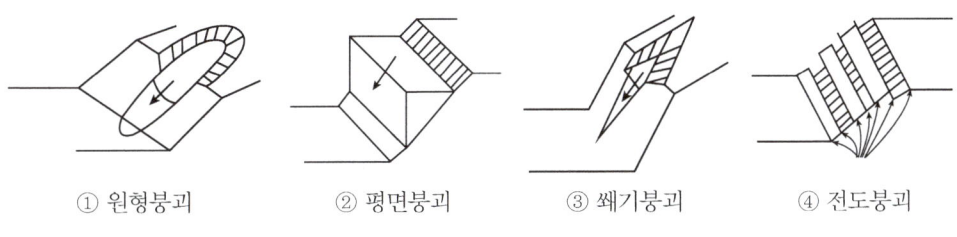

① 원형붕괴　　② 평면붕괴　　③ 쐐기붕괴　　④ 전도붕괴

그림 암사면의 붕괴형태

합격key

2019년, 2024년 출제

문제 4

크레인을 사용하여 작업할 때 안전사고 예방을 위한 근로자 준수사항 5가지를 쓰시오.(5점)

정답

① 인양할 하물(荷物)을 바닥에서 끌어당기거나 밀어내는 작업을 하지 아니할 것
② 유류드럼이나 가스통 등 운반 도중에 떨어져 폭발하거나 누출될 가능성이 있는 위험물 용기는 보관함(또는 보관고)에 담아 안전하게 매달아 운반할 것
③ 고정된 물체를 직접 분리·제거하는 작업을 하지 아니할 것
④ 미리 근로자의 출입을 통제하여 인양 중인 하물이 작업자의 머리 위로 통과하지 않도록 할 것
⑤ 인양할 하물이 보이지 아니하는 경우에는 어떠한 동작도 하지 아니할 것(신호하는 사람에 의하여 작업을 하는 경우는 제외한다.) "끝"

정답근거

산업안전보건기준에 관한 규칙 제146조(크레인 작업시의 조치)

보충학습

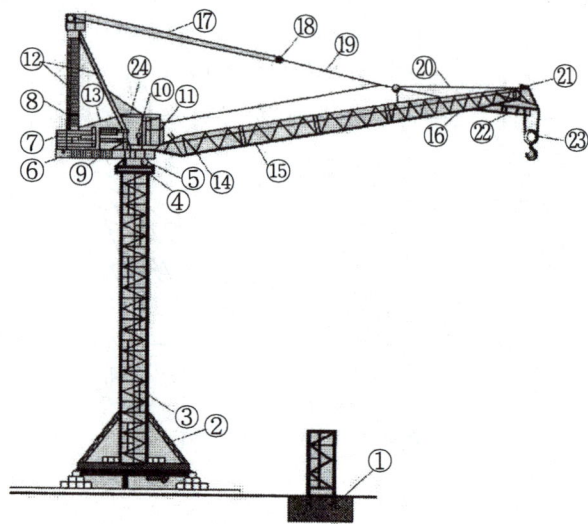

번호	명칭	번호	명칭
①	기초 앵커	⑬	압력봉
②	언더캐리지	⑭	지브 피벗 섹션
③	타워 섹션	⑮	중간 지브 섹션
④	조립 슬립 링과 슬루잉 링 서포트	⑯	지브 헤드 섹션
⑤	볼 슬루잉 링	⑰	Luffing 로프
⑥	기계 플랫폼	⑱	도르래 블록
⑦	카운터 발라스트	⑲	지브 가이(guy)로프
⑧	Luffing 기어	⑳	호이스팅 로프
⑨	호이스팅 기어	㉑	과부하 방지를 위한 측정 축
⑩	슬루잉 기어	㉒	로프 꼬임방지장치
⑪	운전실	㉓	훅 블록
⑫	지브(Jib)리테이닝 프레임과 지지봉	㉔	Fail-back 가드 스트랏

그림 T형 타워크레인 주요부 명칭

문제 5

지진에 저항하는 구조의 형태 3가지와 그 의미를 간단히 쓰시오. (5점)

정답

(1) 내진구조
① 지진의 규모가 큰 경우 벽이나 기둥, 바닥 등에 손상을 가하므로 이들 자체를 더욱 튼튼하게 보강하여 무너져내리는 것을 방지하고자 하는 구조
② 브레이싱 보강, 기둥이나 보 보강, 돌출벽 증설, 내진벽 증설, 슬릿 설치

(2) 면진구조
① 건물과 지면 사이에 면진장치를 설치하여, 면진장치가 기존의 에너지를 흡수하여 건물에 흔들림이 직접 전달되지 않도록 하는 구조
② 적층 고무 베어링, 슬라이딩 베어링 등

(3) 제진구조
① 건물 자체의 지진 에너지 흡수 메커니즘에 의해 지진의 충격력을 흡수하는 구조
② 제진장치의 설치장소에 따라 분산형과 집중형으로 구분
③ 댐퍼, 패시브 제진, 세미 패시브 제진, 액티브제진(동력필요) **"끝"**

다음 논술형 2문제를 모두 답하시오.(각 25점)

문제 6

콘크리트 공사에서 거푸집과 동바리 설계 시 고려하여야 할 하중과 구조검토 사항을 설명하시오.(25점)

정답

1. 개요

콘크리트 공사에서 거푸집과 동바리는 산업재해와 중대재해가 발생할 수도 있는 위험한 작업이다. 설계 시 구조검토를 하여 발생할 수 있는 재해를 사전에 예방해야 한다.

2. 거푸집과 동바리 설계시 고려하여야 할 하중

구분	내용
연직방향 하중	거푸집, 지보공(동바리), 콘크리트, 철근, 작업원, 타설용 기계기구, 가설설비 등의 중량 및 충격하중
횡방향 하중	작업할 때의 진동, 충격, 시공오차 등에 기인되는 횡방향 하중 이외에 필요에 따라 풍압, 유수압, 지진 등
콘크리트의 측압	굳지 않은 콘크리트의 측압
특수하중	시공 중에 예상되는 특수한 하중
기타하중	상기 하중에 안전율을 고려한 하중

3. 결론

① 거푸집과 동바리에 작용하는 하중은 연직방향하중, 횡방향하중, 콘크리트 측압, 특수하중, 안전율 고려한 하중 등이 있다.
② 하중에 대한 검토를 철저히 해서 안전한 건설현장이 되도록 해야한다. *"끝"*

> **정답근거**
>
> 콘크리트공사 표준 안전작업지침 제4조(하중)

> **합격key**
>
> ① 2020년 2차 및 면접 출제
> ② 2022년 논술형 출제

문제 7

건설현장에서 작업 중 발생할 수 있는 화재 발생유형과 예방대책에 대하여 설명하시오.(25점)

정답

1. 개요

① 건설현장에서 발생하는 화재는 중대재해로 이어질 수 있으므로 작업 전 위험요인을 사전에 파악하여 화재가 발생하지 않도록 안전관리를 철저히 하여야 한다.
② 연소의 3요소는 가연물, 공기, 점화원이다.

2. 화재 발생유형

① 인화성 물질주변 용접, 그라인더 절단작업 시 비산된 불꽃에 의한 화재 발생
② 아스팔트 방수 중 프라이머의 휘발성 물질에 담뱃불 등에 의해 화재 발생
③ 밀폐공간에서 도장작업 중 화기사용으로 인해 화재 발생
④ 우레탄, 스티로폼 등 단열재 설치작업 시 전기합선, 용접 불꽃에 의한 화재 발생
⑤ 전기사용 기계 · 기구 과부하에 의한 화재
⑥ 동절기 콘크리트 보온양생 중 과열에 의한 화재
⑦ 동절기 근로자 부주의(흡연, 난방)에 의한 화재

3. 화재예방대책

① 가연물과 점화원이 만나지 않도록 두 물질을 격리 · 방호하기 위한 화기사용금지 등 안전조치 필요
　㉮ 가연성 자재 격리 적재 및 보관
　㉯ 잔류가스 정체 위험장소 환기 시행
② 자동전격방지장치 및 누전차단기 설치
③ 화재감시자 배치
④ 작업전 안전점검
⑤ 화기작업허가 및 관리 · 감독 철저
⑥ 화기작업 주변에는 용도에 맞는 소화기를 배치해야 한다.
⑦ 바람의 영향으로 용접 및 용단 불티가 가연성 재료 주위로 비산할 가능성이 있을 때에는 용접 · 용단작업을 중단해야 한다.
⑧ 탱크 내부 등 통풍이 불충분한 장소에서 용접 · 용단작업 시는 탱크 내부의 산소농도를 측정하여 산소농도가 18[%] 이상, 23.5[%] 미만이 되도록 유지하거나 공기호흡기 등 호흡용 보

호구를 착용한다.

4. 결론

① 화재 발생 시 초기 진압이 중요하므로 평소 화재 진압 훈련 등을 실시하여 실전에 적용해야 한다.
② 매일 일상 점검시 화재의 위험요소를 제거 후 확인 후 작업한다.
③ 화재가 발생하였다면 신속히 화재를 진압하고 근로자를 적절히 신속하게 대피시켜 인명피해를 없애야 한다. "끝"

보충학습

산업안전보건기준에 관한 규칙

제232조(폭발 또는 화재 등의 예방)
① 사업주는 인화성 액체의 증기, 인화성 가스 또는 인화성 고체가 존재하여 폭발이나 화재가 발생할 우려가 있는 장소에서 해당 증기·가스 또는 분진에 의한 폭발 또는 화재를 예방하기 위하여 통풍, 환기 및 분진 제거 등의 조치를 하여야 한다.

제233조(가스용접 등의 작업)
사업주는 인화성 가스, 불활성 가스 및 산소(이하 "가스등"이라 한다)를 사용하여 금속의 용접·용단 또는 가열작업을 하는 경우에는 가스등의 누출 또는 방출로 인한 폭발·화재 또는 화상을 예방하기 위하여 다음 각 호의 사항을 준수해야 한다.

제236조(화재 위험이 있는 작업의 장소 등)
① 사업주는 합성섬유·면·양모·천조각·톱밥·짚·종이류 또는 인화성 액체를 다량으로 취급하는 작업을 하는 장소·설비 등은 화재예방을 위하여 적절한 배치 구조로 하여야 한다.

제239조(위험물 등이 있는 장소에서 화기 등의 사용 금지)

제240조(유류 등이 있는 배관이나 용기의 용접 등)

제241조(화재위험작업 시의 준수사항)

제241조의2(화재감시자)

제242조(화기사용 금지)
사업주는 화재 또는 폭발의 위험이 있는 장소에 화기의 사용을 금지하여야 한다.

제243조(소화설비)

제244조(방화조치)
사업주는 화로, 가열로, 가열장치, 소각로, 철제굴뚝, 그 밖에 화재를 일으킬 위험이 있는 설비 및 건축물과 그 밖에 인화성 액체와의 사이에는 방화에 필요한 안전거리를 유지하거나 불연성 물체를 차열(遮熱)재료로 하여 방호하여야 한다.

제245조(화기사용 장소의 화재 방지)

다음 논술형 2문제 중 1문제를 선택하여 답하시오.(25점)

문제 8

최신설계비법(BIM ; Building Information Modeling)이 건설안전기술에 미치는 영향과 활용에 대하여 설명시오.(25점)

정답

1. BIM(Building Information Modeling)의 정의

① 기존의 CAD 등을 이용한 평면적 도면 설계에서 발전하여 생애주기를 한눈에 관리할 수 있는 3D 가상공간을 이용하여 건설분야의 설계, 시공 및 운영에 필요한 정보나 모델을 작성하는 기술이다.
② 3D를 활용한 설계오류분석, 건설정보화(PMIS)건설안전 등 건설산업의 광범위한 분야에 활용되고 있다.

2. BIM이 건설안전기술에 미치는 영향

① 3D 시뮬레이션을 통한 위험을 사전에 예방할 수 있다.
② PMIS(건설정보화)를 통한 안전관리부서와 연계하여 적절한 공정관리를 함으로써 안전한 현장 구성이 가능하다.
③ 불안전 상태에 대한 사전 시뮬레이션 실시를 통해 작업의 위험성 RISK를 제거할 수 있다.
④ 불안전 행동을 한 근로자에 대해 모니터링을 통한 근로자 보호 조치를 취할 수 있다.

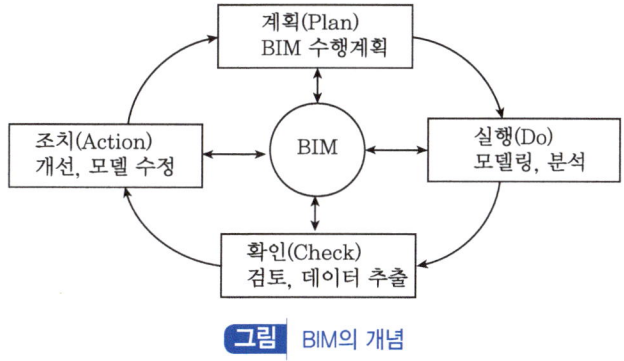

그림 BIM의 개념

3. BIM의 건설안전기술 활용

① BIM 활용으로 근로자 위치추적 기술 적용이 가능하다.
② 스마트 안전고리가 장착된 안전대 사용이 가능하다.
③ 위험지역 접근 센서 알람 기능이 가능하다.
④ 보디캠, 이동형 CCTV, 이상행동 감지 카메라를 통해 불안전 행동 근로자, 불안전 상태 작업자 등 모니터링 등이 가능하다.
⑤ 건설업 기초안전보건교육에 교육 콘텐츠로 활용이 가능하다.

4. 결론

① 현재 국내에서 BIM전문가 부족 및 국가자격 제도가 미흡한 상태이다.
② 국제적 교육 프로그램의 도입과 전문가 양성을 통해 건설안전기술의 선진화를 도모해야 한다. "끝"

문제 9

거푸집 및 거푸집 지보공의 해체공사에 대한 안전대책을 설명하시오. (25점)

정답

1. 개요

거푸집 및 거푸집 지보공은 설치뿐만 아니라 해체 시에도 재해가 발생하므로 거푸집 및 거푸집 지보공 해체 안전기준을 준수하여 작업하여야 한다.

2. 해체공사에 대한 안전대책

① 거푸집 및 지보공(동바리)의 해체는 순서에 의하여 실시하여야 하며 관리감독자를 배치하여야 한다.
② 거푸집 및 지보공(동바리)은 콘크리트 지중 및 시공중에 가해지는 그 밖에 하중에 충분히 견딜만한 강도를 가질 때까지는 해체하지 아니하여야 한다.
③ 거푸집을 해체할 때에는 다음 각 목에 정하는 사항을 유념하여 작업하여야 한다.
　㉮ 해체작업을 할 때에는 안전모 등 안전 보호장구를 착용토록 하여야 한다.
　㉯ 거푸집 해체작업장 주위에는 관계자를 제외하고는 출입을 금지시켜야 한다.
　㉰ 상하 동시 작업은 원칙적으로 금지하며 부득이한 경우에는 긴밀히 연락을 취하며 작업을 하여야 한다.
　㉱ 거푸집 해체 때 구조체에 무리한 충격이나 큰 힘에 의한 지렛대 사용은 금지하여야 한다.
　㉲ 보 또는 슬래브 거푸집을 제거할 때에는 거푸집의 낙하 충격으로 인한 작업언의 돌발적 재해를 방지하여야 한다.
　㉳ 해체된 거푸집이나 각목 등에 박혀 있는 못 또는 날카로운 돌출물은 즉시 제거하여야 한다.
　㉴ 해체된 거푸집이나 각목은 재사용 가능한 것과 보수하여야 할 것을 선별, 분리하여 적치하고 정리정돈을 하여야 한다.
　㉵ 그 밖에 제3자의 보호조치에 대하여도 완전한 조치를 강구하여야 한다.

> **정답근거**
> 콘크리트공사 표준안전작업지침 제9조(해체)

3. 결론

① 거푸집 및 거푸집 지보공의 해체작업 시 안전기준을 준수하여 작업을 해야 한다.
② 거푸집을 던지거나 떨어뜨리는 경우 중대재해가 발생할 수 있으므로 해체기준을 준수해야 한다. **"끝"**

"이하여백"

> **참고**
> 산업안전보건기준에 관한 규칙 제332조의 2(동바리 유형에 따른 동바리 조립시의 안전조치)

2014년 6월 28일 제4회 기출문제 NCS 분석

1. 시험과목 및 배점분석

구분	시험과목	시험시간	문제유형	배점
2차 전공필수	건설안전공학	100분	주관식 단답형 및 논술형 1) 단답형 : 5문제 2) 논술형 : 4문제 중 3문제 (필수 : 2, 선택 : 1)	총점 100점 1) 단답형 : 5×5=25점 2) 논술형 : 25×3=75점

2. NCS 문제분석

대분류	중분류	소분류	문제내용	비고
단답형	토목공사	옹벽	1. 기대기 옹벽의 종류와 안전성 검토항목 5가지를 쓰시오. (5점)	옹벽의 종류
	건축공사	용접	2. 철골 가우징(Gouging)을 정의하고, 종류 4가지를 쓰시오. (5점)	가우징
	토목공사	토량환산계수	3. 토공작업 시 흙의 상태에 따른 토량환산계수와 토량변화율에 대하여 쓰시오. (5점)	2021년 출제
	산업안전보건법령	안전보건규칙	4. 항타기 및 항발기의 무너짐 방지 방법 5가지를 쓰시오. (5점)	제209조
	토목공사	부동침하	5. 건축물의 부동침하(Unever Settlement) 발생원인 5가지를 쓰시오. (5점)	부동 침하원인
논술형	산업안전보건법령	안전보건규칙	6. 건설현장의 밀폐공간 작업 시 사전안전조치 사항 및 재해 예방대책에 대하여 쓰시오. (25점)	제618조
	산업안전보건법령	안전보건규칙	7. 건설현장에서 사용하는 차량계 건설기계의 종류, 재해, 유형 및 안전대책에 대하여 쓰시오. (25점)	규칙 196조
	화재예방	방재시설분류	8. 도로터널에서 화재 예방 안전관리상 필요한 방재시설을 5가지로 분류하고 그 내용을 쓰시오. (25점)	방재시설
	산업안전보건법령	안전보건규칙	9. 고층건물의 가설계획 수립 시 타워크레인의 설치 위치를 구분하고 각각에 대한 안전대책을 쓰시오. (25점)	제142조

시간	응시분야	수험번호	성명
100분	건설안전공학	20140628	도서출판 세화

다음 단답형 5문제를 모두 답하시오.(각 5점)

문제 1

기대기 옹벽의 종류와 안전성 검토항목 5가지를 쓰시오.(5점)

정답

(1) 기대기 옹벽의 종류

① 합벽식 옹벽
  ㉮ 최소두께 200[mm] 이상
  ㉯ 철근과 비탈면 표면과의 간격은 50[mm] 이상
② 계단식 옹벽
  ㉮ 각 계단이 겹치는 너비는 총너비의 1/2 이상
  ㉯ 전면부 경사는 60~90도 범위
  ㉰ 한 계단의 높이는 0.5~1.5[m]
  ㉱ 계단의 최소 두께는 300[mm] 이상
  ㉲ 고정편 : 기초부 500[mm], 비탈면 300[mm] 이상, 콘크리트내부 150[mm] 이상 근입

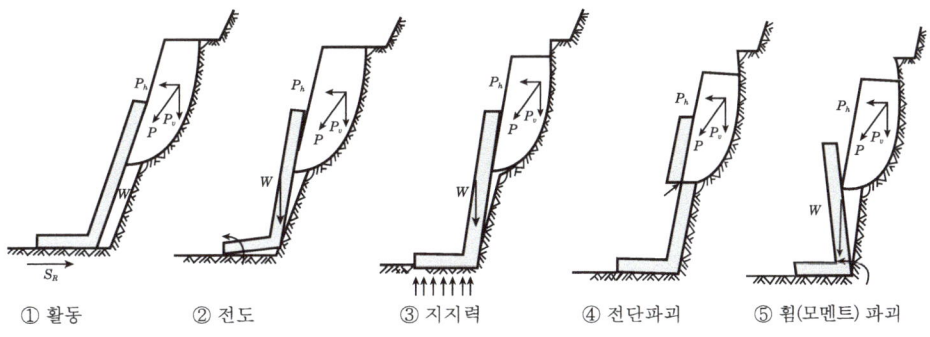

그림 기대기 옹벽의 종류

기

> **정답근거**
> ① 건설기술진흥법 고시〉비탈면 설계기준
> ② 국토교통부 고시 제2020-572호 : KDS 11 70 00(비탈면 설계기준)

(2) 안전성 검토항목(안정조건) 5가지
① 옹벽의 활동파괴
② 옹벽의 전도파괴
③ 기초의 지지력 파괴
④ 기대기 옹벽 자체의 전단파괴
⑤ 기대기 옹벽 자체의 모멘트파괴
⑥ 옹벽이 포함된 전체 사면의 활동 "끝"

> **합격key**
> 2021년 출제

> **보충학습**

기대기 옹벽

깍기비탈면 하단부의 지지력이 상실된 공간이 발생하여 추가적으로 암 이탈이 발생할 위험성이 높거나 단층 등의 파쇄대 발달에 의한 깍기 비탈면의 침식 등으로 불안정성이 예상될 때 비탈면의 안정성을 높이기 위해 적용하는 공법

문제 2

철골 가우징(Gouging)을 정의하고, 종류 4가지를 쓰시오. (5점)

정답

(1) 가우징의 정의

① 철골 용접작업 시 아크 절단기나 산소 절단기를 이용하여 홈을 파는 작업을 말한다.
② 비파괴검사에 의하여 발견된 결함을 제거하거나 기타 불필요한 부분 또는 유해한 부분을 도려내는 데 사용한다.

(2) 가우징의 종류 4가지

종류	특징
가스가우징	가스 화염과 산소 분출로 하는 홈파기 가공
백가우징	양면 맞대기 용접에서 편면의 용접이 일부 또는 전부 완료된 후에 뒷면 용접 전에 뒤쪽에서 앞면 용접의 용입 불량부나 초층용접 부위를 깎아내는 것
아크에어가우징	아크열로 녹인 금속을 압축 공기를 이용해서 연속적으로 불어 날려 금속표면에 홈을 파는 방법
플레임가우징 (불꽃 홈파기)	가스 절단 기능에 의해 모재에 폭이 좁고 깊은 홈을 파는 방법

합격자의 조언

종류만 쓰시면 정답입니다. 특징은 참고하세요. "끝"

문제 3

토공작업 시 흙의 상태에 따른 토량환산계수와 토량변화율에 대하여 쓰시오. (5점)

정답

(1) 토량환산계수
기준 토량의 변화율에 대하여 구하고자 하는 토량의 변화율에 대한 비율

토량환산계수($f = \dfrac{q}{Q}$)

표 토량 환산 계수

기준이 되는 q \ 구하는 Q	자연상태의 토량	흐트러진 상태의 토량	다져진 상태의 토량
자연상태의 토량	1	L	C
흐트러진 상태의 토량	$1/L$	1	C/L
다져진 상태의 토량	$1/C$	L/C	1

(2) 토량변화율
자연상태의 토량에 대한 흐트러진 상태의 토량, 다져진 상태의 토량에 대한 비율 L값과 C값이 있다.

① 팽창률(L) = $\dfrac{\text{흐트러진 상태의 토량}}{\text{자연상태의 토량}}$

② 압축률(C) = $\dfrac{\text{다져진 상태의 토량}}{\text{자연상태의 토량}}$

"끝"

합격key

2021년 출제

문제 4

항타기 및 항발기의 무너짐 방지 방법 5가지를 쓰시오. (5점)

정답

① 연약한 지반에 설치하는 경우에는 아웃트리거·받침 하부에 깔판·깔목 등을 사용할 것
② 시설 또는 가설물 등에 설치하는 경우 그 내력을 확인하고 내력이 부족하면 보강할 것
③ 아웃트리거·받침 등 미끄러질 우려가 있는 경우 말뚝 또는 쐐기 등을 사용하여 해당 지구조물을 고정시킬 것
④ 궤도 또는 차로 이동하는 항타기 또는 항발기에 대해서는 불시에 이동하는 것을 방지하기 위하여 레일 클램프(Rail Clamp) 및 쐐기 등으로 고정시킬 것
⑤ 상단 부분은 버팀대·버팀줄로 고정하여 안정시키고, 그 하단 부분은 견고한 버팀·말뚝 또는 철골 등으로 고정시킬 것 **"끝"**

정답근거

산업안전보건기준에 관한 규칙 제209조(무너짐의 방지)

문제 5

건축물의 부동침하(Unever Settlement) 발생원인 5가지를 쓰시오. (5점)

정답

① 연약지반에 구축
② 경사지반에 구조물 구축
③ 이질지반
④ 기초 상이
⑤ 상부구조 증설 또는 규격 상이
⑥ 인접 지역 구조물 공사로 인한 수위변화 및 압밀침하 **"끝"**

합격key

2019년 논술형 출제

다음 논술형 2문제를 모두 답하시오.(각 25점)

문제 6

건설현장의 밀폐공간 작업 시 사전안전조치 사항 및 재해 예방대책에 대하여 쓰시오. (25점)

정답

(1) 밀폐공간 작업 시 사전안전 조치 사항
① 작업 일시, 기간, 장소 및 내용 등 작업 정보 등을 파악한다.
② 관리감독자, 근로자, 감시인 등 작업자 정보 등을 파악한다.
③ 산소 및 유해가스 농도의 측정결과 및 후속조치 사항을 확인한다.
④ 작업 중 불활성가스 또는 유해가스의 누출·유입·발생 가능성 검토 및 후속조치 사항을 확인한다.
⑤ 작업 시 착용하여야 할 보호구의 종류를 파악한다.
⑥ 비상연락체계를 구축한다.
⑦ 밀폐공간에서의 작업이 종료될 때까지 상기 내용을 작업장 출입구에 게시한다.

(2) 밀폐공간에서의 작업시 안전대책
① 가연성, 폭발성 기체나 유독가스의 존재 여부 및 산소결핍 여부를 작업 전에 반드시 점검하고, 필요시는 작업중 지속적으로 공기 중 산소농도를 점검한다.
② 밀폐공간에 연결되는 모든 파이프, 덕트, 전선 등은 작업에 지장을 주지 않는 한 연결을 끊거나 막아서 작업장내로 유출되지 않도록 한다.
③ 작업 중 지속적으로 환기가 이루어지도록 한다.
④ 용접에 필요한 가스실린더나 전기동력원은 밀폐공간 외부의 안전한 곳에 배치한다.
⑤ 밀폐공간 외부에는 반드시 감시인 1명을 배치하여 육안이나 대화로 확인하고, 작업자의 출입을 돕거나 구조활동에 참여한다.
⑥ 감시인은 작업자가 내부에 있을 때는 항상 정위치하며, 필요한 개인보호장비와 구조장비를 갖춘다.
⑦ 밀폐공간에 출입하는 작업자는 안전대, 생명줄 그리고 보호구를 포함하여 적절한 개인보호장비를 갖춘다.
⑧ 탱크내부 등 통풍이 불충분한 장소에서 용접작업시는 탱크내부의 산소농도를 측정하여 산소농도가 18~25[%] 이하가 되도록 유지하거나, 공기호흡기 등 호흡용 보호구를 착용한다.

"끝"

정답근거
산업안전보건기준에 관한 규칙 제10장(밀폐공간 작업으로 인한 건강장애의 예방)

합격key
2016년 출제

보충학습

(1) 밀폐공간

우물, 수직갱, 터널, 잠함, 피트(pit) 암거, 맨홀, 탱크, 반응탑, 정화조, 침전조, 집수조 등 근로자가 작업을 수행할 수 있는 공간으로 환기가 불충분한 장소로서 「산업안전보건기준에 관한 규칙」 제618조 제1호에서는 "산소결핍, 유해가스로 인한 화재·폭발 등의 위험이 있는 장소"로 정의하고 있다. 특히 지하시설물과 관련하여 "케이블·가스관 또는 지하에 부설되어 있는 지하시설물을 수용하기 위하여 지하에 부설한 암거·맨홀 또는 피트의 내부"등을 포함하고 있으며, 지하공간통합정보 구축을 위한 지하공간도 다수 포함되어 있다.

(2) 산업안전보건기준에 관한 규칙 제618조(정의)

제618조(정의) 이 장에서 사용하는 용어의 뜻은 다음과 같다.
1. "밀폐공간"이란 산소결핍, 유해가스로 인한 질식·화재·폭발 등의 위험이 있는 장소로서 별표 18에서 정한 장소를 말한다.
2. "유해가스"란 탄산가스·일산화탄소·황화수소 등의 기체로서 인체에 유해한 영향을 미치는 물질을 말한다.
3. "적정공기"란 산소농도의 범위가 18퍼센트 이상 23.5퍼센트 미만, 이산화탄소의 농도가 1.5퍼센트 미만, 일산화탄소의 농도가 30피피엠 미만, 황화수소의 농도가 10피피엠 미만인 수준의 공기를 말한다.
4. "산소결핍"이란 공기 중의 산소농도가 18퍼센트 미만인 상태를 말한다.
5. "산소결핍증"이란 산소가 결핍된 공기를 들이마심으로써 생기는 증상을 말한다.

문제 7

건설현장에서 사용하는 차량계 건설기계의 종류, 재해, 유형 및 안전대책에 대하여 쓰시오. (25점)

정답

(1) 차량계 건설기계 종류

① 도저형 건설기계(불도저, 스트레이트도저, 틸트도저, 앵글도저, 버킷도저 등)
② 모터그레이더(Motor Grader, 땅고르는 기계)
③ 로더(포크 등 부착물 종류에 따른 용도 변경 형식을 포함한다.)
④ 스크레이퍼(Scraper, 흙을 절삭·운반하거나 펴 고르는 등의 작업을 하는 토공기계)
⑤ 크레인형 굴착기계(크램쉘, 드래그라인 등)
⑥ 굴착기(브레이커, 크러셔, 드릴 등 부착물 종류에 따른 용도 변경 형식을 포함한다.)
⑦ 항타기 및 항발기
⑧ 천공용 건설기계(어스드릴, 어스오거, 크롤러드릴, 점보드릴 등)
⑨ 지반 압밀침하용 건설기계(핸드드레인머신, 페이퍼드레인머신, 팩드레인머신 등)
⑩ 지반 다짐용 건설기계(타이어롤러, 매커덤롤러, 탠덤롤러 등)
⑪ 준설용 건설기계(버킷준설선, 그래브준설선, 펌프준설선 등)
⑫ 콘크리트 펌프카
⑬ 덤프트럭
⑭ 콘크리트 믹서 트럭
⑮ 도로포장용 건설기계(아스팔트 살포기, 콘크리트 살포기, 아스탈프 피니셔, 콘크리트 피니셔 등)
⑯ 골재 채취 및 살포용 건설기계(쇄석기, 자갈채취기, 골재살표기 등)
⑰ 제1호부터 제16호까지와 유사한 구조 또는 기능을 갖는 건설기계로서 건설작업에 사용하는 것

정답근거

산업안전보건기준에 관한 규칙 [별표 6] 차량계 건설기계(제 196조 관련)

(2) 차량계 건설기계 안전대책

① 차량계 건설기계에 전조등을 갖추어야 한다.
② 암석이 떨어질 우려가 있는 위험한 장소에서 작업하는 차량계 건설기계는 견고한 낙하물 보호구조를 갖춰야 한다.
③ 유도하는 사람을 배치하고 지반의 부동침하 방지, 갓길의 붕괴 방지 및 도로 폭의 유지 등 필요한 조치를 해야 한다.

④ 작업반경 내에 근로자를 출입시켜서는 안 된다.
⑤ 차량계 건설기계를 이송하기 위해 자주 또는 견인에 의해 화물자동차 등에 싣거나 내리는 작업을 할 때는 평탄하고 견고한 장소에서 해야 한다.
⑥ 발판을 사용하는 경우에는 충분한 길이·폭 및 강도를 가진 것을 사용하고 적당한 경사를 유지하기 위하여 견고하게 설치해야 한다.
⑦ 승차석이 아닌 위치에 근로자를 탑승시켜서는 안 된다.
⑧ 기계의 구조 및 사용상 안전도 및 최대사용하중을 준수해야 한다.
⑨ 기계의 주된 용도에만 사용한다.
⑩ 붐이나 암 등을 올리고 작업하는 경우 하부에 근로자의 접근을 금지시켜야 한다.
⑪ 차량계 건설기계의 수리나 교환을 하는 경우 작업순서를 결정하고 작업지휘자를 두어야 한다. **"끝"**

> 다음 논술형 2문제 중 1문제를 선택하여 답하시오.(25점)

문제 8

도로터널에서 화재 예방 안전관리상 필요한 방재시설을 5가지로 분류하고 그 내용을 쓰시오.(25점)

정답

화재 예방 안전관리상 필요한 방재시설 5가지 분류 및 내용

(1) 소화시설
 ① 차량 화재 시 화재의 진압·소화를 위한 설비
 ② 소화기, 옥내소화전, 물분무 소화설비

(2) 경보설비
 ① 화재나 사고 등의 긴급상황을 관리자 및 소방대에 전달하는 동시에 도로이용자 등에게 사고의 발생을 통보하기 위한 설비
 ② 비상경보장치, 긴급전화 및 자동화재탐지설비, 비상방송설비 등

(3) 피난대비설비
 ① 터널 내에서 화재 등에 직면한 도로이용자를 안전지역으로 대피하도록 유도하기 위한 설비 또는 안전한 공간
 ② 대피소, 비상조명등, 유도등

(4) 소화활동설비
 ① 화재를 진압하거나 인명구조 활동을 위해서 사용하는 설비
 ② 제연설비, 무선통신 보조설비, 연결송수관, 비상콘센트 등

(5) 비상전원설비
 ① 터널 내 정전 상황에서 비상조명설비 등의 기능을 유지하기 위한 예비전원설비
 ② 비상전원전용설비, 자가발전설비, 축전기 **"끝"**

문제 9

고층건물의 가설계획 수립 시 타워크레인의 설치 위치를 구분하고 각각에 대한 안전대책을 쓰시오. (25점)

정답

타워크레인의 설치위치 및 안전대책

(1) 벽체에 지지할 경우

① 「산업안전보건법 시행규칙」 제110조제1항제2호에 따른 서면심사에 관한 서류(「건설기계관리법」 제18조에 따른 형식승인서류를 포함한다) 또는 제조사의 설치작업설명서 등에 따라 설치할 것
② 제1호의 서면심사 서류 등이 없거나 명확하지 아니한 경우에는 「국가기술자격법」에 따른 건축구조·건설기계·기계안전·건설안전기술사 또는 건설안전분야 산업안전지도사의 확인을 받아 설치하거나 기종별·모델별 공인된 표준방법으로 설치할 것
③ 콘크리트구조물에 고정시키는 경우에는 매립이나 관통 또는 이와 같은 수준 이상의 방법으로 충분히 지지되도록 할 것
④ 건축 중인 시설물에 지지하는 경우에는 그 시설물의 구조적 안정성에 영향이 없도록 할 것

(2) 와이어로프에 지지할 경우(2024년 출제)

① 제2항제1호 또는 제2호의 조치를 취할 것
  ㉮ 제1호 : 「산업안전보건법 시행규칙」 제110조제1항제2호에 따른 서면심사에 관한 서류(「건설기계관리법」 제18조에 따른 형식승인서류를 포함한다) 또는 제조사의 설치작업설명서 등에 따라 설치할 것
  ㉯ 제2호 : 제1호의 서면심사 서류 등이 없거나 명확하지 아니한 경우에는 「국가기술자격법」에 따른 건축구조·건설기계·기계안전·건설안전기술사 또는 건설안전분야 산업안전지도사의 확인을 받아 설치하거나 기종별·모델별 공인된 표준방법으로 설치할 것
② 와이어로프를 고정하기 위한 전용 지지프레임을 사용할 것
③ 와이어로프 설치각도는 수평면에서 60도 이내로 하되, 지지점은 4개소 이상으로 하고, 같은 각도로 설치할 것

④ 와이어로프와 그 고정부위는 충분한 강도와 장력을 갖도록 설치하고, 와이어로프를 클립·샤클(shackle, 연결고리) 등의 고정기구를 사용하여 견고하게 고정시켜 풀리지 않도록 하며, 사용 중에는 충분한 강도와 장력을 유지하도록 할 것. 이 경우 클립·샤클 등의 고정기구는 한국산업표준 제품이거나 한국산업표준이 없는 제품의 경우에는 이에 준하는 규격을 갖춘 제품이어야 한다.
⑤ 와이어로프가 가공전선(架空電線)에 근접하지 않도록 할 것 "끝"

"이하여백"

정답근거

산업안전보건기준에 관한 규칙 제142조(타워크레인의 지지)

2015년 7월 27일 제5회 기출문제 NCS 분석

1. 시험과목 및 배점분석

구분	시험과목	시험시간	문제유형	배점
2차 전공필수	건설안전공학	100분	주관식 단답형 및 논술형 1) 단답형 : 5문제 2) 논술형 : 4문제 중 3문제 (필수 : 2, 선택 : 1)	총점 100점 1) 단답형 : 5×5=25점 2) 논술형 : 25×3=75점

2. NCS 문제분석

대분류	중분류	소분류	문제내용	비고
단답형	산업안전보건법령	안전보건규칙	1. 굴착공사 시 지하 매설물로 인해 발생할 수 있는 사고 유형 5가지를 쓰시오. (5점)	제341조
	설계기준	설계기준(KDS)	2. 철근 피복두께 유지 목적 5가지를 쓰시오. (5점)	KDS14 2050:2022
	작업지침	작업지침	3. 철골공사에서 철골공작도에 포함되어야 할 안전시설 5가지를 쓰시오. (5점)	제3조
	산업안전보건법령	안전보건규칙	4. 말비계의 조립·사용 시 준수사항 5가지를 쓰시오. (5점)	제14조
		안전보건규칙	5. 산업안전보건법령상 추락방지를 위한 안전방망(추락방호망)을 설치해야 할 경우에 설치기준을 쓰시오. (5점)	제42조
논술형	토목공사	옹벽	6. 보강토 옹벽의 구성요소, 공법의 장단점, 파괴형태와 안전대책을 쓰시오. (25점)	전공

	산업안전보건법령	안전보건규칙	7. 산업안전보건법령상 타워크레인을 자립고 이상의 높이로 설치하는 경우에 다음 지지방법별 준수사항을 쓰시오. (25점)
			  1) 벽체에 지지하는 방법
			  2) 와이어로프로 지지하는 방법
				제142조

	안전인증고시	고용노동부 고시	8. 안전모의 종류를 구분하여 설명하고, 사용 시의 유의사항과 성능 시험방법 등을 쓰시오. (25점)	제2장 추락 및 감전위험 방지용 안전모
	안전보건공단	공개자료	9. 터널 갱구부의 기능과 붕괴원인 및 안전대책을 쓰시오. (25점)	자료

합격자 현황

구분 2015년		1차			2차			3차		
		응시	합격	합격률	응시	합격	합격률	응시	합격	합격률
소계		498	44	9%	29	12	41%	25	19	76%
안전	기계	116	7	6%	5	3	60%	4	4	100%
	전기	72	3	4%	5	2	40%	2	2	100%
	화공	64	14	22%	9	4	44%	9	6	67%
	건설	246	20	8%	12	3	25%	10	7	70%

2015년도 7월 27일 산업안전지도사 2차 국가자격시험

시간	응시분야	수험번호	성명
100분	건설안전공학	20150727	도서출판 세화

다음 단답형 5문제를 모두 답하시오.(각 5점)

문제 1

굴착공사 시 지하 매설물로 인해 발생할 수 있는 사고 유형 5가지를 쓰시오. (5점)

정답

① 가스배관 폭발사고
② 기름유출로 인한 환경오염 및 화재폭발
③ 전기감전사고
④ 전력케이블 통신두절
⑤ 상·하수도관 파열로 토사붕괴 등 "끝"

정답근거

산업안전보건기준에 관한규칙 제341조(매설물 등 파손에 의한 위험방지)

① 사업주는 매설물·조적벽·콘크리트벽 또는 옹벽 등의 건설물에 근접한 장소에서 굴착작업을 할 때에 해당 가설물의 파손 등에 의하여 근로자가 위험해질 우려가 있는 경우에는 해당 건설물을 보강하거나 이설하는 등 해당 위험을 방지하기 위한 조치를 하여야 한다.
② 사업주는 굴착작업에 의하여 노출된 매설물 등이 파손됨으로써 근로자가 위험해질 우려가 있는 경우에는 해당 매설물 등에 대한 방호조치를 하거나 이설하는 등 필요한 조치를 하여야 한다.
③ 사업주는 제②항의 매설물 등의 방호작업에 대하여 법 관리감독자로 하여금 해당 작업을 지휘하도록 하여야 한다.

> [확인할 곳]

건설안전공학 2차 전공필수 p. 4-72(제341조)

> [합격자의 조언]

① 부분 점수 있습니다.
② 5개×각 1점=5점
   예 1개 정답이면 1점, 2개 정답이면 2점 등
③ 기사와 동일 모든 문제 부분 점수 적용합니다.

> [참고]
>
> KOSHA GUIDE
> G – 29 – 2011

(1) 굴착작업 시 지하 매설물 위험 방지를 위한 기술지침

① 목적 : 이 지침은 지하에 매설된 전기 및 통신케이블과 가스배관을 비롯한 다양한 종류의 배관망을 다루는 작업 시 발생하는 여러 유형의 위험요소를 사전에 예방하여 근로자의 상해를 방지하는 지침을 정함을 목적으로 한다.
② "지하매설물"이란 <u>전기, 가스, 수도(하수관 포함) 그리고 통신시설과 관련된 모든 지하 배관, 케이블과 장비를 말한다.</u> 또한, 석유화학제품과 각종 유체를 이송하는 기타의 배관망도 포함된다.
③ 그 밖에 이 지침에서 사용하는 용어의 정의는 이 지침에 특별한 규정이 있는 경우를 제외하고는 산업안전보건법, 같은 법 시행령, 같은 법 시행규칙, 산업안전보건기준에 관한 규칙 및 관련고시에서 정하는 바에 의한다.

(2) 사전적 용어정의

지하매설물(underground utilities, 地下埋設物)
지하, 주로 노면하에 매설되는 각종 공작물이나 시설, 노하(路下) 공작물. 상하 수도나 가스의 배관, 전력이나 통신용의 케이블, 지하 철도 등이 있다. 난잡하게 설치되는 것을 방지하기 위해 지하 매설물의 설치 표준이 있다. 각종 매설물을 각개로 설치하는 것을 피하고, 공동 관로, 공동구(共同溝)로 하는 것이 이상적이다.

출처 : 신건축용어사전(도서출판 세화)

문제 2

철근 피복두께 유지 목적 5가지를 쓰시오. (5점)

정답
① 내화성 확보
② 내구성 확보
③ 유동성 확보
④ 부착강도 확보
⑤ 소요의 구조내력 확보 "끝"

보충학습

철근의 피복두께
① 철근 가장자리에서 콘크리트 표면까지의 거리
② 기둥 : 대근 가장자리에서 콘크리트 표면까지의 거리
③ 보 : 늑근 가장자리에서 콘크리트 표면까지의 거리

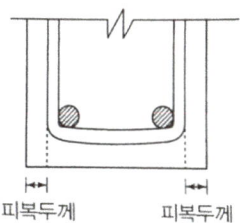

그림 철근피복두께

정답근거
콘크리트 구조 철근상세 설계기준(KDS 142050:2022)

문제 3

철골공사에서 철골공작도에 포함되어야 할 안전시설 5가지를 쓰시오. (5점)

정답

① 외부비계받이 및 화물승강설비용 브래킷
② 기둥 승강용 트랩
③ 구명줄 설치용 고리
④ 건립에 필요한 와이어 걸이용 고리
⑤ 난간 설치용 부재
⑥ 기둥 및 보 중앙의 안전대 설치용 고리
⑦ 방망 설치용 부재
⑧ 비계 연결용 부재
⑨ 방호선반 설치용 부재
⑩ 양중기 설치용 보강재 **"끝"**

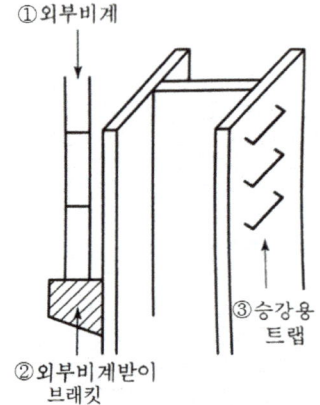

그림 외부비계받이 브래킷 및 승강용 트랩

보충학습

제3조(설계도 및 공작도 확인)

철골공사 전에 설계도 및 공작도에서 다음 각 호의 사항을 검토하여야 한다.
① 부재의 형상 및 치수(길이, 폭 및 두께), 접합부의 위치, 브래킷의 내민 치수, 건물의 높이 등을 확인하여 철골의 건립형식이나 건립작업상의 문제점, 관련 가설설비 등을 검토하여야 한다.
② 부재의 최대중량과 검토결과에 따라 건립기계의 종류를 선정하고 부재수량에 따라 건립공정을 검토하여 시공기간 및 건립기계의 대수를 결정하여야 한다.

③ 현장용접의 유무, 이음부의 시공난이도를 확인하고 건립작업방법을 결정하여야 한다.
④ 철골철근콘크리트조의 경우 철골계단이 있으면 작업이 편리하므로 건립순서 등을 검토하고 안전작업에 이용하여야 한다.
⑤ 한쪽만 많이 내민 보가 있는 기둥은 취급이 곤란하므로 보를 절단하거나 또는 무게중심의 위치를 명확히 하는 등의 필요한 조치를 해 두어야 한다. 또 폭이 좁고 길며 두께가 얇은 보나 기둥 등으로 가보강이 필요한 것은 이를 도면에 표시해 두어야 한다.
⑥ 건립 후에 가설부재나 부품을 부착하는 것은 위험한 작업(고소작업 등)이 예상되므로 다음 각 목의 사항을 사전에 계획하여 공작도에 포함시켜야 한다.
  ㉮ 외부비계받이 및 화물승강설비용 브래킷
  ㉯ 기둥 승강용 트랩
  ㉰ 구명줄 설치용 고리
  ㉱ 건립에 필요한 와이어 걸이용 고리
  ㉲ 난간 설치용 부재
  ㉳ 기둥 및 보 중앙의 안전대 설치용 고리
  ㉴ 방망 설치용 부재
  ㉵ 비계 연결용 부재
  ㉶ 방호선반 설치용 부재
  ㉷ 양중기 설치용 보강재
⑦ 구조안전의 위험이 큰 다음 각 목의 철골구조물은 건립 중 강풍에 의한 풍압 등 외압에 대한 내력이 설계에 고려되었는지 확인하여야 한다.
  ㉮ 높이 20[m] 이상의 구조물
  ㉯ 구조물의 폭과 높이의 비가 1:4 이상인 구조물
  ㉰ 단면구조에 현저한 차이가 있는 구조물
  ㉱ 연면적당 철골량이 50[kg/m^2] 이하인 구조물
  ㉲ 기둥이 타이플레이트(tie plate)형인 구조물
  ㉳ 이음부가 현장용접인 구조물

정답근거

철골공사 표준안전 작업지침 제3조(설계도 및 공작도 확인)

확인할 곳

산업안전지도사 2차 전공필수 건설안전공학 p.2-66(공사전 검토)

문제 4

말비계의 조립·사용 시 준수사항 5가지를 쓰시오.(5점)

정답

① 지주부재(支柱部材)의 하단에는 미끄럼 방지장치를 하고, 근로자가 양측 끝부분에 올라서서 작업하지 않도록 할 것
② 지주부재와 수평면의 기울기를 75[°] 이하로 하고, 지주부재와 지주부재 사이를 고정시키는 보조부재를 설치할 것
③ 말비계의 높이가 2[m]를 초과하는 경우에는 작업발판의 폭을 40[cm] 이상으로 할 것 "끝"

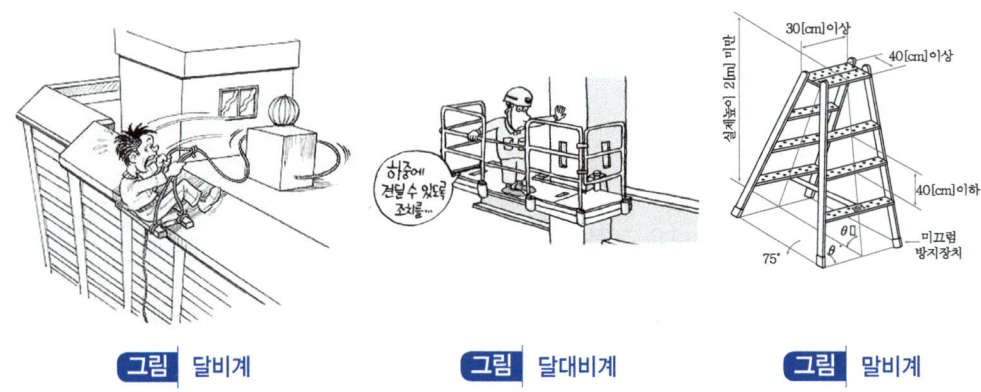

| 그림 | 달비계 | | 그림 | 달대비계 | | 그림 | 말비계 |

정답근거

산업안전보건기준에 관한 규칙 제67조(말비계)

합격자의 조언

① 본 문제는 법의 기준입니다.
② 출제자는 5점을 만들기 위해서 출제한 것으로 보이나 엄격하게 3가지입니다.
③ 5가지 요구시 정답 ①, ②를 나누어서 작성하시면 됩니다.

문제 5

산업안전보건법령상 추락방지를 위한 안전방망(추락방호망)을 설치해야 할 경우에 설치기준을 쓰시오.(5점)

정답

① 추락방호망의 설치위치는 가능하면 작업면으로부터 가까운 지점에 설치하여야 하며, 작업면으로부터 망의 설치지점까지의 수직거리는 10[m]를 초과하지 아니할 것
② 추락방호망은 수평으로 설치하고, 망의 처짐은 짧은 변 길이의 12[%] 이상이 되도록 할 것
③ 건축물 등의 바깥쪽으로 설치하는 경우 망의 내민 길이는 벽면으로부터 3[m] 이상 되도록 할 것.(다만, 그물코가 20[mm] 이하인 망을 사용한 경우에는 제14조제3항에 따른 낙하물방지망을 설치한 것으로 본다.)
④ 높이 10[m] 이내마다 설치하고, 내민 길이는 벽면으로부터 2[m] 이상으로 할 것
⑤ 수평면과의 각도는 20[°] 이상 30[°] 이하를 유지할 것 "끝"

합격key

2023년 출제

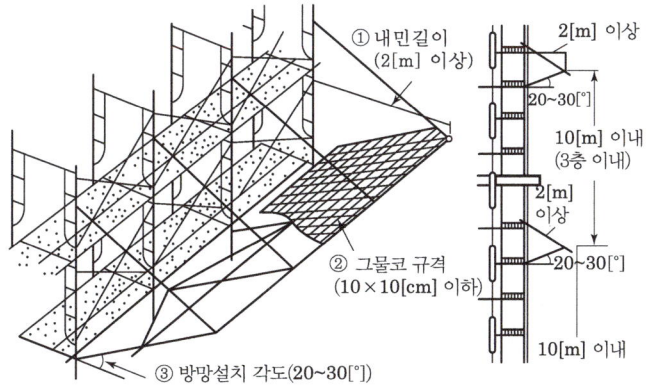

그림 추락방호망(방호선반)

정답근거

산업안전보건기준에 관한 규칙 제42조(추락의 방지)
① 사업주는 근로자가 추락하거나 넘어질 위험이 있는 장소[작업발판의 끝·개구부(開口部) 등을 제외한다] 또는 기계·설비·선박블록 등에서 작업을 할 때에 근로자가 위험해질 우려가 있는 경우 비계(飛階)를 조립하는 등의 방법으로 작업발판을 설치하여야 한다.
② 사업주는 제1항에 따른 작업발판을 설치하기 곤란한 경우 다음 각 호의 기준에 맞는 추락방호망을 설치하여야 한다. 다만, 추락방호망을 설치하기 곤란한 경우에는 근로자에게 안전

대를 착용하도록 하는 등 <u>추락위험을 방지하기 위하여 필요한 조치를 하여야 한다.</u>
  ㉮ 추락방호망의 설치위치는 가능하면 작업면으로부터 가까운 지점에 설치하여야 하며, 작업면으로부터 망의 설치지점까지의 수직거리는 10[m]를 초과하지 아니할 것
  ㉯ 추락방호망은 수평으로 설치하고, 망의 처짐은 짧은 변 길이의 12[%]이상이 되도록 할 것
  ㉰ 건축물 등의 바깥쪽으로 설치하는 경우 망의 내민 길이는 벽면으로부터 3[m] 이상 되도록 할 것. 다만, 그물코가 20[mm] 이하인 망을 사용한 경우에는 낙하물방지망을 설치한 것으로 본다.
③ 사업주는 추락방호망을 설치하는 경우에는 한국산업표준에서 정하는 성능기준에 적합한 추락방호망을 사용하여야 한다. 〈신설 2017. 12. 28., 2022. 10. 18.〉

> [확인할 곳]

산업안전지도사 2차 전공필수 건설안전공학 p.4-74(제1절 추락에 의한 위험방지)

> [보충학습]

산업안전보건기준에 관한 규칙 제14조(낙하물에 의한 위험의 방지)
① 사업주는 작업장의 바닥, 도로 및 통로 등에서 낙하물이 근로자에게 위험을 미칠 우려가 있는 경우 보호망을 설치하는 등 필요한 조치를 하여야 한다.
② 사업주는 작업으로 인하여 물체가 떨어지거나 날아올 위험이 있는 경우 낙하물 방지망, 수직보호망 또는 방호선반의 설치, 출입금지구역의 설정, 보호구의 착용 등 위험을 방지하기 위하여 필요한 조치를 하여야 한다. 이 경우 낙하물 방지망 및 수직보호망은 「산업표준화법」 제12조에 따른 한국산업표준(이하 "한국산업표준"이라 한다)에서 정하는 성능기준에 적합한 것을 사용하여야 한다. 〈개정 2017. 12. 28., 2022. 10. 18.〉
③ 제②항에 따라 낙하물 방지망 또는 방호선반을 설치하는 경우에는 다음 각 호의 사항을 준수하여야 한다.
  ㉮ 높이 10[m] 이내마다 설치하고, 내민 길이는 벽면으로부터 2[m] 이상으로 할 것
  ㉯ 수평면과의 각도는 20[°] 이상 30[°] 이하를 유지할 것

산업안전보건기준에 관한 규칙 제43조(개구부 등의 방호 조치)
① 사업주는 작업발판 및 통로의 끝이나 개구부로서 근로자가 추락할 위험이 있는 장소에는 안전난간, 울타리, 수직형 추락방망 또는 덮개 등(이하 이 조에서 "난간등"이라 한다)의 방호조치를 충분한 강도를 가진 구조로 튼튼하게 설치하여야 하며, 덮개를 설치하는 경우에는 뒤집히거나 떨어지지 않도록 설치하여야 한다. 이 경우 어두운 장소에서도 알아볼 수 있도록 개구부임을 표시해야 하며, 수직형 추락방망은 한국산업표준에서 정하는 성능기준에 적합한 것을 사용해야 한다. 〈개정 2019. 12. 26., 2022. 10. 18.〉
② 사업주는 난간등을 설치하는 것이 매우 곤란하거나 작업의 필요상 임시로 난간등을 해체하여야 하는 경우 제42조제2항 각 호의 기준에 맞는 추락방호망을 설치하여야 한다. 다만, 추락방호망을 설치하기 곤란한 경우에는 근로자에게 안전대를 착용하도록 하는 등 추락할 위험을 방지하기 위하여 필요한 조치를 하여야 한다. 〈개정 2017. 12. 28.〉

다음 논술형 2문제를 모두 답하시오.(각 25점)

문제 6

보강토 옹벽의 구성요소, 공법의 장단점, 파괴형태와 안전대책을 쓰시오. (25점)

정답

1. 개요 및 정의

① 옹벽(擁壁)은 흙이 자체의 압력에 의하여 무너지지 않도록 만든 벽이며, 유형으로는 철근 콘크리트조, 철근을 사용하지 않은 콘크리트조, 벽돌조, 석조 등이 있다.
② 횡토압을 지지하기 위하여 무근이나 철근콘크리트를 사용한 흙막이 구조물이다.
③ 배면토의 토압에 대하여 옹벽의 자중으로 안정을 유지하는 구조물이다.
④ 보강토(Reinforced Soil)란 지반 속에 작용응력에 대한 인장변형률이 작고 흙과의 결속력이 우수한 형상의 연속성 재료(보강재)를 넣어 지반의 전단강도를 개선하는 방법을 말하며, 철근콘크리트와 유사한 개념이다. 철근콘크리트의 철근이나 보강토의 보강재는 모두 원재료인 콘크리트 또는 흙의 취약점을 보완하는 요소이다.

표 보강토 개념

보강토 : Reinforced earth(wall) : 유럽 등 =Mechanically stabilized earth(wall) : 미국
RE=Reinforced Earth(보강토) 　=Earth+Reinforced(결속력의 보완)
RC=Reinforced Concrete(철근콘크리트) 　=Concrete+Re-bar(인장력의 보완)
보강재(Reinforcing Element) : 본 재료의 취약점을 보완하는 요소(補强材)

2. 본론

(1) 보강토 옹벽의 3대 구성요소

① 보강토 옹벽의 주요 구성요소는 전면벽체(facing)와 보강재 그리고 뒤채움 토사이다.
　㉮ 전면벽체(판) : 식생토양이나 블록 등을 사용하는데, 옹벽의 외관을 형성하고 뒤채움 토

사의 유실을 방지하는 역할을 한다.
㉯ 보강재는 보강토 구조물을 하나의 덩어리로 만들어주는 역할을 하며 안전성에 가장 중요한 역할을 한다.
㉰ 뒤채움 토사(흙) : 다짐작업을 하며 점토성분이 많은 흙은 피하고, 사질토를 사용한다.
② 보강토 옹벽이 이론만의 안전성이 아니라 현실에서 안전성을 확보하기 위해선 배수시설에 필요한 골재와 유공관, 전면벽체의 조립이나 보강재 설치를 위한 부속자재들이 필요하다.

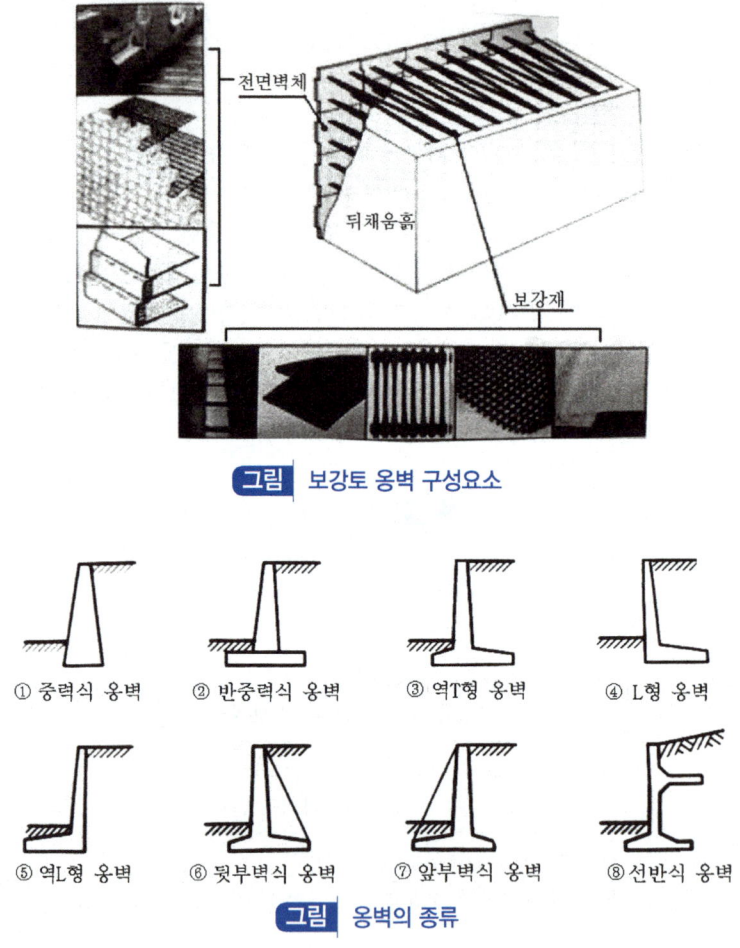

그림 보강토 옹벽 구성요소

① 중력식 옹벽　② 반중력식 옹벽　③ 역T형 옹벽　④ L형 옹벽
⑤ 역L형 옹벽　⑥ 뒷부벽식 옹벽　⑦ 앞부벽식 옹벽　⑧ 선반식 옹벽

그림 옹벽의 종류

(2) 보강토 옹벽의 장단점
① 보강도옹벽의 장점
　㉮ 토사지층 적용 가능하고 미관상 좋다.
　㉯ 동절기 시공이 가능하며, 곡벽과 직벽의 자유로운 시공이 가능하다.
　㉰ 색상선택의 주위지형과 조화가 가능하다.

② 보강토옹벽의 단점
  ㉮ 후면이 암사면인 경우 과다한 토공비 발생한다.(별도 보강공법 병행)
  ㉯ 자재 적치공간이 필요하다.
  ㉰ 정밀시공이 요구되며, 뒷채움시 시공관리가 필요하다.

3. 옹벽의 설계

(1) 저판의 설계
① 저판의 뒷굽판은 좀더 정확한 방법이 사용되지 않는 한 위에 재하되는 모든 하중을 지지하도록 설계되어야 한다.
② 캔틸레버 옹벽의 저판은 수직벽에 의해 지지된 캔틸레버로 설계할 수 있다.
③ 뒷부벽식 옹벽 및 앞부벽식 옹벽의 저판은 뒷부벽 또는 앞부벽간의 거리를 경간으로 간주하고 고정보 또는 연속보로 설계할 수 있다.

(2) 전면벽
① 캔틸레버 옹벽의 전면벽은 저판에 지지된 캔틸레버로 설계할 수 있다.
② 뒷부벽식 옹벽 및 앞부벽식 옹벽의 전면벽은 3변 지지된 2방향 슬래브로 설계되어야 한다.
③ 전면벽은 철근을 충분히 사용하여 뒷부벽 또는 앞부벽에 정착이 잘 되어야 한다.

(3) 뒷부벽 및 앞부벽
뒷부벽은 T형보로 설계되어야 하며, 앞부벽은 직사각형보로 설계되어야 한다.

4. 옹벽의 안정

(1) 전도에 대한 안정

$$\frac{\text{저항 모멘트}}{\text{전도 모멘트}} = \frac{\overline{W} \cdot x}{H \cdot y} \geq 2.0$$

① 옹벽의 앞굽 끝을 기준으로 한다.
② 전도에 대한 안전율은 2.0 이상이다.
③ 모든 외력의 합력이 저판의 중앙 $\frac{1}{3}$ 안에 들어오도록 설계한다.

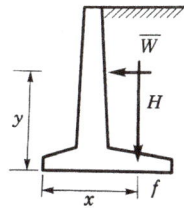

그림 옹벽의 안정

(2) 활동에 대한 안정

$$\frac{\text{수평 저항력}}{\text{수평력}} = \frac{f \cdot \overline{W}}{H} \geq 1.5$$

① 저항력을 키우기 위해 옹벽의 폭을 크게 하거나 활동 방지벽을 두기도 한다.
② 활동에 대한 안전율은 1.5 이상이다.

(3) 침하에 대한 안정

$q_{\frac{1}{2}} \leq q_a$

$$q_1 = \frac{P}{B} + \frac{6eP}{B^2} = \frac{P}{B}\left(1 + \frac{6e}{B}\right)$$

$$q_2 = \frac{P}{B} - \frac{6eP}{B^2} = \frac{P}{B}\left(1 - \frac{6e}{B}\right)$$

① 지반에 작용하는 최대 지반 반력이 기초 지반의 허용 지지력보다 작아야 한다.
② 침하에 대한 안전율은 1.0이다.

5. 구조 상세

① 옹벽 연직벽의 전면은 1:0.02 정도의 경사를 뒤로 두어 시공오차나 지반 침하에 의해서 벽면이 앞으로 기우는 것을 방지한다.
② 옹벽 연직벽의 표면에는 연직 방향으로 V형 홈의 수축 이음을 두어야 한다. 그 간격은 9[m] 이하여야 한다. 수축 이음에서는 철근을 끊어서는 안 된다. 이러한 V형 홈의 수축 이음을 설치하면 벽 표면의 건조 수축으로 인한 균열을 V형 홈에서 받아 들이게 되어 균열이 방지된다.
③ 옹벽의 연장이 30[m] 이상일 경우에는 신축 이음을 두어야 한다. 신축 이음은 30[m] 이하의 간격으로 설치하되 완전히 끊어서 온도 변화와 지반의 부동침하에 대비해야 한다. 신축 이음에서는 철근도 끊어야 하며, 콘크리트가 서로 물리게 하는 것이 바람직하다.
④ 벽의 노출면에서의 피복 두께는 30[mm] 이상이어야 하고, 흙에 접하는 곳에서의 피복 두께는 80[mm] 이상이어야 한다.
⑤ 옹벽에는 쉽게 배수될 수 있는 높이에 65[mm] 이상의 지름의 배수 구멍을 4.5[m] 정도의 간격으로 설치해야 한다. 뒷부벽식 옹벽에서는 부벽의 각 격간에 한 개 이상의 배수 구멍을 두어야 한다.
옹벽의 뒤채움 속에는 배수 구멍으로 물이 잘 모이도록 배수층을 두어야 한다. 배수층에는 조약돌이나 부순돌 또는 자갈을 사용하며, 배수층의 두께는 30~40[cm] 정도로 한다.
⑥ 수축과 온도 변화에 의한 균열을 방지하기 위하여 벽의 노출면에 가깝게 수평, 수직 두 방향으로 철근을 배치해야 한다. 이 철근은 될 수 있는 대로 가는 것을 좁은 간격으로 배치하는 것이 좋다. 수평으로 배치되는 수축·온도 철근의 콘크리트 총 단면에 대한 최소비의 설계 기준은 다음과 같다.
　㉮ 지름 16[mm] 이하, $f_y \geq 400$[MPa]인 이형 철근 : 0.0020
　㉯ 그 밖의 이형 철근 : 0.0025
　㉰ 지름이 16[mm] 이하인 용접 철망 : 0.0020
　㉱ 수평 철근의 간격:벽체 두께의 3배 이하, 450[mm] 이하
⑦ 활동에 대한 효과적인 저항을 위하여 저판의 하면에 활동 방지벽을 설치하는 경우 활동 방지벽과 저판을 일체로 만들어야 한다.

표 파괴형태 및 안전대책

파괴형태	원인	안전대책
변형 및 균열	-점토성분이 많은 뒤채움 재료의 사용 -불충분한 다짐 -시공관리의 미흡 -시공완료 후 물의 침투	-연성구조물인 보강토 옹벽에서 약간의 변형 불가피 함 -특히 곡선부에서의 과도한 변형은 전면블록에 균열을 발생시키므로 시공관리에 주의
침하 및 부동침하	-기초지반의 지지력 부족 -기초지반에 대한 처리 미흡	-기초지반이 연약한 경우 지반개량, 지반 보강 등의 방법으로 소요지력 확보 -성토지반상에 축조될 경우 성토지반을 충분히 다져야 함
토사유실	-지표수 처리 미흡	-철저한 배수관리 필요
국부적인 붕괴	-블록식 보강토 옹벽의 경우 블록 배면에 설치된 골재층을 따라 우수의 유입으로 전면블록이 탈락하는 현상이 종종 발생	-골재층을 통한 우수 유입 차단 -전면블록을 통한 적절한 배수구의 설치
보강토체의 파괴	-부적절한 설계 및 시공 -지하수 또는 우수의 유입에 의한 수압의 증가 및 유효응력의 감소	-현장여건을 충분히 고려하여 설계 및 시공 -규정에 적합한 재료(특히 토사)의 사용 -철저한 시공관리 -적절한 배수 시설의 설치
전체 사면활동	-보강토 옹벽 상하부의 여건 미고려 -기초지반에 대한 평가 부족 -우수 및 지하수의 영향	-연약지반 또는 사면상에 설치되는 경우 및 상부에 고성성토고의 사면이 계획된 경우 전체 사면활동에 대한 안정성 검토 필수 -우수 및 지하수의 유입 차단 및 배수 시설 설치

① 변형-배부름, 전도 등

② 침하/부동침하

③ 전면벽체의 균열/파손

④ 전면벽체의 탈락/국부적 붕괴

⑤ 보강토 옹벽의 붕괴

⑥ 전체 사면활동

사진 파괴형태

6. 결론 및 시공시 주의사항

(1) 설계도서의 확인
① 현장과 불일치하는 경우 설계변경
② 설계기준에 부합하지 않는 경우 설계변경

(2) 하부지반 확인
필요한 경우 치환, 지반보강 또는 시공방법 변경

(3) 지하수, 배면 용출수의 확인
설계도서에 없는 경우라도 필요시 배수시설 설치

(4) 시방규정에 적합한 뒤채움 재료 사용
(5) 시방규정에 맞게 다짐관리
(6) 지표수/우수 침투방지 대책 수립
시공중에도 강우시 배수대책 수립 철저 "끝"

문제 7

산업안전보건법령상 타워크레인을 자립고 이상의 높이로 설치하는 경우에 다음 지지방법별 준수사항을 쓰시오.(25점)

(1) 벽체에 지지하는 방법
(2) 와이어로프로 지지하는 방법

정답

1. 개요

① 최근 건축물의 고층화 추세에 따라 Tower Crane의 시공이 점차 증가되고 있는 실정이다.
② 타워크레인의 충돌·전도 등의 사고 유형은 대부분 중대재해로 안전대책이 절실히 요구된다.

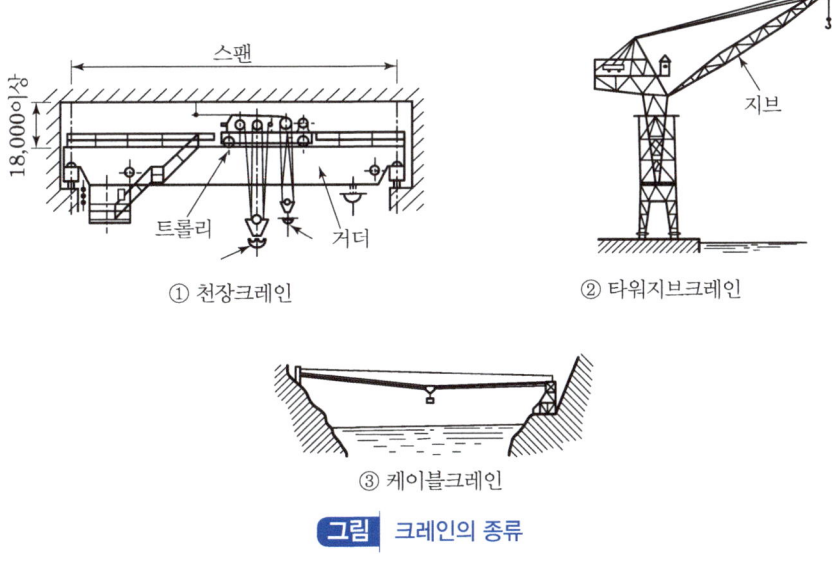

그림 크레인의 종류

2. 사고 유형

(1) 전도
① 안전장치 고장으로 인한 과하중
② 기초의 강도 부족

(2) Boom 절손
① Tower Crane 상호 충돌, 장애물 충돌
② 안전장치 고장으로 인한 과하중

(3) Crane 본체 낙하

권상 및 승강용 Wire Rope 절단

3. 본론 : 지지방법별 준수사항

(1) 벽체에 지지하는 방법(2024년 출제)
① 「산업안전보건법 시행규칙」 서면심사에 관한 서류(「건설기계관리법」 제18조에 따른 형식승인서류를 포함한다) 또는 제조사의 설치작업설명서 등에 따라 설치할 것
② 제①호의 서면심사 서류 등이 없거나 명확하지 아니한 경우에는 「국가기술자격법」에 따른 건축구조·건설기계·기계안전·건설안전기술사 또는 건설안전분야 산업안전지도사의 확인을 받아 설치하거나 기종별·모델별 공인된 표준방법으로 설치할 것
③ 콘크리트구조물에 고정시키는 경우에는 매립이나 관통 또는 이와 동등 이상의 방법으로 충분히 지지되도록 할 것
④ 건축 중인 시설물에 지지하는 경우에는 그 시설물의 구조적 안정성에 영향이 없도록 할 것

(2) 와이어로프로 지지하는 방법
① 「산업안전보건법 시행규칙」 서면심사에 관한 서류(「건설기계관리법」 제18조에 따른 형식승인서류를 포함한다) 또는 제조사의 설치작업설명서 등에 따라 설치할 것
② 제①호의 서면심사 서류 등이 없거나 명확하지 아니한 경우에는 「국가기술자격법」에 따른 건축구조·건설기계·기계안전·건설안전기술사 또는 건설안전분야 산업안전지도사의 확인을 받아 설치하거나 기종별·모델별 공인된 표준방법으로 설치할 것
③ 와이어로프를 고정하기 위한 전용 지지프레임을 사용할 것
④ 와이어로프 설치각도는 수평면에서 60[°] 이내로 하되, 지지점은 4개소 이상으로 하고, 같은 각도로 설치할 것
⑤ 와이어로프의 그 고정부위는 충분한 강도와 장력을 갖도록 설치하고, 와이어로프를 클립·샤클(shackle) 등의 고정기구를 사용하여 견고하게 고정시켜 풀리지 아니하도록 하며, 사용 중에는 충분한 강도와 장력을 유지하도록 할 것
⑥ 와이어로프가 가공전선(架空電線)에 근접하지 않도록 할 것

4. 결론

① 타워크레인에 의한 사고는 중대재해로 연계되기 때문에 안전성을 바탕으로 운용관리 System이 도입되어야 한다.
② 건설기계 재해가 전체 재해의 10[%] 이상을 차지하는 만큼 전문적인 안전대책이 강구되어야 한다. "끝"

> [정답근거]

산업안전보건기준에 관한 규칙 제142조(타워크레인의 지지)

① 사업주는 타워크레인을 자립고(自立高) 이상의 높이로 설치하는 경우 건축물 등의 벽체에 지지하도록 하여야 한다. 다만, 지지할 벽체가 없는 등 부득이한 경우에는 와이어로프에 의하여 지지할 수 있다.

② 사업주는 타워크레인을 벽체에 지지하는 경우 다음 각 호의 사항을 준수하여야 한다.
 ㉮ 「산업안전보건법 시행규칙」 서면심사에 관한 서류(「건설기계관리법」 제18조에 따른 형식승인서류를 포함한다) 또는 제조사의 설치작업설명서 등에 따라 설치할 것
 ㉯ 제1호의 서면심사 서류 등이 없거나 명확하지 아니한 경우에는 「국가기술자격법」에 따른 건축구조·건설기계·기계안전·건설안전기술사 또는 건설안전분야 산업안전지도사의 확인을 받아 설치하거나 기종별·모델별 공인된 표준방법으로 설치할 것
 ㉰ 콘크리트구조물에 고정시키는 경우에는 매립이나 관통 또는 이와 동등 이상의 방법으로 충분히 지지되도록 할 것
 ㉱ 건축 중인 시설물에 지지하는 경우에는 그 시설물의 구조적 안정성에 영향이 없도록 할 것

③ 사업주는 타워크레인을 와이어로프로 지지하는 경우 다음 각 호의 사항을 준수해야 한다.
 ㉮ 제②항제㉮호 또는 제㉯호의 조치를 취할 것
 ㉯ 와이어로프를 고정하기 위한 전용 지지프레임을 사용할 것
 ㉰ 와이어로프 설치각도는 수평면에서 60[°] 이내로 하되, 지지점은 4개소 이상으로 하고, 같은 각도로 설치할 것
 ㉱ 와이어로프의 그 고정부위는 충분한 강도와 장력을 갖도록 설치하고, 와이어로프를 클립·샤클(shackle) 등의 고정기구를 사용하여 견고하게 고정시켜 풀리지 아니하도록 하며, 사용 중에는 충분한 강도와 장력을 유지하도록 할 것. 이 경우 클립·샤클 등의 고정기구는 한국산업표준 제품이거나 한국산업표준이 없는 제품의 경우에는 이에 준하는 규격을 갖춘 제품이어야 한다.
 ㉲ 와이어로프가 가공전선(架空電線)에 근접하지 않도록 할 것

다음 논술형 2문제 중 1문제를 선택하여 답하시오.(25점)

문제 8

안전모의 종류를 구분하여 설명하고, 사용시의 유의사항과 성능 시험방법 등을 쓰시오.

정답

1. 안전모의 종류 및 사용구분

종류(기호)	사용구분	비고
AB	물체의 낙하 또는 비래 및 추락(주1)에 의한 위험을 방지 또는 경감시키기 위한 것	
AE	물체의 낙하 또는 비래에 의한 위험을 방지 또는 경감하고, 머리부위 감전에 의한 위험을 방지하기 위한 것	내전압성(주2)
ABE	물체의 낙하 또는 비래 및 추락에 의한 위험을 방지 또는 경감하고, 머리부위 감전에 의한 위험을 방지하기 위한 것	내전압성

(주1) 추락이란 높이 2[m] 이상의 고소작업, 굴착작업 및 하역작업 등에 있어서의 추락을 의미한다.
(주2) 내전압성이란 7,000[V] 이하의 전압에 견디는 것을 말한다.

2. 사용시 유의사항

① 사용목적에 적합한 보호구를 선택한다.
② 공업규격에 합격하고 보호성능이 보장되는 것을 선택한다.
③ 작업행동에 방해되지 않는 것을 선택한다.
④ 착용이 용이하고 크기 등이 사용자에게 편리한 것을 선택한다.

3. 성능시험방법

(1) 안전모의 성능기준

구분	항목(방법)	시험성능기준
시험성능기준	내관통성	AE, ABE종 안전모는 관통거리가 9.5[mm] 이하이고, AB종 안전모는 관통거리가 11.1[mm] 이하이어야 한다.(자율안전확인에서는 관통거리가 11.1[mm] 이하)
	충격흡수성	최고전달충격력이 4,450[N]을 초과해서는 안 되며, 모체와 착장체의 기능이 상실되지 않아야 한다.

구분	항목(방법)	시험성능기준
시험 성능 기준	내전압성	AE, ABE종 안전모는 교류 20[kV]에서 1분간 절연파괴 없이 견뎌야 하고, 이때 누설되는 충전전류는 10[mA] 이하이어야 한다.(자율안전확인에서는 제외)
	내수성	AE, ABE종 안전모는 질량증가율이 1[%] 미만이어야 한다.(자율안전확인에서는 제외)
	난연성	모체가 불꽃을 내며 5초 이상 연소되지 않아야 한다.
	턱끈풀림	150[N] 이상 250[N] 이하에서 턱끈이 풀려야 한다.
부가 성능 기준	측면 변형 방호	최대 측면변형은 40[mm], 잔여변형은 15[mm] 이내이어야 한다.
	금속 용융물 분사 방호	– 용융물에 의해 10[mm] 이상의 변형이 없고 관통되지 않아야 한다. – 금속 용융물의 방출을 정지한 후 5초 이상 불꽃을 내며 연소되지 않을 것 (자율안전확인에서는 제외)

(2) 안전모의 시험방법

① 전처리
  ㉮ 저온전처리는 (−10±2)[℃]에서 4시간 이상 유지한다.
  ㉯ 고온전처리는 (50±2)[℃]에서 4시간 이상 유지한다.
  ㉰ 침지전처리는 (20±2)[℃]의 물에서 4시간 이상 침지한다.
  ㉱ 노화전처리는 제논아크램프를 사용하여 실시한다.

② 착용높이
  ㉮ 안전모의 외부수직거리, 내부수직거리, 내부수직간격 및 모체와 착장체간의 수평간격 및 착용높이는 안전모 머리받침대를 머리모형에 장착하여 측정한다.
  ㉯ 안전모는 50[N]의 수직하중을 가한 상태에서 측정한다.
  ㉰ 착용높이 및 수평간격 측정시 머리받침고리가 조절 가능하다면 가장 높은 위치로 조절된 상태에서 측정한다.

③ 내관통성 시험
  ㉮ 질량 450[g]의 철제추를 낙하점이 모체정부를 중심으로 직경 76[mm] 이내가 되도록 높이 3[m]에서 자유낙하시켜 관통거리를 측정한다.
  ㉯ 사람머리모형은 공명이 적은 마그네슘 K−1, 나무, 알루미늄을 재료로 제작되고 질량은 (3.6±0.45)[kg]이어야 한다.
  ㉰ 철제추의 형상과 치수는 원뿔각도(30±0.5)[°], 뾰족한 끝의 반경은 0.25[mm] 이하의 반구상으로 한다.
  ㉱ AB, ABE종 안전모는 낙하점이 모체앞머리, 양옆머리, 뒷머리가 되도록 사람머리 모형에 장착한 후 위와 동일한 방법으로 관통거리를 추가 측정(저온 및 고온전처리에 한함)한다.

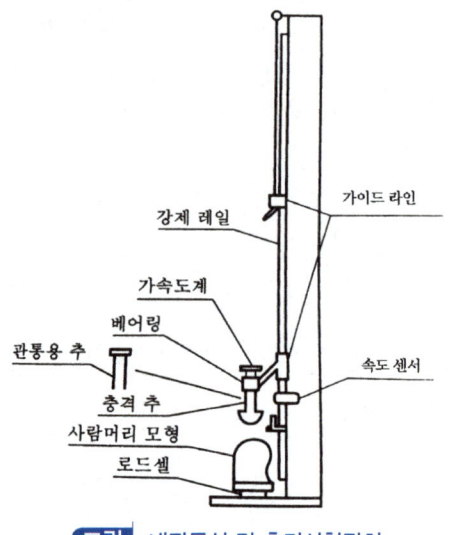

그림 | 내관통성 및 충격시험장치

④ 충격흡수성 시험
  ㉮ 질량 3,600[g]의 충격추를 낙하점이 모체정부를 중심으로 직경 76[mm] 이내가 되도록 높이 1.5[m]에서 자유낙하시켜 전달충격력을 측정한다.
  ㉯ 종류 AB, ABE종 안전모는 낙하점이 모체앞머리, 양옆머리, 뒷머리가 되도록 사람머리 모형에 장착한 후 위와 동일한 방법으로 전달충격력을 추가 측정(저온 및 고온전처리에 한함)한다.
⑤ 내전압성 시험
  ㉮ 시험장치에 모체 내외의 수위가 동일하게 되도록 물을 넣고 모체 내외의 수중에 전극을 담그고, 주파수 60[Hz]의 정현파에 가까운 20[kV]의 전압을 가하고 충전전류를 측정한다.
  ㉯ 전압을 가하는 방법은 규정 전압의 100분의 75까지 상승시키고, 이후에는 1초간에 약 1,000[V]의 비율로 전압을 상승시켜 20[kV]에 달한 후 1분간 이에 견디는가 조사한다.

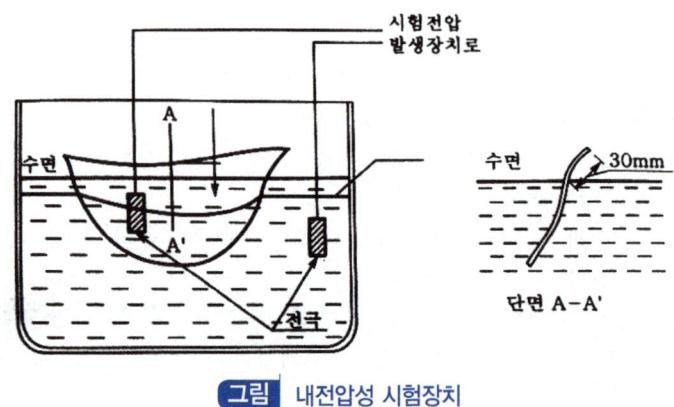

그림 | 내전압성 시험장치

⑥ 내수성 시험

시험 안전모의 모체를 20~25[℃]의 수중에 24시간 담가놓은 후, 대기중에 꺼내어 마른천 등으로 표면의 수분을 닦아내고 다음 식으로 질량증가율(%)을 산출한다.

$$질량증가율[\%] = \frac{담근\ 후의\ 질량 - 담그기\ 전의\ 질량}{담그기\ 전의\ 질량} \times 100$$

⑦ 난연성 시험

㉮ 충격흡수성 시험을 마친 시편을 프로판 가스를 사용하는 분젠버너(직경 10[mm])에 가스 압력을 (3,430±50)[Pa]로 조절하고 청색불꽃의 길이가 (45±5)[mm]가 되도록 조절하여 시험한다.

㉯ 모체의 연소부위는 모체 상부로부터 (50~100)[mm] 사이로 불꽃 접촉면이 수평이 된 상태에서 버너를 수직방향에서 45[°] 기울여서 10초간 연소시킨 후 불꽃을 제거한 후 모체가 불꽃을 내고 계속 연소되는 시간을 측정한다.

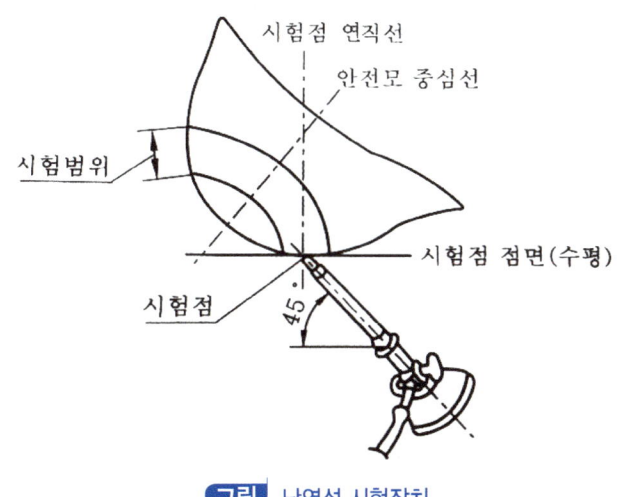

그림 난연성 시험장치

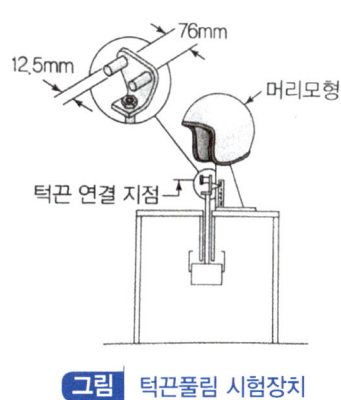

그림 턱끈풀림 시험장치

⑧ 턱끈풀림 시험

안전모를 머리모형에 장착하고 직경이 (12.5±0.5)[mm]이고 양단간의 거리가 (75±2)[mm]인 원형롤러에 턱끈을 고정시킨 후 초기 150[N]의 하중을 원형 롤러부에 가하고 이후 턱끈이 풀어질 때까지 분당 (20±2)[N]의 힘을 가하여 이때 가진 최대하중을 측정하고 턱끈 풀림 여부를 확인한다.

⑨ 측면변형 시험

㉮ 안전모의 측면을 가로 300[mm], 세로 250[mm]이고 모서리가 반경 (10±0.5)[mm]인 두 개의 평행한 금속판에 고정한다.

㉯ 테두리가 있는 안전모는 금속판을 가능한 한 테두리에 근접시키고 테두리가 없는 안전모는 금속판 사이에 설치한다.

㉰ 안전모 측면에 힘을 받도록 30[N]의 초기 하중을 금속판의 수직방향으로 가한 상태에서 금속판 사이의 거리(L_1)를 측정한다.

㉱ 분당 100[N]의 힘으로 430[N]이 될 때까지 힘을 가한 상태에서 30초간 유지시킨 후 금속판 사이의 거리(L_2)를 측정한다.

㉲ 하중을 즉시 25[N]으로 감소시킨 후 다시 30[N]으로 가하여 30초간 유지시킨 후 금속판 사이의 거리(L_3)를 측정한다.

㉳ 최대 측면변형은 L_1과 L_2사이의 거리로 측정하며, 잔여변형은 L_1과 L_3사이의 거리로 측정한다.

⑩ 금속 용융물 분사시험

㉮ (150±10)g의 철 용융물이 안전모 상부 반경 50[mm] 내에 떨어지도록 안전모를 시편고정대에 고정한다.

㉯ 이때 용융물의 낙하거리는 (225±5)[mm]로 한다.

㉰ 용융물이 낙하된 후 안전모 모체의 관통 여부 및 모체의 변형 유무와 5초 이상 불꽃을 내며 연소하는지의 여부를 확인한다. "끝"

보충설명

1. 용어정의

① "모체"란 착용자의 머리부위를 덮는 주된 물체로서 단단하고 매끄럽게 마감된 재료를 말한다.

② "착장체"란 머리받침끈, 머리고정대 및 머리받침고리로 구성되어 추락 및 감전 위험방지용 안전모(이하 "안전모"라 한다.) 머리부위에 고정시켜 주며, 안전모에 충격이 가해졌을 때 착용자의 머리부위에 전해지는 충격을 완화시켜주는 기능을 갖는 부품을 말한다.

③ "충격흡수재"란 안전모에 충격이 가해졌을 때, 착용자의 머리부위에 전해지는 충격을 완화하기 위하여 모체의 내면에 붙이는 부품을 말한다.

④ "턱끈"이란 모체가 착용자의 머리부위에서 탈락하는 것을 방지하기 위한 부품을 말한다.

⑤ "통기구멍"이란 통풍의 목적으로 모체에 있는 구멍을 말한다.

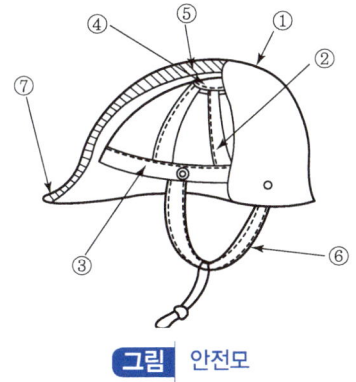

표	안전모의 각부의 명칭		
①	모체		
②	착	머리받침끈	
③	장	머리받침대	
④	체	머리받침고리	
⑤	충격흡수재(자율안전확인에서 제외)		
⑥	턱끈		
⑦	모자챙(차양)		

그림 안전모

⑥ "챙"이란 햇빛을 가리기 위한 목적으로 착용자의 이마 앞으로 돌출된 모체의 일부를 말한다.
⑦ "내부수직거리"안전모를 머리모형에 장착하였을 때 모체내면의 최고점과 머리모형 최고점과의 수직거리를 말한다.
⑧ "외부수직거리"란 안전모를 머리모형에 장착하였을 때 모체외면의 최고점과 머리모형 최고점과의 수직거리를 말한다.
⑨ "착용높이"란 안전모를 머리모형에 장착하였을 때 머리받침대의 하부와 머리모형 최고점과의 수직거리를 말한다.

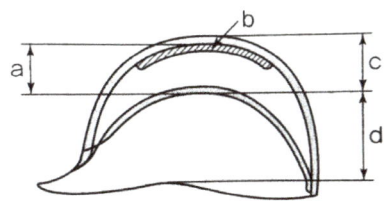

a. 내부수직거리
b. 충격흡수재
c. 외부수직거리
d. 착용높이

그림 안전모의 거리 및 간격 상세도

⑩ "수평간격"이란 모체내면과 머리모형 전면 또는 측면간의 거리를 말한다.
⑪ "관통거리"란 모체두께를 포함하여 철제추가 관통한 거리를 말한다.

2. 안전모의 구조 기준

(1) 안전모의 일반구조

① 안전모는 모체, 착장체 및 턱끈을 가질 것
② 착장체의 머리받침대는 착용자의 머리부위에 적합하도록 조절할 수 있을 것
③ 착장체의 구조는 착용자의 머리에 균등한 힘이 분배되도록 할 것
④ 모체, 착장체 등 안전모의 부품은 착용자에게 상해를 줄 수 있는 날카로운 모서리 등이 없

을 것
⑤ 모체에 구멍이 없을 것(착장체 및 턱끈의 설치 또는 안전등, 보안면 등을 붙이기 위한 구멍은 제외한다.)
⑥ 턱끈은 사용 중 탈락되지 않도록 확실히 고정되는 구조일 것
⑦ 안전모의 착용높이는 85[mm] 이상이고 외부수직거리는 80[mm] 미만일 것
⑧ 안전모의 내부수직거리는 25[mm] 이상~50[mm] 미만일 것
⑨ 안전모의 수평간격은 5[mm] 이상일 것
⑩ 머리받침끈이 섬유인 경우에는 각각의 폭은 15[mm] 이상이어야 하며, 교차되는 끈의 폭의 합은 72[mm] 이상일 것
⑪ 턱끈의 폭은 10[mm] 이상일 것
⑫ 안전모의 모체, 착장체 및 충격흡수재를 포함한 질량은 440[g]을 초과하지 않을 것

(2) AB종 안전모는 (1)의 조건에 적합해야 하고 충격흡수재를 가져야 하며, 리벳(rivet) 등 기타 돌출부가 모체의 표면에서 5[mm] 이상 돌출되지 않아야 한다.

(3) AE종 안전모는 (1)의 조건에 적합해야 하고 금속제의 부품을 사용하지 않고, 착장체는 모체의 내외면을 관통하는 구멍을 뚫지 않고 붙일 수 있는 구조로서 모체의 내외면을 관통하는 구멍 핀홀 등이 없어야 한다.

(4) ABE종 안전모는 (1)부터 (3)까지의 조건에 적합해야 한다.

문제 9

터널 갱구부의 기능과 붕괴원인 및 안전대책을 쓰시오.

정답

1. 개요 및 기능

① 갱구부는 터널의 입구를 말한다.
② 일반적으로 토질이 불안정하고, 지지구조가 취약하며, 갱구부 및 주변지반의 붕괴위험이 높으므로 설계 및 시공에 있어 철저한 안정성 검토가 요구된다.
③ 기능은
  ㉮ 지표수 유입 차단
  ㉯ 사면활동에 대한 보호
  ㉰ 지반의 이완현상 발생 방지
  ㉱ 이상응력 발생에 대한 대응 등이다.

2. 갱구부의 범위

① 갱구부는 갱문구조물 배면으로부터 터널길이의 방향으로 터널직경의 1~2배 정도의 범위
② 터널직경 1.5배 이상의 토피가 확보되는 범위까지로 정의함을 원칙. 단, 원지반조건이 양호한 암반층 또는 붕적층, 충적층 등의 미고결층에서는 변동의 구간을 갱구범위로 정의할 수 있음.

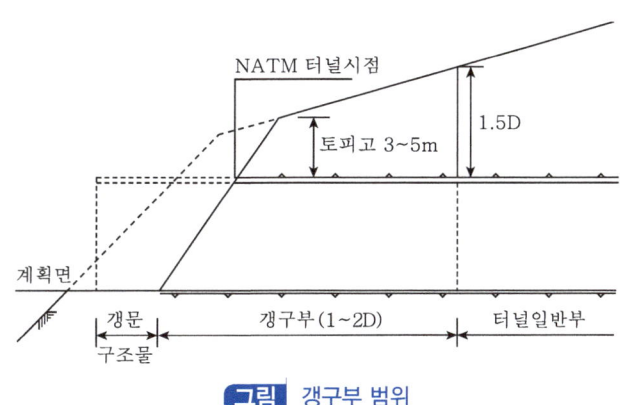

그림 갱구부 범위

3. 터널 갱구부의 문제점 및 붕괴원인

① 토질 : 풍화토, 풍화암, 지하수 등으로 인하여 붕괴위험이 높다.
② 토피 : Arching효과를 기대하기 어렵다.

4. 갱구부 설계시 검토할 사항

① 갱구의 위치 및 설치방법
② 갱구부로 시공되는 범위
③ 갱구부의 굴착공법, 지보구조, 보조공법과 콘크리트라이닝의 구조
④ 갱구비탈면의 안정검토와 필요한 비탈면 보호 및 안정공법
⑤ 갱구비탈면의 지표수 및 지하수 배수대책
⑥ 기상재해의 가능성과 필요한 대책공법
⑦ 지표침하 등 갱구주변의 구조물에 미치는 영향

5. 갱구부의 시공방법 선정시 고려할 사항

① 지형적 조건
② 입지조건
③ 기상여건
④ 근접시설물 등 외적 조건

6. 터널의 갱구설계의 지형적 여건과 갱구부의 적정위치

(1) 비탈면 직교형
① 경사면과 직교형태로 가장 안전
② 가장 이상적인 터널

(2) 비탈면 경사교차형

(3) 비탈면 평행형
① 편토압에 대한 특별한 배려가 필요
② 가능하면 피해야 하는 위치

(4) 능선 평행형
선형상 갱구부의 굴착량을 최소화시킬 수 있어 경제적이고 지반상 문제가 없다면 바람직한 방법

(5) 골짜기 진입형
① 지표수 유입과 지하수위가 높을 때가 많다.
② 낙석, 산사태, 눈사태 등의 자연재해 발생 가능성이 크다.

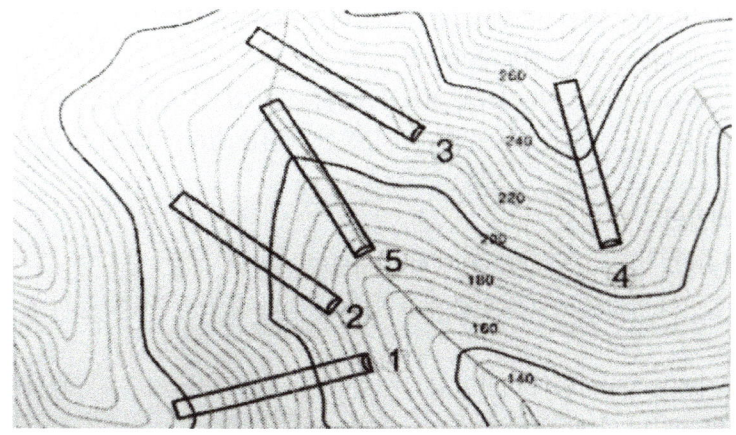

그림 터널중심축선과 지형과의 관계

7. 갱구 설계시 유의사항 및 안전대책

(1) 갱구위치 및 단면 관련

① 지형과 터널중심축선과의 위치관계고려
② 터널중심축선은 지형비탈면과 가급적 직교
③ 터널중심축선과 지형비탈면이 평행한 경우는 가급적 피해야 함

(2) 갱구 토공 관련

① 비탈면 하단보다 상부지역에 갱구부가 계획될 때에는 공사용 진입도로를 확보하도록 하여야 함
② 인접구조물과의 관계 등도 고려
③ 갱구부는 갱구부 깎기 최소화, 안정성, 지반의 지내력 등을 검토
④ 특수한 지형 및 지질조건을 제외하고는 갱구부 상단토피는 3~5[m]
⑤ 암토피고 1~2[m] 확보되는 지점에 갱구부를 형성
⑥ 비대칭의 깎기비탈면 형성시 횡방향 토피 확보 여부와 편압에 대한 검토를 하여야 함

(3) 갱구의 시공 및 안정성

① 전구간에 걸쳐 편압에 대한 검토 및 대책을 수립
② 갱구위치별 깎기량에 대한 경제성, 시공성, 경관성, 환경영향 등을 비교 검토하여야 함
③ 갱구부는 지반의 자체 지보력 확보를 위하여 보강공법을 적용
④ 토피가 얇고, 지반 자체의 지보력 형성이 어려울 것으로 예상되는 경우에는 상재된 전토피 하중이 지보재로의 작용여부를 검토
⑤ 갱구부는 누수, 결빙 등이 발생하기 쉽기 때문에 적절한 방수 및 배수 조치를 하여야 함.
⑥ 갱구부에 작용하는 하중 및 기상조건에 따른 영향을 고려하여 콘크리트라이닝의 철근보강

여부, 동상방지층, 제설시스템 및 방설 시설의 적용여부를 검토
⑦ 지진하중에 의한 영향을 검토하여야 함
⑧ 갱구부는 지표부에 과다한 침하와 지표함몰 가능성이 있으므로 지표부에 침하의 제한이 필요한 시설물이 있는 경우에는 이에 대한 충분한 대책을 검토, 필요시 보강공법을 제시

(4) 갱구 비탈면
① 갱구비탈면의 기울기는 지반조건에 따라 적절히 선정
② 갱구비탈면의 안정성 확보를 위하여 표면보호공법과 활동방지 대책 등의 적절한 보강공법을 적용
③ 갱구부 시공시 지반이완과 비탈면 붕괴가 발생할 위험이 있는 경우에는 터널굴착에 앞서 낙석방지와 비탈면 안정대책을 수립

8. 갱문의 형식

(1) 면벽형 : 정문 배면이 지반압을 받는 토류 옹벽구조
① 중력식
② 날개식

(2) 돌출형
① 파라페트식
② 원통깎기식
③ 벨 마우스식 등

9. 갱문 설계시 유의사항

① 갱문의 위치선정에 있어서는 기상 및 자연재해에 의한 영향을 최소화할 수 있도록 갱문배면의 지형, 지반조건, 깎기 및 비탈면의 안정성 등을 검토
② 갱구부 주변의 유지관리 시설과의 관계와 터널 외부의 구조물형식을 고려
③ 갱문은 비탈면에서의 낙석, 토사붕락, 눈사태, 지표수 유입 등으로부터 갱구부를 보호할 수 있는 기능을 갖도록 하여야 함
④ 지반조건이 허용하는 한 최소 토피구간을 선정하여 자연환경 훼손을 최소하여야 함
⑤ 역학적으로 안정한 구조로 하여야 함
⑥ 갱문의 외관과 형상은 터널의 사용목적에 맞고 주변경관과의 조화를 위한 조경계획과 유지관리상의 편의를 고려하여 선정
⑦ 해빙기와 집중호우시 낙석, 눈사태, 산사태로부터 이용자의 안전을 확보할 수 있도록 갱문 형식을 선정
⑧ 갱문의 구조설계는 소요하중 외에 지진, 온도 변화, 콘크리트의 건조수축 등의 영향을 고려하여야 함

⑨ 갱문구조물의 기초 안정성도 검토하여야 함
⑩ 갱문구조물과 본선터널의 접합부는 분리구조로 하고 적합한 조인트를 설치하여야 함
⑪ 재질이 서로 다른 두 종류의 방수막이 접합되는 경우, 방수막 상호간 접합이 용이한 재료를 선정하여야 사용함. 특히 접합부에는 누수에 대비하여 구조물 횡방향을 따라 수로를 설치하여야 함
⑫ 갱구부 개착구조물 설치시 원지반의 특성을 감안하여 바닥슬래브의 설치여부를 검토하여야 함

10. 터널 갱구부 붕괴원인 및 안전대책

(1) 붕괴원인
① 갱구부 주변 사면붕괴 또는 낙석위험 사면의 기울기가 급하거나 장기간 대기노출에 따른 지반풍화에 기인
② 터널 갱구부 붕괴위험 : 갱구부 지반취약 및 지지구조 불안정

(2) 안전대책
① 상부사면 안정 조치
　㉮ 사면내 Rock bolt 및 숏크리트 타설 보강
　㉯ 산마루 측구 및 배수로 등 배수시설 설치
② 갱구부 보강조치 철저
　강지보공 보강 설치 또는 구조물 보강
③ 터널 갱구부 구조물 거푸집 동바리 안전조치
　동바리 구조검토 및 조립도 작성 "끝"

"이하여백"

그림 터널갱구부위험 요인 안전대책

보충학습

한국산업안전보건공단 공개 자료

그림 터널-갱구부 작업

핵심내용

① 갱구사면 주변은 지반에 따라 낙석 발생 위험이 높으므로 작업 전 주변을 점검하고 안전모를 착용해야 한다.
② 비온 뒤에는 작업 전에 꼭 사면 상태 등을 점검한다.

2016년 6월 25일 제6회 기출문제 NCS 분석

1. 시험과목 및 배점분석

구분	시험과목	시험시간	문제유형	배점
2차 전공필수	건설안전공학	100분	주관식 단답형 및 논술형 1) 단답형 : 5문제 2) 논술형 : 4문제 중 3문제 (필수 : 2, 선택 : 1)	총점 100점 1) 단답형 : 5×5=25점 2) 논술형 : 25×3=75점

2. NCS 문제분석

대분류	중분류	소분류	문제내용	비고
단답형	콘크리트	용어정의	1. 굳지 않은 콘크리트에서 물-결합재비와 물-시멘트비의 정의를 쓰시오. (5점)	전공
	토목공사	용어정의	2. 흙의 다짐 시 영공기간극곡선(zero air void curve)이 형성되는 조건과 구성요소 2가지를 쓰시오. (5점)	전공
		터널	3. 배수형식에 따른 배수형 터널과 비배수형 터널의 적용조건을 모두 쓰시오. (5점)	전공
		록볼트	4. 터널이나 비탈면 등을 보강하는 록볼트(rock bolt)를 설치했을 때 록볼트가 어떤 작용을 하는지 기능 5가지를 쓰시오. (5점)	전공
		용어정의	5. 구조물의 강도와 하중관계식을 참고하여 다음 용어의 정의를 쓰시오. (구조물의 강도와 하중관계식 : $R_d = \phi R_n \geq U = \Sigma \gamma_i L_i$)(5점) 1) 공칭강도($R_n$) 2) 설계강도($R_d$) 3) 소요강도($U$) 4) 강도감소계수($\phi$) 5) 하중계수($\gamma_i$)	전공
논술형	산업안전보건법령	안전보건규칙	6. 작업발판 일체형 거푸집의 종류와 조립·이동·양중·해체 등의 작업 시 필요한 안전조치를 쓰시오. (25점)	제337조
	산업안전보건법령	법·령	7. 지하철 및 터널공사의 수직구 작업 시 위험성 평가방법을 활용한 공정별 위험요인(작업방법 및 기계장비)을 쓰시오. (25점)	법 제5조 규칙 제37조
	토목공사	수직구	8. 지하철 공사장과 같은 밀폐된 지하공간에서 금속의 용접·용단 또는 가열작업 중 발생 가능한 화재 및 폭발사고의 원인과 안전대책을 쓰시오. (25점)	전공
	가설공사	가설공사	9. 건설현장의 가설공사와 관련하여 다음 사항을 쓰시오. 1) 가설구조물의 특징 2) 가설구조물의 문제점 3) 가설공사의 일반적 안전수칙	전공

합격자 현황

구분 2016년		1차			2차			3차		
		응시	합격	합격률	응시	합격	합격률	응시	합격	합격률
소계		499	140	28%	86	22	26%	69	33	48%
안전	기계	133	39	29%	27	5	19%	16	8	50%
	전기	64	14	22%	10	4	40%	8	6	75%
	화공	83	31	37%	20	7	35%	16	7	44%
	건설	219	56	26%	29	6	21%	29	12	41%

시간	응시분야	수험번호	성명
100분	건설안전공학	20160625	도서출판 세화

다음 단답형 5문제를 모두 답하시오.(각 5점)

문제 1
굳지 않은 콘크리트에서 물-결합재비와 물-시멘트비의 정의를 쓰시오.

정답

1. 물-결합재비(water-binder ratio, 물-結合材比) 정의

굳지 않은 콘크리트 또는 굳지 않은 모르타르에 포함되어 있는 시멘트 풀속의 물과 결합재의 질량비를 물-결합재비라 한다. *"끝"*

보충학습

(1) 물-결합재비의 구성요소
① 소요의 강도
② 내구성
③ 수밀성
④ 균열저항성

(2) 물-결합재비의 결정 원칙
배합강도를 만족하는 W/B를 결정한 후, 물-결합재비가 내구성과 수밀성을 보장하는 값인지 검토한 후 결정

(3) 물-결합재비 결정방법
① 콘크리트 압축강도를 기준으로 한 W/B결정방법
② 기준범위를 고려한 W/B결정방법
  ㉮ 내 동해성을 기준으로 한 W/B : 40[%]

㈏ 제빙화학제의 사용시 W/B : 45[%]
㈐ 수밀성을 고려한 W/B : 50[%]
㈑ 중성화에 대한 저항성을 고려한 W/B : 55[%]
㈒ 내구성을 고려한 W/B : 60[%]

(4) 최종 물-결합재비 결정
① 시험배치
  ㈎ W/B중 최소치를 취해 최소 W/B, 최소 W/B의 +5[%], 최소 W/B의 -5[%]
  ㈏ 굵은골재최대치수, 단위수량, 공기량, 혼화제량, 잔골재율 등을 토대로 1[m³] 질량을 결정
  ㈐ 시험배치를 만듦
② 시험(압축강도시험)
  ㈎ 시험배치를 비벼 Slump, 공기량 등을 측정, 시방과 일치하면 강도시험용 공시체 제작
  ㈏ 제작한 공시체를 표준상태로 양생하여 7일, 28일 강도를 측정(표준양생 20[℃]±3[℃])
③ W/B결정 : 강도시험 결과를 토대로 배합강도를 만족하는 최소 W/B를 W/B로 결정

2. 물-시멘트비(water-cement ratio, -比) 정의

모르타르나 콘크리트를 비빌 때의 시멘트양과 물의 양의 중량비

물 · 시멘트비 $= \dfrac{W}{C}$

여기서, W : 물, C : 콘크리트 **"끝"**

보충학습

(1) 산정식

소규모 공사로서, 보통콘크리트를 사용하고, 혼화재를 사용하지 않음

$\left. \begin{array}{l} \dfrac{W}{C} = \dfrac{215}{f_{28}+210} \\[2mm] \dfrac{W}{C} = \dfrac{61}{f_{28}/k+0.34} \end{array} \right]$ 중 작은 값으로 적용

여기서, k : 시멘트의 강도[kgf/cm²], f_{28} : 콘크리트의 재령 28일 압축강도

(2) 시멘트 중량에 대한 유효 수량의 중량 백분율, 적당한 워커빌리티의 범위에서는 콘크리트의 강도는 거의 물 시멘트비(W/C)에 의해 결정된다.

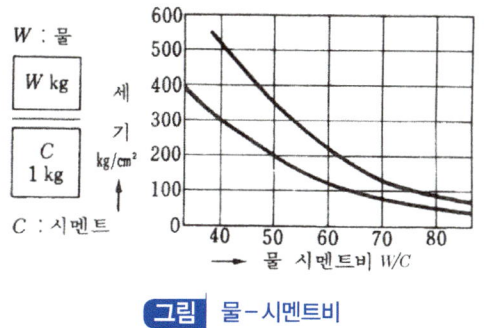

그림 물-시멘트비

문제 2

흙의 다짐 시 영공기 간극곡선(zero air void curve)이 형성되는 조건과 구성요소 2가지를 쓰시오.

정답

(1) 형성되는 조건
① 다짐에 의해 간극 속 공기가 완전히 배출되어 공기 부피가 0이 될 것
② 간극이 물로 100[%] 포화될 때(건조중량 상태)의 곡선

(2) 구성요소 2가지
① 함수비
② 건조밀도 **"끝"**

보충학습1

(1) 영공기 간극곡선(Zero-air void curve : 포화곡선)

함수비에서 다짐에 의해 흙 속의 공기가 완전히 배출되면 흙은 완전 포화상태가 되어 건조중량이 최대가 되는데 이때를 영공극 상태라고 하며, 이때 함수비와 건조밀도와의 관계곡선에서 얻어지는 곡선을 영공기 간극곡선 또는 포화곡선이라고 한다.

$$\gamma_d = \frac{G_s}{1+e}\gamma_w = \frac{G_s}{1+wG_s/S}\gamma_w = \frac{1}{1/G_s+w/S}\gamma_w$$

($\because SE = WG_2$에서 $E = \frac{WG_2}{S}$)

포화도 $S = 100[\%]$이면 공극 중 공기가 차지하는 부분은 0이므로 이때의 포화건조밀도

$$\gamma_{d\ aac} = \frac{1}{1/G_2 + w/100}\gamma_w$$

(2) 영공기 간극곡선 작도법
① 시험에 의해 흙입자 비중결정
② 물의 단위중량 결정
③ 5[%], 10[%], 15[%] 등과 같이 여러 함수비 가정

(3) 영공기 간극곡선 특징
① 다짐곡선 우측에 위치
② 최적함수비선과 평행을 이룸
③ 어떠한 경우라도 다짐곡선이 영공기 간극곡선 우측에 존재할 수 없음

보충학습2

다짐곡선

① 흙의 함수비를 바꾸어가면서 주어진 에너지에 흙을 다짐하면 흙의 함수비와 다져진 흙의 건조단위중량과의 관계곡선을 그릴 수가 있는데, 이때의 곡선을 다짐곡선이라고 하며 다짐곡선의 하향곡선은 대략 영공기 간극곡선에 평행하게 된다.

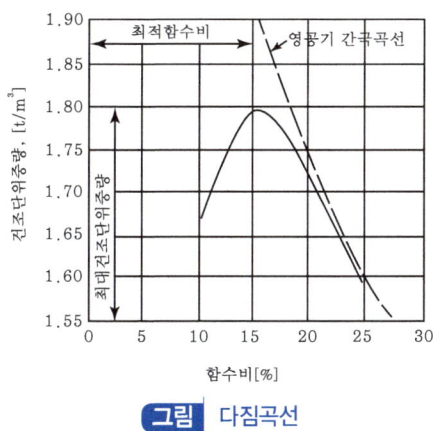

그림 다짐곡선

② 다짐시험시 흙을 아무리 잘 다진다하더라도 공기를 완전히 제거할 수 없으므로 다짐곡선은 항상 영공기 간극곡선 왼쪽에 위치하게 되며 흙이 가장 잘 다져지는 어떤함수비가 존재하는데 이것을 최적함수비(OMC)라고 하며 최대건조단위중량은 최적함수비에서 얻어진다. 최대건조밀도 및 최적함수비는 다짐방법과 다짐에너지에 따라 달라진다.

③ 이용 : 최적함수비에 의한 다짐함수비 관리, 최대건조밀도에 의한 다짐관리기준 설정

보충학습3

흙의 다짐

(1) 개요

① 자연 상태의 흙을 채취해 재료로 사용하기에는 흙이 너무 느슨해 요구되는 강도나 허용침하량을 충족시키지 못한다.

② 화학적 혹은 물리적 방법을 통해서 흙의 역학적 성질을 개선해야 한다.

③ 흙을 다지게 될 경우 건조단위중량이 증가하게 되고, 전단강도가 증가하며, 투수계수와 압축성이 감소하게 되고 흙의 공학적 성질이 크게 개선된다.

④ 흙을 다지게 될 경우 물을 가해주면 그 물은 마치 윤활유처럼 흙입자들 사이에 작용하게 되고 흙입자들이 미끄러져 조밀하게 다져지게 된다. 하지만 함수비가 계속 증가하여 어느 값을 초과하게 되면 함수비가 증가함에 따라서 건조단위중량이 오히려 감소하게 되는데 이는 흙입자들로 채워져 있던 공간을 물이 차지하기 때문이다.

⑤ 흙의 최대 건조단위중량이 얻어질 때의 함수비를 최적함수비(OMC)라고 한다.

(2) 실내다짐시험

흙의 함수비가 최적함수비일 경우 다짐이 가장 잘 되며 이보다 작은 함수비 상태에서의 다짐을 건조측 다짐, 큰 함수비 상태에서의 다짐을 습윤측 다짐이라고 한다. 점토를 다지는 경우, 흙댐의 다짐처럼 차수가 목적인 경우 습윤측에서, 강도증가의 목적인 경우는 건조측에서 다짐을 하는것이 효과적이다.

(3) 영공기 간극곡선

포화도 S에 따라서 달라지는 함수비와 건조단위중량의 관계곡선을 포화곡선이라한다. 특히 포화도 $S=100[\%]$일 때, 즉 다짐에 의하여 간극속의 공기가 완전히 배출되어 공기의 부피가 0이 되고 간극이 물로 $100[\%]$ 포화될 때를 영공기 간극곡선이라고 한다.

(4) 흙의 다짐에 영향을 미치는 요인

① 다짐에너지에 의한 영향
  ㉮ 다짐에너지가 커지면 최대건조단위중량이 증가한다.
  ㉯ 다짐에너지가 커지면 최적함수비(OMC)는 감소한다.
  ㉰ 현장에서 흙을 다질 때 대형 다짐장비를 사용하면 물을 덜 뿌려주면서 다져도 되기 때문에 현장에서의 경제성을 고려하여 적정한 다짐에너지의 크기를 정해야 한다.
② 흙의 종류에 의한 영향
  ㉮ 다짐에너지가 같은 경우 조립토(자갈, 모래)가 세립토(실트, 점토)보다 다짐이 잘 되고, 다짐곡선은 위로 올라간다. 즉, 최대건조단위중량이 증가하고 최적함수비가 감소한다.
  ㉯ 조립토에서는 입도분포가 양호할수록 다짐이 잘 된다.
  ㉰ 세립토에서는 소성이 작을수록 다짐이 잘 된다.
  ㉱ 조립토의 다짐곡선은 세립토의 다짐곡선의 다짐곡선에 비해 경사가 급하다.

문제 3

배수형식에 따른 배수형 터널과 비배수형 터널의 적용조건을 모두 쓰시오.

정답

(1) 배수형 터널 적용조건
① 지질조건 양호
② 주변에 구조물이 없을 때
③ 지하수위가 낮을 때

(2) 비배수형 터널 적용조건
① 지질조건 불량
② 지하수위가 높거나 지하수의 공급이 많을 때
③ 도심 등 주변에 중요 구조물이 존재할 때 "끝"

보충학습

(1) 개요

터널은 배수처리 방식을 기준으로 크게 배수형 터널과 비배수형 터널로 구분되며, 최근 친환경 터널의 중요성이 부각되면서 대부분 비배수형 터널로 형식이 전환되는 실정이다.

(2) 배수형 터널
① 완전배수형
② 부분배수형
③ 외부 배수형

(3) 비배수형 터널

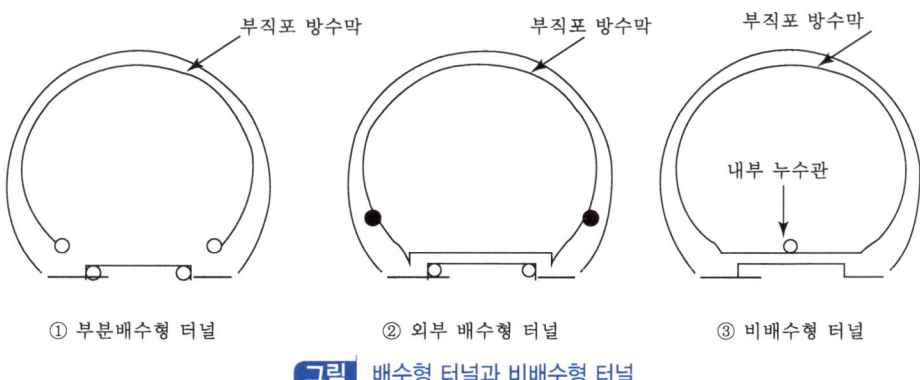

그림 배수형 터널과 비배수형 터널

1. 배수형 터널

(1) 공법 개요
① 완전배수형 : 터널 전단면으로 배수 허용(수로터널, 시공중 터널)
② 부분배수형 : 터널 천단과 측벽에만 방수막을 설치하여, 유입수를 한 곳으로 유도배수
③ 외부배수형 : 터널라이닝의 외부 전체에 방수막을 설치하여 외부배수로를 이용해 배수

(2) 특징
① 장점
  ㉮ 단면형상의 변화 가능
  ㉯ 경제성 증대
  ㉰ 시공성 양호
② 단점
  ㉮ 유입수의 처리비용소요
  ㉯ 지하수 고갈, 지반침하로 주변 구조물의 피해 유발
  ㉰ 배수기능의 저하시, 구조물의 피해 발생
  ㉱ 습도증가로 결로 현상 발생

2. 비배수형 터널

(1) 공법 개요
① 지하수의 배수를 위해 별도의 배수로를 설치하지 않는 방수개념
② 터널내부로 지하수의 유입이 없도록 방수층과 1차, 2차라이닝을 타설하는 공법

(2) 공법의 특징
① 장점
  ㉮ 터널의 유입수 처리비용 절감
  ㉯ 지하수 저하에 의한 주변 영향의 최소화
  ㉰ 터널구조 및 부대시설의 부식방지
② 단점
  ㉮ 단면형상의 제한
  ㉯ 방수처리시 엄격한 품질관리 필요:누수시 보수곤란
  ㉰ 대단면이나 심도가 깊으면 단면치수가 커져 비경제적

3. 결론
① 배수불량으로 라이닝 콘크리트에 수압이 작용하면 내공단면의 편압 및 변형으로 안정성이 저하되므로 터널시공시, 누수부에 대한 유도 배수공법의 면밀한 검토가 요구된다.

② 지하수 상승이 예상되는 지역에서는 인버트부의 양압력 저감을 위해 Rock Bolt보강이나 중앙배수로의 설치 등과 같은 배수대책의 검토가 필요하며, 라이닝 콘크리트의 수밀성 확보를 위해 시공이음부에 Water Stop(지수판)의 설치가 필요하다.

문제 4

터널이나 비탈면 등을 보강하는 록볼트(rock bolt)를 설치했을 때 록볼트가 어떤 작용을 하는지 기능 5가지를 쓰시오.

정답

① 봉지 효과
② 매달음효과
③ 보 형성 효과
④ 내압 효과
⑤ 아치형성 효과
⑥ 지반개량효과 "끝"

보충학습

록 볼트(Rock bolt)

지반을 천공 후, 두부에 베어링 플레이트를 취부 삽입하고, 터널의 지보(支保)로서 사용되는 볼트. 록 볼트는 1930년경의 미국의 광산에서 처음 사용되었다고 하며, 유럽에서는 1950년 경부터 터널의 지보(支保)로서의 연구가 되고 있다.

뿜어 부침 콘크리트와 병용하여, 보다 효과를 올릴 수가 있다. 일반적으로 록 볼트의 작용효과를 적극적으로 높이기 위하여, 타설 후 적당한 힘으로 조일 필요가 있다. 록 볼트는 가장 일반적으로 사용되는 전면 접착 방식(몰 타르 등으로 정착한다.)과 선단 정착 방식(선단부를 기계적으로 혹은 급결 캡 셀로 정착한다.), 병용방식(전면접착방식과 선단정착방식을 병용한다)이 있다.

> **문제 5**
>
> 구조물의 강도와 하중관계식을 참고하여 다음 용어의 정의를 쓰시오. (구조물의 강도와 하중관계식 : $R_d = \phi R_n \geq U = \Sigma \gamma_i L_i$)
> (1) 공칭강도(R_n)   (2) 설계강도(R_d)
> (3) 소요강도(U)   (4) 강도감소계수(ϕ)
> (5) 하중계수(γ_i)

정답

(1) 공칭 강도(R_n : nominal strength)
① 설계도면에 표시된 치수와 재료 강도에 따라 계산된 강도
② 설계강도란 부재의 강도
③ 소요강도란 외부에 의한 것

(2) 설계 강도(R_d : design strength)
① 콘크리트 또는 철근 콘크리트 부재의 설계시 기준으로 하는 재령 28일에 있어서의 콘크리트 압축강도
② 설계상 가정된 허용 응력을 기본으로 하여 산정된 부재의 내부 응력
  (설계강도) $Md = \phi Mn$이다. ϕ는 강도 감소 계수이고 Mn은 공칭강도이다. 공칭강도에 ϕ를 곱한값이 설계강도

(3) 소요강도(Mu) ≤ 설계강도(Md) < 공칭강도(Mn) : 부재가 안전
외부에서 부재에 가해지는 하중

(4) 강도감소계수(ϕ)
공칭강도와 실제강도에 발생되는 불가피한 오차를 감안하기위해 반영하는 안전계수
① 설계강도(Design Strength) = 강도감소계수 × 공칭강도(Nominal Strength)
  $Mu = \phi Mn$
② 인장지배 단면(휨) : 0.85
③ 압축인장지배 단면(기둥), 나선철근으로 보강된 RC부재 : 0.7, 그외 RC부재 : 0.66, 기둥 공칭축강도에서 최외단 인장철근의 순인장변형률이 압축지배와 인장지배 단면 사이일 경우 순인장변형률이 압축지배 변형률 한계에서 0.005로 증가함에 따라 강도감소계수값을 압축지배 단면에 대한 값에서 0.85까지 증가
④ 전단력, 비틀림 모멘트 : 0.75
⑤ 콘크리트 지압력 : 0.65
⑥ 무근콘크리트의 휨모멘트, 압축력, 전단력, 지압력 : 0.55

⑦ 철근의 설계강도 : 550[MPa]를 초과하지 않아야 함
⑧ 취성파괴일수록 강도감소계수는 큼
⑨ 강도감소계수를 사용하는 이유
 ㉮ 제 치수가 모자라는 부재
 ㉯ 배근위치가 잘못된 철근
 ㉰ 콘크리트 내의 구멍
 ㉱ 강도가 부족한 재료
⑩ 부재강도의 불가피한 손실보완
⑪ 강도감소계수는 부재의 연성, 부재강도예측의 정확성, 구조물 전체강도에 대한 부재의 중요성 등에 의해 영향을 받음

(5) 하중계수

설계하중과 실제 하중 간의 차이 및 하중을 작용외력으로 변환시키는 해석상 불확실성과 환경작용 등의 변동요인을 감안하기 위한 안전계수를 말한다. 즉 구조물에 작용하는 하중은 풍하중, 적설하중, 지진하중, 활하중 등 여러종류의 하중이 있는데 일반적으로 이런 하중들이 독립적으로 작용하는 하는 것이 아니라 여러 종류의 하중이 동시에 작용하여 다양한 상호작용이 발생하고 이들의 조합에 의해서 예상 외의 큰 하중이 가해지게되는 경우가 있다. 그래서 각각의 하중에 일정한 수치를 곱하고(이 때 각 하중에 곱하는 수치를 하중계수라 한다.) 이들을 합하여 실재 하중보다 큰 하중이 가해지는 경우를 가정하여 안전하게 설계한다. "끝"

보충학습

하중계수조합식(KBC2012기준)

$U = 1.4(D+F)$

$U = 1.2(D+F+T) + 1.6(L + a_h H_v + H_h) + 0.5(L_r \text{ or } S \text{ or } R)$

$U = 1.2D + 1.6(L_r \text{ or } S \text{ or } R) + (1.0L \text{ or } 0.65W)$

$U = 1.2D + 1.3W + 1.0L + 0.5(L_r \text{ or } S \text{ or } R)$

$U = 1.2(D+H_v) + 1.0E + 1.0L + 0.2S + (1.0H_h \text{ or } 0.5H_h)$

$U = 1.2(D+F+T) + 1.6(L + a_h H_v) + 0.8H_h + 0.5(L_r \text{ or } S \text{ or } R)$

$U = 0.9(D+H_v) + 1.3W + (1.6H_h \text{ or } 0.8H_h)$

$U = 0.9(D+H_v) + 1.0E + (1.0H_h \text{ or } 0.5H_h)$

U : 계수하중 또는 이에 의해서 생기는 소요강도
D : 고정하중 또는 이에 의해서 생기는 단면력
L : 활하중 또는 이에 의해서 생기는 단면력
Lr : 지붕활하중 또는 이에 의해서 생기는 단면력
W : 풍하중 또는 이에 의해서 생기는 단면력
E : 지진하중 또는 이에 의해서 생기는 단면력

S : 적설하중 또는 이에 의해서 생기는 단면력

R : 강우하중 또는 이에 의해서 생기는 단면력

H : 토피의 두께에 따른 연직방향 하중 H_v에 대한 보정계수

F : 유체의 중량 및 압력에 의한 하중 또는 이에 의해서 생기는 단면력

H_v : 흙, 지하수 또는 기타 재료의 자중에 의한 연직방향 하중 또는 이에 의해서 생기는 단면력

H_h : 흙, 지하수 또는 기타 재료의 횡압력에 의한 수평방향하중 또는 이에 의해서 생기는 단면력

ah : 토피의 두께에 따른 연직방향하중(H_v)에 대한 보정계수로서 $h \leq 2m$에 대해서는 1.0, $h > 2m$에 대해서는 $a_h = 1.05 - 0.25h \geq 0.875$

다음 논술형 2문제를 모두 답하시오.(각 25점)

문제 6

작업발판 일체형 거푸집의 종류와 조립·이동·양중·해체 등의 작업 시 필요한 안전조치를 쓰시오.

정답

(1) 정의

작업발판 일체형 거푸집 : 거푸집의 설치·해체·철근 조립, 콘크리트 타설, 콘크리트 면처리 작업 등을 위하여 거푸집을 작업발판과 일체로 제작하여 사용하는 거푸집

(2) 종류

① 갱폼(gang form)
② 슬립 폼(slip form)
③ 클라이밍 폼(Climbing form)
④ 터널 라이닝 폼(tunnel lining form)
⑤ 그 밖에 거푸집과 작업발판이 일체로 제작된 거푸집 등

정답근거

산업안전보건기준에 관한 규칙 제331조의 3(작업발판 일체형 거푸집의 안전조치) "작업발판 일체형 거푸집"이란 거푸집의 설치·해체, 철근 조립, 콘크리트 타설, 콘크리트 면처리 작업 등을 위하여 거푸집을 작업발판과 일체로 제작하여 사용하는 거푸집을 말한다.

① 갱 폼(gang form)

② 슬립 폼(slip form)

③ 클라이밍 폼(climbing form)

④ 터널 라이닝 폼(tunnel lining form)

그림 일체형 거푸집

(3) 용어정의

① "작업발판 일체형 거푸집"이라 함은 거푸집의 설치·해체, 철근 조립, 콘크리트 타설, 콘크리트 면처리 작업 등을 위하여 거푸집을 작업발판과 일체로 제작하여 사용하는 거푸집으로서 갱폼(Gang form) 슬립 폼(Slip form), 클라이밍 폼(Climbing form) 터널 라이닝 폼(Tunnel Lining form), 그 밖에 거푸집과 작업발판이 일체로 제작된 거푸집을 말한다.

② "설계자"라 함은 「엔지니어링기술진흥법」 제2조2호에 따른 엔지니어링활동주체, 「건축사법」 제23조제2항에 따른 건축사사무소개설자 및 「기술사법」 제6조에 따라 사무소를 등록한 기술사 중 설계용역을 영업의 목적으로 하는 자를 말한다.

③ "동요"라 함은 작업 또는 통행 시에 작업발판 일체형 거푸집 구조물이 흔들리고 움직이는 현상을 말한다.

④ "슬립 폼(Slip form)"이라 함은 연속적으로 콘크리트를 타설하면서 콘크리트 구조체를 형성해 나가는 거푸집을 말한다.

⑤ "요크(Yoke)"라 함은 슬립폼에 있어서 콘크리트 측압, 거푸집 하중, 작업하중 등을 유압 잭에 전달하는 부재를 말한다.

⑥ "허용응력설계법"이라 함은 탄성이론에 의하여 하중에 의한 구조물의 최대응력이 주어진 어떤 허용응력 이하가 되도록 구조부재를 결정하는 설계법을 말한다.

⑦ "강도(Strength)"라 함은 재료에 하중을 가했을 경우 재료가 파괴에 이르기까지의 변형저항을 말한다.

⑧ "강성(Stiffness)"이라 함은 물체가 외부의 압력에 대하여 그 모양이나 부피가 변하지 않고 견디는 성질로서 재료가 변형되기 쉬운지 여부의 정도를 나타내는 것을 말한다.

⑨ "구조해석"이라 함은 구조물의 기하학적 형상, 재료의 성질, 지점 조건 그리고 외부 하중이 주어진 상태에서 구조물의 반력, 부재력, 처짐 등을 구하는 과정을 말한다.

(4) 작업발판 일체형 거푸집 시방서 명시 사항

① 작업발판 일체형 거푸집을 조립·해체하는 경우에는 작업발판 일체형 거푸집을 인양장비에 매단 후에 작업을 실시하도록 하고, 인양장비에 매달기 전에 지지 또는 고정철물을 미리 해체하지 않도록 명시하여야 한다.
② 인양 시 작업발판용 케이지에 작업자가 탑승한 상태에서 작업발판 일체형 거푸집의 인양작업을 하지 않도록 명시하여야 한다.
③ 조립·이동·양중·해체 작업을 하는 경우 조립 등의 범위 및 작업절차를 미리 그 작업에 종사하는 작업자에게 주지시키고, 지지 또는 고정철물의 이상 유무를 수시점검하고 이상이 발견된 경우에는 교체하도록 명시하여야 한다.
④ 조립 등 작업 시 거푸집 부재의 변형 여부와 연결 및 부속품의 이상 유무를 확인하도록 명시하여야 한다.
⑤ 작업발판 일체형 거푸집의 존치기간, 콘크리트 강도, 해체시기, 순서를 명시하여야 한다.
⑥ 작업발판 일체형 거푸집을 구성하는 각 부재는 재사용에 따라 강도 저하가 예상되므로 검정 유효기간 및 보존상태를 필히 확인하여 사용하도록 명시하여야 한다.
⑦ 조립·이동·양중·해체 작업을 할 수 있는 날씨조건(강풍, 강우, 강설 등)을 명시하고, 각 부속품 구조부재의 체결상태와 앵커볼트의 조임상태 등에 대한 이상유무를 확인하도록 명시하여야 한다.

(5) 갱 폼의 조립·이동·양중·해체(이하 이 조에서 "조립등"이라 한다) 작업을 하는 경우 안전조치(준수)사항

① 조립등의 범위 및 작업절차를 미리 그 작업에 종사하는 근로자에게 주지시킬 것
② 근로자가 안전하게 구조물 내부에서 갱 폼의 작업발판을 출입할 수 있는 이동통로를 설치할 것
③ 갱 폼의 지지 또는 고정철물의 이상 유무를 수시점검하고 이상이 발견된 경우에는 교체하도록 할 것
④ 갱 폼을 조립하거나 해체하는 경우에는 갱폼을 인양장비에 매단 후에 작업을 실시하도록 하고, 인양장비에 매달기 전에 지지 또는 고정철물을 미리 해체하지 않도록 할 것
⑤ 갱 폼 인양 시 작업발판용 케이지에 근로자가 탑승한 상태에서 갱폼의 인양작업을 하지 아니할 것

(6) 조립등의 작업을 하는 경우 준수사항

① 조립등 작업 시 거푸집 부재의 변형 여부와 연결 및 지지재의 이상 유무를 확인할 것
② 조립등 작업과 관련한 이동·양중·운반 장비의 고장·오조작 등으로 인해 근로자에게 위험을 미칠 우려가 있는 장소에는 근로자의 출입을 금지하는 등 위험 방지 조치를 할 것
③ 거푸집이 콘크리트면에 지지될 때에 콘크리트의 굳기 정도와 거푸집의 무게, 풍압 등의 영향으로 거푸집의 갑작스런 이탈 또는 낙하로 인해 근로자가 위험해질 우려가 있는 경우에는 설계도에서 정한 콘크리트의 양생기간을 준수하거나 콘크리트면에 견고하게 지지하는 등

필요한 조치를 할 것
④ 연결 또는 지지형식으로 조립된 부재의 조립등 작업을 하는 경우에는 거푸집을 인양장비에 매단 후에 작업을 하도록 하는 등 낙하·붕괴·전도의 위험 방지를 위하여 필요한 조치를 할 것 **"끝"**

> **정답근거**
> 산업안전보건기준에 관한 규칙 제331조의 3(작업발판 일체형 거푸집의 안전조치)

문제 7

지하철 및 터널공사의 수직구 작업 시 위험성 평가방법을 활용한 공정별 위험요인(작업방법 및 기계장비)을 쓰시오.

정답

1. 서론

① 수직구 작업은 터널 굴착작업에서 터널 환기시설, 지하터널과 수직연결 통로설치 등을 위해 굴착하는 굴착작업으로 천공, 발파, 버럭 처리 등의 과정에서 붕괴, 추락 등의 위험요인이 있으므로 위험성 평가를 활용한 재해 예방조치가 필요하다.

② 위험성평가란 사업장의 유해·위험요인을 파악하고 해당 유해·위험 요인에 의한 부상 또는 질병의 발생가능성(빈도)과 중대성(강도)을 추정·결정하고 감소대책을 수립하여 실행하는 일련의 과정을 말한다. 사업주는 스스로 위험성평가를 실시해야 한다. 사업주는 근로자의 위험 또는 건강장해를 방지하기 위하여 사업장의 유해·위험 요인을 찾아내어 위험성을 결정하고 개선하는 등 위험성평가를 실시하고 실시내용 및 결과를 기록하여 3년간 보존하여야 한다.

(1) 위험성평가의 실시 시기

구분	적용대상 및 고려사항
최초평가	전체 작업을 대상으로 실시
정기평가	전체 작업을 대상으로 실시/최초평가 후 매년 정기적으로 실시 • 기계·기구, 설비 등의 기간 경과에 의한 성능 저하 • 근로자의 교체 등에 수반하는 안전·보건과 관련되는 지식 또는 경험의 변화 • 안전·보건과 관련되는 새로운 지식의 습득 • 현재 수립되어 있는 위험성 감소대책의 유효성 등
수시평가	각 항목에 해당하는 계획의 실행을 착수하기 전에 실시. 재해발생 시 재해발생 작업 재개하기 전에 실시 • 사업장 건설물의 설치·이전·변경 또는 해체 • 기계·기구, 설비, 원재료 등의 신규 도입 또는 변경 • 건설물, 기계·기구, 설비 등의 정비 또는 보수 　(주기적·반복적 작업으로서 정기평가를 실시한 경우에는 제외) • 작업방법 또는 작업절차의 신규 도입 또는 변경 • 중대산업사고 또는 산업재해발생(휴업 이상의 요양을 요하는 경우에 한정) • 그 밖에 사업주가 필요하다고 판단한 경우

(2) 위험성 평가 절차도

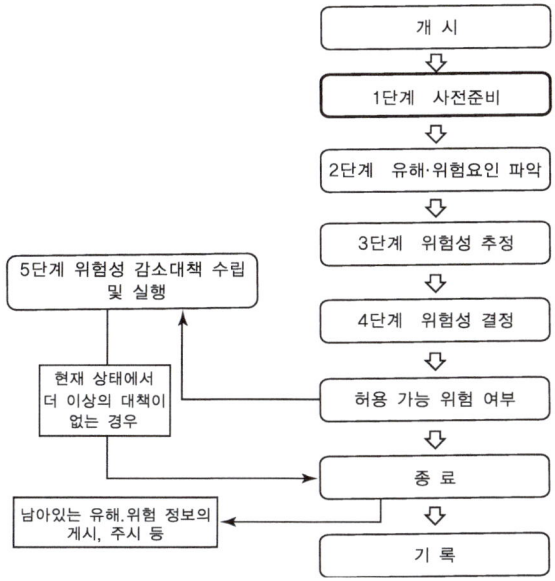

> [!NOTE] 법적근거

산업안전보건법 제5조(사업주 등의 의무)
① 사업주(제77조에 따른 특수형태 근로종사자로부터 노무를 제공받는 자와 제78조에 따른 물건의 수거·배달 등을 중개하는 자를 포함한다. 이하 이 조 및 제6조에서 같다)는 다음 각 호의 사항을 이행함으로써 근로자(제77조에 따른 특수형태근로종사자와 제78조에 따른 물건의 수거·배달 등을 하는 사람을 포함한다. 이하 이 조 및 제6조에서 같다)의 안전 및 건강을 유지·증진시키고 국가의 산업재해 예방정책을 따라야 한다.
  1. 이 법과 이 법에 따른 명령으로 정하는 산업재해 예방을 위한 기준
  2. 근로자의 신체적 피로와 정신적 스트레스 등을 줄일 수 있는 쾌적한 작업환경을 조성하고 근로조건을 개선
  3. 해당 사업장의 안전 및 보건에 관한 정보를 근로자에게 제공
② 다음 각 호의 어느 하나에 해당하는 자는 발주·설계·제조·수입 또는 건설을 할 때 이 법과 이 법에 따른 명령을 정하는 기준을 지켜야 하고, 발주·설계·제조·수입 또는 건설에 사용되는 물건으로 인하여 발생하는 산업재해를 방지하기 위하여 필요한 조치를 하여야 한다.
  1. 기계·기구와 그 밖의 설비를 설계·제조 또는 수입하는 자
  2. 원재료 등을 제조·수입하는 자
  3. 건설물을 발주·설계·건설하는 자

산업안전보건법 제6조(근로자의 의무)

근로자는 이 법과 이 법에 따른 명령으로 정하는 산업재해 예방을 위한 기준을 지켜야 하며, 사업주 또는 「근로기준법」 제101조에 따른 근로감독관, 공단 등 관계인이 실시하는 산업재해 예방에 관한 조치에 따라야 한다.

산업안전보건법 제36조(위험성평가의 실시)

① 사업주는 건설물, 기계·기구, 설비, 원재료, 가스, 증기, 분진, 근로자의 작업행동 또는 그 밖의 업무로 인한 유해·위험 요인을 찾아내어 부상 및 질병으로 이어질 수 있는 위험성의 크기가 허용 가능한 범위인지를 평가하여야 하고, 그 결과에 따라 이 법과 이 법에 따른 명령에 따른 조치를 하여야 하며, 근로자에 대한 위험 또는 건강장해를 방지하기 위하여 필요한 경우에는 추가적인 조치를 하여야 한다.
② 사업주는 제1항에 따른 평가 시 고용노동부장관이 정하여 고시하는 바에 따라 해당 작업장의 근로자를 참여시켜야 한다.
③ 사업주는 제1항에 따른 평가의 결과와 조치사항을 고용노동부령으로 정하는 바에 따라 기록하여 보존하여야 한다.
④ 제1항에 따른 평가의 방법, 절차 및 시기, 그 밖에 필요한 사항은 고동노동부장관이 정하여 고시한다.

산업안전보건법 시행규칙 제37조(위험성평가 실시내용 및 결과의 기록·보존)

① 사업주가 제36조 제3항에 따라 위험성 평가의 실시내용 및 결과를 기록·보존할 때에는 다음 각 호의 사항을 포함되어야 한다.
  1. 위험성평가 대상의 유해·위험요인
  2. 위험성 결정의 내용
  3. 위험성 결정에 따른 조치의 내용
  4. 그 밖에 위험성평가의 실시내용을 확인하기 위하여 필요한 사항으로서 고용노동부장관이 정하여 고시하는 사항
② 사업주는 제1항에 따른 자료를 3년간 보존하여야 한다.

(3) 위험요인 분석 및 위험성 평가표 작성

구분	위험요인	위험 잠재위험	위험 재해사례	대책
인적 요인	① 안전대 미착용하고 띠장 및 버팀보 상부로 이동하다 실족		○	① 작업자 이동장소에 안전대 부착 설비 설치 및 안전대 착용
물적 요인	② 토류판 설치 작업 중 배면 토사 붕괴		○	② 배면 토사 이완되기 전에 토류판 설치할 수 있도록 작업관리
작업 방법	③ 하부작업장 이동통로 미확보로 무리하게 내려가다 실족	○		③ 하부 작업장의 굴착 진도에 따라 작업통로 설치

구분	위험요인	위험 잠재위험	위험 재해사례	대책
작업방법	④ 상부에서 토류판 등을 작업 장소로 던지다 하부 근로자 맞음	○		④ 하부 작업장소로 투하 금지, 작업자재는 인양 기구 및 장비 사용
	⑤ 흙막이 지보공(Strut 등) 조립 미비에 의한 붕괴	○		⑤ 흙막이 지보공 설치 도서 및 시방서 준수
	⑥ 토류판 설치 작업 중 차수 불량에 의한 설치된 토류판 낙하		○	⑥ 비규격 토류판 사용 금지, 토류판 밀실하게 설치
	⑦ 수직구 단부 안전난간 미설치로 상부 작업자 추락		○	⑦ 수직구 개구부 주변 안전난간 설치
	⑧ 토류판을 1줄걸이로 내리다가 낙하	○		⑧ 토류판 인양시 인양물 결속, 인양물은 2줄 걸이로 인양 또는 인양함 사용
	⑨ 토류판 설치 작업시 사다리를 이용하여 설치하다 사다리 전도	○		⑨ 높은 부위 토류판 설치시 작업발판 설치
	⑩ 강재 설치 인양시 신호 불일치에 의한 충돌 및 낙하	○		⑩ 인양장비 운전자와 작업자간의 신호 체계 수립
	⑪ 인양물(강재)유도 조정 작업중 인양물 회전에 의한 충돌	○		⑪ 인양물 회전 작업 반경 밖에서 작업, 유도로프 사용 철저
기계장비	⑫ 자재 하역시 후크 해지장치 미설치로 로프 탈락, 낙하		○	⑫ 자재 하역시 인양 장비에는 후크 해지 장치 설치

2. 용어정의

① "Shield-T.B.M공법"이라 함은 T.B.M(Tunnel boring machine)장비의 전면부(커터헤드(암반굴착을 위한 원통형의 날))와 후면부에 쉴드장비를 연결하여 굴착하는 기계식 터널굴착공법으로서 막장 후방에서 터널 벽면 형상의 원통형 세그먼트(Segment)를 조립하여 이를 지보공 겸 복공으로 이어나가 터널을 구축하는 공법을 말한다.

② "전면부(Head part)"라 함은 커터헤드(Cutter head), 쉴드 주 본체(Shield main body, 막장부에 설치되는 굴진장비), 그립퍼(Gripper)등으로 구성되어 터널 막장을 굴착하는 주요 기계부를 말하며, 장비의 특성에 따라 커터(Cutter)의 개수, 그립퍼(Gripper)의 유, 무, 실린더(Cylinder)의 개수 등이 다르게 구성된다.

③ "그립퍼(Gripper)"라 함은 쉴드 주 본체(막장부에 설치되는 굴진장비)의 원통형 면에 부착되어 있는 장비로서, 굴진 시 반력을 얻기위해 장비를 지반에 고정시키는 기계장치를 말한다.

④ "후방설비"라 함은 장비의 구동 및 조작을 위한 조작실, 변압기, 유압설비, 급수장치, 집진설비, 버력 반출용 벨트컨베이어 등이 설치된 부분을 말한다.

⑤ "세그먼트 블록(Segment block)"이라 함은 터널 굴착 단면의 하중을 견디기 위한 동바리와

복공을 겸한 아치모양의 철근콘크리트세그먼트 단편을 말한다.
⑥ "이렉터(Erector)"라 함은 후방설비 내에 위치하여 후방설비 내로 운반된 세그먼트 블록을 굴착된 터널 벽면에 부착하여 세그먼트를 조립하는 기계장치를 말한다.
⑦ "광차(Muk car)"라 함은 전방 커터헤드부에서 분쇄된 버력(암반, 토사 등)을 후방설비인 벨트컨베이어에서 버력처리용 횡갱(또는 수직갱)까지 운반하는 차량을 말한다.
⑧ "전방보조터널"이라 함은 발진 수직구로 투입된 커터헤드 부 및 후방설비 등의 기계조립 공간이며, Shield-T.B.M 장비 구동을 위한 준비작업 공간으로서 NATM(New austrian tunnelling method)공법으로 시공된다.
⑨ "후방보조터널"이라 함은 장비 발진을 위한 반력대 설치장소 및 초기 굴진 시 발생되는 버력 등을 처리하는 공간이며 통산 정방보조터널과 함께 NATM공법으로 시공된다.

3. 공정별위험요인(작업방법 및 기계장비)

(1) 수직구 굴착

① 수직구 굴착공사 시 작업계획에 포함사항
 ㉮ 세부공정표
 ㉯ 지반깊이별 굴착공법
 ㉰ 단계별 벽체 시공방법
 ㉱ 사용장비, 굴착조사 인양, 적재, 운반, 사토 방법 등
② H-Pile 시공을 위한 항타기의 전도방지를 위해 작업하중에 적합한 지반의 평편성과 지내력을 확보하여야 한다.
③ 수직구 굴착단부에는 추락 및 낙하물방지를 위한 안전난간 및 발끝막이판을 설치하여야 한다.
④ 굴착토사 인양 중 낙하재해 예방을 위하여 인양 버킷은 정량 적재 후 20[%] 이상의 여유높이가 갖게 하거나, 덮개를 설치하고 하부에는 작업자 대피소를 확보하여야 한다.
⑤ 굴착지면에 투입되는 굴삭기의 운전석은 낙하물에 대비한 헤드가드를 설치하여야 한다.
⑥ 흙막이지보공에 대한 계측을 실시하여야 한다.
⑦ 지면에서 굴착작업장소까지는 계단구조의 승강통로를 설치하여야 한다.
⑧ 굴착작업 진행 중 용수량에 적합한 배수시설을 확보하여야 한다.

(2) 굴진공사 안전작업

① 굴진공사 작업절차 및 순서는 그림 과 같다.

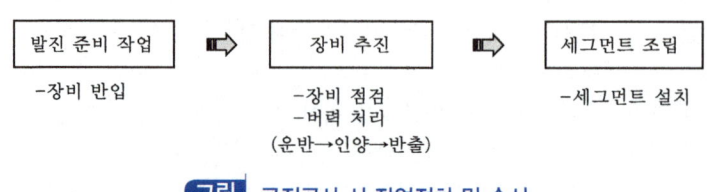

그림 굴진공사 시 작업절차 및 순서

② 발진 준비 작업
  ㉮ 보조터널에서의 장비조립을 위해서는 다음의 내용이 포함된 작업계획을 수립하여야 한다.
    ㉠ 장비거치 및 굴진용 레일 설치 계획
    ㉡ 부재 투입순서 및 부재별 중량표 작성
    ㉢ 수직구 투입 인양장비(인양단위 최고중량 기준) 선정 및 보조기구 사용 계획
    ㉣ 조립순서 및 방법
    ㉤ 조립작업용 발판 등 가시설 설치계획
    ㉥ 시운전 전, 후 안전점검사항 등
  ㉯ 수직구에는 근로자의 안전한 출입을 위해 가설통로를 설치하여야 한다. 단 건설용 리프트를 설치 할 경우에는 사용 전 완성검사를 실시하고 하부의 건수를 고려하여 바닥에서 일정높이를 이격하여 탑승구를 설치하여야 한다.
③ 장비추진
  ㉮ 장비성능과 지반상태에 따른 굴진속도 기준을 설정하여 굴진하여야 하며, 지반상태는 막장관찰과 버력상태로 확인하여야 한다.
  ㉯ 터널 내·외부 연락을 위한 통신시설을 갖추어야 한다.
  ㉰ 작업 중 정전 및 비상사태에 대비하여 비상조명 설비를 설치하여야 한다.
  ㉱ 굴진장비는 1회/일 점검표를 이용하여 점검하되 점검표에는 아래의 사항이 포함되어야 한다.
    ㉠ 살수 및 유압설비 연결부 누수, 누유 여부
    ㉡ 기계 회전부의 마모 및 소음 상태
    ㉢ 설비 연결부(볼트, 용접)의 이완여부
    ㉣ 운전실 계기 작동상태
    ㉤ 벨트컨베이어 롤러 및 벨트 상태
    ㉥ 경암 천공 및 굴진 작업 중 진동 및 소음 상태
  ㉲ 암판정 및 설계에 의한 무지보구간 이외에는 세그먼트가 조립되지 않은 상태로의 굴진은 금지하여야 한다.
  ㉳ 커터헤드부 회전판의 비트(Bit) 교체를 위해 막장면 진입 시에는 다음과 같은 안전조치를 실시하여야 한다.
    ㉠ 비트교체는 수명도달 전 안정지반에서 조기 교체
    ㉡ 진입 전 반드시 낙석 또는 붕락위험 여부 확인
    ㉢ 이상발견 시 안전한 위치로 추가 굴진
    ㉣ 막장과 커터헤드 이격 최소화
    ㉤ 부득이 한 경우 막장부 보강조치 후 진입 및 내부에 감시자 비상대기
④ 버력처리
  ㉮ 광차의 견인차는 추건 전동식을 원칙으로 하며 장비정지에 따른 예비견인 설비를 확보하여야 한다.
  ㉯ 광차에는 비상정지장치, 경광등을 설치하고 근로자 탑승석에는 이탈방지 설비를 설치하여야 한다.

㉰ 광차의 운전속도는 10[km/h]로 제한하여야 한다.
㉱ 광차의 운행공간과 근로자 이동통로는 반드시 분리, 설치하여야 한다.
㉲ 광차는 다음 사항을 포함하여 1회/일 이상 점검을 통해 정상상태를 유지하여야 한다.
  ㉠ 브레이크 및 비상정지 장치 작동상태
  ㉡ 조명 및 경광등 상태
  ㉢ 차량간 연결부 및 바퀴 이상유무
㉳ 수직구에서 버력반출을 위한 크레인작업은 KOSHA Code M-40-20(크레인 달기구 및 줄걸이 작업에 관한 기술지침)에 따르며, 상, 하 연락은 유, 무선 수신기를 이용하고 인양작업 시 하부작업자는 대피장소에 대피하여야 한다.

⑤ 세그먼트 블록 운반 및 조립작업
㉮ 광차 등 운반설비에 세그먼트 블록 적재 및 운반 시에는 이탈방지를 위해 고임목 등의 고정기구를 사용하여 견고히 고정하여야 한다.
㉯ 운반설비에서 후방설비로 세그먼트 블록을 하역 시에는 전용 기계설비를 사용하되 작업자는 세그먼트 블록의 운반경로 이외의 장소에서 작업하여야 한다.
㉰ 세그먼트 블록의 조립은 원격조정이 가능한 이렉터로 작업하되 이렉터 및 세그먼트 블록 운반구역에는 근로자 진입을 통제하기 위한 설비와 비상정지장치를 갖추어야 한다.

(3) 마감공사 안전작업
① 마감공사 시 작업절차 및 순서는 그림 과 같다.

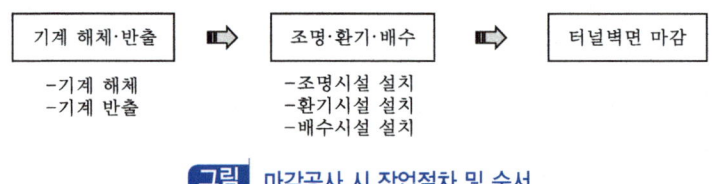

그림 마감공사 시 작업절차 및 순서

② 기계해체 및 반출 시에는 다음의 내용이 포함된 작업계획을 수립하여야 한다.
  ㉮ 안전작업 방법, 해체순서 및 투입인력
  ㉯ 해체작업에 따른 수직구 투입 인양장비(인양단위 최고중량 기준) 선정 및 보조기구 사용계획
  ㉰ 이동식 전기기계·기구 사용에 따른 감전재해예방 계획
  ㉱ 해체작업용 발판 등 가시설 설치계획 등
③ 마감작업을 위해 사용하는 작업대는 추락재해예방을 위한 안전시설(승강설비, 안전난간, 안전대 부착설비 등)을 확보하여야 한다.
④ 마감공사를 위해 유기용제 등을 사용할 경우에는 환기시설을 설치해야 하며 가스농도측정기를 사용하여 수시로 점검하고, 유해화학물질이 함유된 물질을 취급하는 경우에는 화학물질의 명칭, 성분, 함유량, 안전 보건상의 취급주의 사항 등이 포함된 물질안전보건자료(MSDS)를 작성하여 취급근로자가 쉽게 볼 수 있는 장소에 게시 또는 비치하여야 한다. "끝"

다음 논술형 2문제 중 1문제를 선택하여 답하시오.(25점)

문제 8

지하철 공사장 같은 밀폐된 지하공간에서 금속의 용접·용단 또는 가열작업 중 발생 가능한 화재 및 폭발사고의 원인과 안전대책을 쓰시오.

정답

(1) 금속의 용접·용단 또는 가열 작업시 발생되는 화재 및 폭발사고 원인 비산불티의 원인 (특성)

① 용접·용단 작업시 수천개의 불티가 발생하고 비산된다.
② 비산불티는 풍향, 풍속에 따라 비산거리가 달라진다.
③ 비산불티는 1,600[℃] 이상의 고온체이다.
④ 발화원이 될 수 있는 비산불티의 크기는 직경이 0.3~3[mm] 정도이다.
⑤ 가스 용접시의 산소의 압력, 절단속도 및 절단방향에 따라 비산불티의 양과 크기가 달라질 수 있다.
⑥ 비산된 후 상당시간 경과 후에도 축열에 의하여 화재를 일으키는 경향이 있다.

(2) 금속의 용접·용단 또는 가열작업시의 안전 대책(화재예방 안전)

① 용접 및 용단작업은 정비실 또는 가연성, 인화성 물질이 없는 내화건축물 내에서와 같은 화재 안전지역에서 실시하는 것을 원칙으로 한다.
② 용접 및 용단작업을 안전한 지역으로 옮겨서 실시할 수 없을 경우에는 가연성물질의 제거 등 그 지역을 화재안전지역으로 만들어야 한다.
③ 위험물질을 보관하던 배관, 용기, 드럼에 대한 용접·용단 작업시에는 내부에 폭발이나 화재위험물질이 없는 것을 확인한다.
④ 불티 비산거리내에는 기름, 도료, 걸레, 내장재 조각, 전선, 나무토막 등 가연성물질과 폐기물 쓰레기 등이 없도록 바닥을 청소하여야 한다.
⑤ 불티가 인접지역으로 비산하는 것을 방지하기 위해 작업장소에서 불티 비산거리내의 벽, 바닥, 덕트의 개구부 또는 틈새는 빈틈없이 덮어야 한다.
⑥ 바람의 영향으로 용접 및 용단불티가 운전중인 설비근처로 비산할 가능성이 있을 때에는 작업을 실시하지 않아야 한다.
⑦ 예상되는 화재의 종류에 적합한 소화기를 작업장에 비치해야 하며 주위에 소화전이 설치되어 있으면, 즉시 사용할 수 있도록 준비해야 한다.
⑧ 그리스, 유류, 인화성 또는 가연성 물질이 덮여 있는 표면에서 용접을 해서는 안된다.
⑨ 통풍, 냉각 그리고 옷에 묻은 먼지를 털어내기 위해 산소를 사용해서는 안된다.
⑩ 용접작업자는 내열성의 장갑, 앞치마, 안전모, 보안경 등의 보호구를 착용해야 한다.
⑪ 폭발물 혹은 가연성 물질을 담은 용기에 용접·용단작업을 실시해서는 안된다. 단 부득이

용접·용단작업을 실시할 경우에는 용기내를 불활성가스로 대체한 후에 실시한다.

(3) 밀폐공간에서의 작업시 안전대책

① 가연성, 폭발성 기체나 유독가스의 존재 여부 및 산소결핍 여부를 작업 전에 반드시 점검하고, 필요시는 작업중 지속적으로 공기 중 산소농도를 점검한다.
② 밀폐공간에 연결되는 모든 파이프, 덕트, 전선 등은 작업에 지장을 주지 않는 한 연결을 끊거나 막아서 작업장내로 유출되지 않도록 한다.
③ 작업 중 지속적으로 환기가 이루어지도록 한다.
④ 용접에 필요한 가스실린더나 전기동력원은 밀폐공간 외부의 안전한 곳에 배치한다.
⑤ 밀폐공간 외부에는 반드시 감시인 1명을 배치하여 육안이나 대화로 확인하고, 작업자의 출입을 돕거나 구조활동에 참여한다.
⑥ 감시인은 작업자가 내부에 있을 때는 항상 정위치하며, 필요한 개인보호장비와 구조장비를 갖춘다.
⑦ 밀폐공간에 출입하는 작업자는 안전대, 생명줄 그리고 보호구를 포함하여 적절한 개인보호장비를 갖춘다.
⑧ 탱크내부 등 통풍이 불충분한 장소에서 용접작업시는 탱크내부의 산소농도를 측정하여 산소농도가 18~25[%] 이하가 되도록 유지하거나, 공기호흡기 등 호흡용 보호구를 착용한다.

> **합격key**
> 2014년 출제

(4) 화재감시인

① 화재감시인의 배치**(2024년 출제)**
화재를 발생시킬 수 있는 장소에서 용접·용단작업을 실시할 경우에는 화재 감시인을 배치하여야 한다.
㉮ 작업현장에서 반경 11[m] 이내에 다량의 가연성물질이 있을 때
㉯ 가연성물질이 작업현장에서 반경 11[m] 이상 떨어져 있지만 불티에 의해 쉽게 발화될 수 있을 때
㉰ 작업현장에서 반경 11[m] 이내에 위치한 벽 또는 바닥 개구부를 통하여 인접지역의 가연성물질에 발화될 수 있을 때
㉱ 가연성물질이 금속 칸막이, 벽, 천장 또는 지붕의 반대쪽 면에 인접하여 열전도 또는 열복사에 의해 발화될 수 있을 때
㉲ 밀폐된 공간에서 작업할 때
㉳ 기타화재발생의 우려가 있는 장소에서 작업할 때
② 화재감시인의 임무
㉮ 화재감시인은 즉시 사용할 수 있는 소화설비를 갖추고 그 사용법을 숙지하여 화재를 진

화할 수 있어야 하며 주위 이는 소화설비의 위치를 확인하여야 한다.
㉯ 화재감시인은 비상경보설비를 작동할 수 있어야 한다.
㉰ 화재감시인은 용접·용단 작업이 끝난 후 30분 이상 계속하여 화재가 발생하지 않음을 확인하여야 한다. **"끝"**

> **정답근거**
> 산업안전보건기준에 관한 규칙 제10장(밀폐공간 작업으로 인한 건강장애의 예방)

> **보충학습**

(1) 밀폐공간

우물, 수직갱, 터널, 잠함, 피트(pit) 암거, 맨홀, 탱크, 반응탑, 정화조, 침전조, 집수조 등 근로자가 작업을 수행할 수 있는 공간으로 환기가 불충분한 장소로서 「산업안전보건기준에 관한 규칙」 제618조 제1호에서는 "산소결핍, 유해가스로 인한 화재·폭발 등의 위험이 있는 장소"로 정의하고 있다. 특히 지하시설물과 관련하여 "케이블·가스관 또는 지하에 부설되어 있는 지하시설물을 수용하기 위하여 지하에 부설한 암거·맨홀 또는 피트의 내부"등을 포함하고 있으며, 지하공간통합정보 구축을 위한 지하공간도 다수 포함되어 있다.

(2) 산업안전보건기준에 관한 규칙 제618조(정의)

제618조(정의) 이 장에서 사용하는 용어의 뜻은 다음과 같다.
1. "밀폐공간"이란 산소결핍, 유해가스로 인한 질식·화재·폭발 등의 위험이 있는 장소로서 별표 18에서 정한 장소를 말한다.
2. "유해가스"란 탄산가스·일산화탄소·황화수소 등의 기체로서 인체에 유해한 영향을 미치는 물질을 말한다.
3. "적정공기"란 산소농도의 범위가 18퍼센트 이상 23.5퍼센트 미만, 이산화탄소의 농도가 1.5퍼센트 미만, 일산화탄소의 농도가 30피피엠 미만, 황화수소의 농도가 10피피엠 미만인 수준의 공기를 말한다.
4. "산소결핍"이란 공기 중의 산소농도가 18퍼센트 미만인 상태를 말한다.
5. "산소결핍증"이란 산소가 결핍된 공기를 들이마심으로써 생기는 증상을 말한다.

■ 산업안전보건기준에 관한 규칙 [별표 18]

밀폐공간(제618조제1호 관련)

1. 다음의 지층에 접하거나 통하는 우물·수직갱·터널·잠함·피트 또는 그밖에 이와 유사한 것의 내부
   가. 상층에 물이 통과하지 않는 지층이 있는 역암층 중 함수 또는 용수가 없거나 적은 부분
   나. 제1철 염류 또는 제1망간 염류를 함유하는 지층
   다. 메탄·에탄 또는 부탄을 함유하는 지층
   라. 탄산수를 용출하고 있거나 용출할 우려가 있는 지층
2. 장기간 사용하지 않은 우물 등의 내부
3. 케이블·가스관 또는 지하에 부설되어 있는 매설물을 수용하기 위하여 지하에 부설한 암거·맨홀 또는 피트의 내부
4. 빗물·하천의 유수 또는 용수가 있거나 있었던 통·암거·맨홀 또는 피트의 내부
5. 바닷물이 있거나 있었던 열교환기·관·암거·맨홀·둑 또는 피트의 내부
6. 장기간 밀폐된 강재(鋼材)의 보일러·탱크·반응탑이나 그 밖에 그 내벽이 산화하기 쉬운 시설(그 내벽이 스테인리스강으로 된 것 또는 그 내벽의 산화를 방지하기 위하여 필요한 조치가 되어 있는 것은 제외한다)의 내부
7. 석탄·아탄·황화광·강재·원목·건성유(乾性油)·어유(魚油) 또는 그 밖의 공기 중의 산소를 흡수하는 물질이 들어 있는 탱크 또는 호퍼(hopper) 등의 저장시설이나 선창의 내부
8. 천장·바닥 또는 벽이 건성유를 함유하는 페인트로 도장되어 그 페인트가 건조되기 전에 밀폐된 지하실·창고 또는 탱크 등 통풍이 불충분한 시설의 내부
9. 곡물 또는 사료의 저장용 창고 또는 피트의 내부, 과일의 숙성용 창고 또는 피트의 내부, 종자의 발아용 창고 또는 피트의 내부, 버섯류의 재배를 위하여 사용하고 있는 사일로(silo), 그 밖에 곡물 또는 사료종자를 적재한 선창의 내부
10. 간장·주류·효모 그 밖에 발효하는 물품이 들어 있거나 들어 있었던 탱크·창고 또는 양조주의 내부
11. 분뇨, 오염된 흙, 썩은 물, 폐수, 오수, 그 밖에 부패하거나 분해되기 쉬운 물질이 들어있는 정화조·침전조·집수조·탱크·암거·맨홀·관 또는 피트의 내부
12. 드라이아이스를 사용하는 냉장고·냉동고·냉동화물자동차 또는 냉동컨테이너의 내부
13. 헬륨·아르곤·질소·프레온·탄산가스 또는 그 밖의 불활성기체가 들어 있거나 있었던 보일러·탱크 또는 반응탑 등 시설의 내부
14. 산소농도가 18퍼센트 미만 또는 23.5퍼센트 이상, 이산화탄소의 농도가 1.5퍼센트 이상, 일산화탄소농도가 30피피엠 이상 또는 황화수소농도가 10피피엠 이상인 장소의 내부
15. 갈탄·목탄·연탄난로를 사용하는 콘크리트 양생장소(養生場所) 및 가설숙소 내부
16. 화학물질이 들어있던 반응기 및 탱크의 내부
17. 유해가스가 들어있던 배관이나 집진기의 내부
18. 근로자가 상주(常住)하지 않는 공간으로서 출입이 제한되어 있는 장소의 내부

문제 9

건설현장의 가설공사와 관련하여 다음 사항을 쓰시오.
1) 가설구조물의 특징
2) 가설구조물의 문제점
3) 가설공사의 일반적 안전수칙

정답

1. 서론

① 가설 구조물은 건설공사 중 매우 중요한 것이지만, 일단 공사가 완료되면 해체 철거되는 임시 가시설공사로서 토압, 수압을 받는 흙막이 지보공, tunnel 지보공과 현장가설 사무실, 비계, 거푸집, 동바리, 가설통로 및 가설 울타리 등을 말한다.
② 가설공사는 보통 공사 초기에 본 공사 이전 또는 본 공사와 병행하여 시공하는 임시 시설로서 대부분 특별 시방서나 조립도에 의하여 시공되기 보다는 도급자가 임의로 설치하는 경우가 많으므로 공기단축, 공사비 절감, 재고자재 유용에 따른 이유 등으로 소홀히 다루어지는 사례가 많으며 전도, 붕괴, 추락 등의 재해 발생 원인이 됨과 동시에 근로자의 안전을 위협하는 주요원인이 되는 바, 가설공사는 현장조건, 타시설물과의 관계 등을 고려하여 안전성 확보에 유의해야 될 부분이다.

2. 본론

(1) 가설구조물의 특징

가설 구조물은 영구 구조물과 달리 구조적 문제점이 겹치면서 매우 위험한 구조가 되기 쉽고, 도괴 재해 발생의 직접 원인이 되는 바, 취급자는 가설 구조물의 특성을 고려하여 구조 전체가 강성과 안전성을 고려하여 시공하여야 한다.
① 연결재가 부족한 구조가 되기 쉽다.
② 부재의 결합이 간단하여 불안전 결합이 되기 쉽다.
③ 구조물이라는 개념이 확고하지 않아 조립의 정밀도가 낮다.
④ 부재는 과소 단면이거나 결함이 있는 재료가 사용되기 쉽다.

(2) 가설구조물의 문제점(가설물의 재해발생 원인)

가설 구조물은 경제성, 안전성, 작업(사용)성의 3개의 조건이 요구되는데 이 3가지 조건은 서로 상반되는 면을 갖고 있고 특히 경제성과 안전성의 합리적 조화를 이루는 것이 문제이다.
① 도괴(무너짐) 재해 발생 원인
  ㉮ 비계발판 혹은 지지대 파괴

㉯ 비계발판의 탈락 혹은 그 지지대의 변위 및 변형
　　㉰ 풍압에 의한 도괴
　　㉱ 동바리 좌굴에 의한 도괴
② 추락 및 낙하물에 의한 재해발생의 원인
　　㉮ 부재의 파손, 탈락, 변위
　　㉯ 작업 보행 중 넘어짐, 미끄러짐, 헛디딤

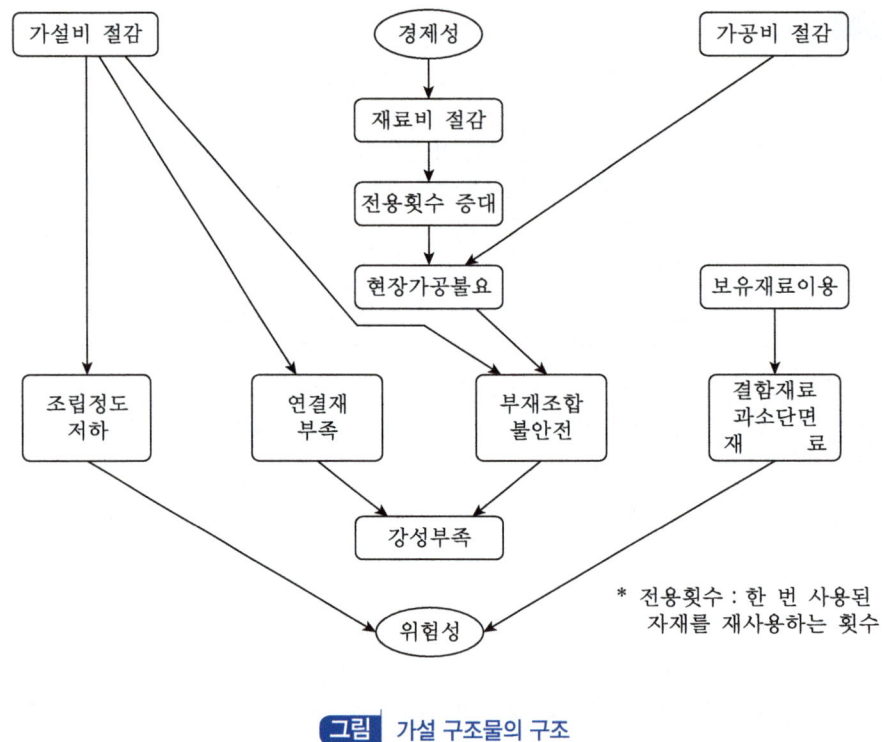

그림 가설 구조물의 구조

③ 구조상의 문제점이 있는 경우
　　㉮ 연결재가 적은 구조
　　㉯ 부재결함이 간략(불안전 결합)
　　㉰ 조립 정밀도가 낮음
　　㉱ 사용부재는 과소 단면이거나 결함재가 되기 쉬움
　　㉲ 라멘 구조가 아닌 힌지 구조로서 구조 해석상 불안전

(3) 가설 공사시 일반적 안전수칙
① 전체 공정을 고려한 가설자재 전용계획을 수립한다.

② 자재 공급면이 다소 여유가 있도록 계획을 수립한다.
③ 작업을 착수하기 전에 그날의 작업량, 작업 인원의 배치, 적정성 등을 검토한다.
④ 신규채용 근로자의 기능 정도와 건강상태 등 점검
⑤ 근로자의 복장, 보호구 착용상태, 공구 등을 확인 점검한다.
⑥ 다른 작업과 관련된 작업에 유의한다.
⑦ 상, 하 동시 작업을 실시할 때에는 충분한 연락을 취한 후 작업을 수행토록 한다.
⑧ 작업 중 제삼자에게 방해가 되지 않도록 조치하여야 하며, 항상 정리정돈을 철저히 한다.
⑨ 폭풍, 폭우, 폭설 등 악천후시 작업중지
⑩ 관계자 이외에 출입금지
⑪ 작업 책임자를 지정하고 책임자의 지휘하에 작업
⑫ 제삼자에 대한 재해발생 방지

3. 결론

가설 구조물은 현장 조건에 따라 차이가 많으며 가설 구조물의 안전화를 도모하기 위해서는 안전성, 경제성, 작업성(사용성)의 3개 요소를 적절히 조화시킬 수 있는 가설계획을 수립하여 이를 철저히 준수함으로써 달성할 수 있다. **"끝"**

"이하여백"

2017년 6월 24일 제7회 기출문제 NCS 분석

1. 시험과목 및 배점분석

구분	시험과목	시험시간	문제유형	배점
2차 전공필수	건설안전공학	100분	주관식 단답형 및 논술형 1) 단답형 : 5문제 2) 논술형 : 4문제 중 3문제 　(필수 : 2, 선택 : 1)	총점 100점 1) 단답형 : 5×5=25점 2) 논술형 : 25×3=75점

2. NCS 문제분석

대분류	중분류	소분류	문제내용	비고
단답형	토목공사	공법	1. 흙막이벽을 구조체로 시공한 다음 점차 지하로 진행하면서 동시에 지상구조물을 축조해 가는 것으로 안전관리에 유의해야 하는 공법을 쓰시오. (5점)	전공 2019년 논술형 출제
		교량	2. 교각 시공 후 교각 위에서 이동식 거푸집 작업차(Form Traveller)를 이용하여 교각을 중심으로 좌우대칭을 유지하면서 상부구조를 전진 가설해 나가는 교량건설공법을 쓰시오. (5점)	전공
		공법	3. 언더피닝(Underpinning)공법 적용을 필요로 하는 경우 3가지를 쓰시오. (5점)	전공
		안정액	4. 지하연속벽공사에 사용하는 안정액에서 요구되는 성능 3가지를 쓰시오. (5점)	전공
		흙막이 공사	5. 흙막이공사의 가시설에서 안전을 확보하기 위하여 설치하는 계측기의 종류 5가지를 쓰시오. (5점)	전공
논술형	산업안전보건법령	법·령	6. 산업안전보건법령상에서 정하고 도급사업 시의 안전보건조치에 관하여 다음 사항을 쓰시오. (25점) 1) 산업재해를 예방하기 위한 조치 3가지 2) 합동 안전보건점검반의 구성방법 3) 건설업에서의 정기안전점검 실시 횟수	법 제64조 규칙 제119조
	토목공사	말뚝	7. 기성콘크리트말뚝공사 시 말뚝머리(두부)파손에 관하여 다음 사항을 쓰시오. (5점) 1) 원인 5가지 2) 대책 5가지	전공

대분류	중분류	소분류	문제내용	비고
논술형	가설공사	가설공사	8. 타워크레인의 인상작업(Telescoping Work)과 관련하여 다음 사항을 쓰시오. (25점) 1) 작업방법 2) 붕괴원인 및 문제점 3) 안전대책	전공
	산업안전보건법령	산업안전보건법령	9. 산업안전보건법령상에서 정하고 있는 건설공사 중 가설구조물의 설계변경 요청에 관하여 다음 사항을 쓰시오. (25점) 1) 대상 가설구조물 4가지 2) 수급인이 의견을 들어야 하는 전문가 자격 4가지 3) 설계변경요청서의 첨부서류 4가지	령 제58조 규칙 제88조

합격자 현황

구분 2017년		1차			2차			3차		
		응시	합격	합격률	응시	합격	합격률	응시	합격	합격률
소계		629	43	7%	29	17	59%	29	23	79%
안전	기계	173	15	9%	12	6	50%	9	6	67%
	전기	73	5	7%	3	2	67%	3	2	67%
	화공	104	10	10%	7	5	71%	8	7	88%
	건설	279	13	5%	7	4	57%	9	8	89%

시간	응시분야	수험번호	성명
100분	건설안전공학	20170624	도서출판 세화

다음 단답형 5문제를 모두 답하시오.(각 5점)

문제 1

흙막이벽을 구조체로 시공한 다음 점차 지하로 진행하면서 동시에 지상구조물을 축조해 가는 것으로 안전관리에 유의해야 하는 공법을 쓰시오.

정답

역타공법(Top-down Method) "끝"

합격Key

2019. 6. 15. 논술형 출제

보충학습

역타공법(역구축공법)

(1) 개요

흙막이벽을 구조체로 시공한 다음 점차 지하로 진행하면서 동시에 지상구조물도 축조해 가는 공법으로 역구축공법이라고도 한다. 별도의 버팀 방법을 사용하지 않고 지하층 슬래브(Slab)를 터파기 진행에 따라 바닥 슬래브와 지하 1층, 바닥 슬래브 등의 순서로 시공하면서 이와 병행하여 지상층 구조물 공사를 시공할 수 있다. 하지만 먼저 시공된 지하층 내의 작업공간이 좁아 지하 작업공간의 환기 및 조명시설과 안전관리에 특히 유의해야 한다.

(2) 축조방법

① 역구축공법이라고도 한다. 이 공법은 먼저 흙막이벽으로 설치한 지하 연속벽을 본 구조물의 벽체로 이용하고 영구 또는 임시가설 기둥과 기초 등을 시공한 다음, 지상에서 지하로 땅을

파내려가면서 지하연속벽을 완성한다. 그 다음 1층(접지층)의 바닥판·보 등을 먼저 시공한 뒤 지하연속벽과 연결시켜 주위 흙막이벽의 버팀대 역할을 하게 한다.
② 별도의 버팀 방법을 사용하지 않고 지하층 슬래브(Slab)를 터파기 진행에 따라 바닥 슬래브와 지하 1층, 바닥 슬래브 등의 순서로 시공하면서 이와 병행하여 지상층 구조물 공사를 시공할 수 있다.
③ 초기에 상부 구조물의 시공이 가능하므로 공사기간이 단축되며, 깊은 기초 파기가 가능해 주변 지반과 인접 건물에 미치는 영향이 다른 공법에 비해 훨씬 작다. 또 초기 단계에서 1층 바닥이 시공되므로 작업장이나 자재 야적장 등으로 활용할 수 있으며, 날씨에 관계 없이 지하공사를 진행할 수 있다. 소음과 진동이 적어 도심지에서 가장 안전하게 시행할 수 있는 공법이다.

(3) 유의사항
① 먼저 시공된 지하층 내의 작업공간이 좁아 지하 작업공간의 환기 및 조명시설과 안전관리에 특히 유의해야 한다.
② 기둥이나 벽 등 수직부재의 이음부 처리에 세심한 주의가 요구되며, 공사 중 토압·수압 등에 대한 계측 관리가 필요하다.

사진 서울시 새청사 '역타공법'으로 시공 (출처 : 서울특별시)

문제 2

교각 시공 후 교각 위에서 이동식 거푸집 작업차(Form Traveller)를 이용하여 교각을 중심으로 좌우대칭을 유지하면서 상부구조를 전진 가설해 나가는 교량건설공법을 쓰시오.

정답

FCM(Free Cartilever Method)공법 "끝"

[출처] https://blog.naver.com/donkil/221115579319

사진 영동고속도로 횡성대교

보충학습

(1) Dywidag(디비닥)공법 (FCM 공법)

캔틸레버 공법의 일종으로 서독의 Dyckerhoff & Widmann(dywidag)사에 의해서 개발된 공법이며, 동바리가 필요없이 이동식 작업차(form traveler)를 이용해서 순차적으로 캔틸레버부 상부구조를 시공한 후, 경간 중앙에서 캔틸레버 거더를 연결시키는 공법으로 국내에서의 시공예로는 원효대교가 있다. P.C강봉을 사용하여 강봉의 정착, 이음매 기구의 용이성, 확실성 있는 공법으로 대하천, 수심이 깊을 경우 PC교 가설법 중 가장 유리하며 1회 3~3.5m씩 타설 가능하다.

(2) 이동식 비계공법(MSS : Movable Scaffolding System)

교량의 상부구조 시공시 거푸집이 부착된 특수한 이동식비계를 이용하여 한 경간씩 시공하여 나가는 공법으로 본래 서독의 strabag사에 의해 처음으로 개발되었으며 국내에 도입된 것은 1983년 1월 노량대교에 최초로 이용되어 1986년 5월에 완공되었고 hydroulic jack을 이용하여 전·후진 구동이 가능하며, main girder 및 form work를 상하좌우로 조정가능한 공법으로 지형적 조건, 구조형식 등을 고려한 기계화 시공이므로 품질관리 및 공기단축 등에 유리하다.

(3) P&Z 공법

서독의 Polensky & Zollner사에서 개발한 공법이며 dywidag공법의 이동식 작업차와 마찬가지로 이동식 가설트러스(moving gantry)라는 가설장치를 이용해서 상부구조를 한 쪽으로부터 연속 타설하는 공법이다.

(4) 압출공법(ILM : Incremental Launching Method)

교대 또는 최초의 배후에 거더 제작장을 마련하여 거기서 거더를 8~20[m] 정도 길이의 블록으로 제작하여 PC강재를 이으면서 차례로 밀어내어 소정의 위치에 가설하는 공법으로 집중압출방식(제장장 인접 1개소에만 압출장치를 설치해 압출)과 분산압출방식(각 교각에 압출장치를 분산시켜 압출)이 있으며 지간이 긴 교량의 가설에는 주형의 켄틸레버 작용으로 인한 큰 휨응력의 발생을 경감시키기 위해 선단에 선행가설가더(launching nose)를 설치하며, 지간 중간에 일반적으로 가교각을 설치한다.

같은 제작장에서 반복작업으로 교량가설이 이루어지기 때문에 효율성이 높고 거푸집의 설치 및 해체가 기계화되어 있어 양질의 제품제작이 가능하다. 그러나 거더의 외부형상을 종방향으로 변화시킬 수 없는 단점이 있다.

(5) Precast Segment 공법

일정한 길이로 분할된 세그먼트를 공장에서 제작하여 가설현장에서는 크레인 등의 가설장비를 이용하여 상부구조를 완성하는 공법이다.

문제 3

언더피닝(Underpinning)공법 적용을 필요로 하는 경우 3가지를 쓰시오.

정답

① 인접건축물이 침하가 예상될 경우
② 침하에 따른 복구가 필요한 경우
③ 건축물의 이동 방지 및 기초 보강 **"끝"**

보충학습

언더피닝(Under pinning)공법

(1) 개요
① 기존 건축물의 기초를 보강하여 건축물을 보호하기 위한 공법으로서
② 인접건축물의 기초 저면보다 깊은 건축물을 시공할 경우 지하수위 변동 등으로 인한 기존건축물의 침하 이동을 방지하기 위한 공법이다.

(2) 공법의 종류
① 이중널 말뚝공법
 - 인접건축물과 어느정도 거리가 있을 경우 적용

② pit 공법
 - 자중에 따른 영향에 유의

③ Well point 공법
 ㉮ 지하수위를 저하시켜 부동 침하 방지
 ㉯ dry work 확보
 ㉰ 측압경감

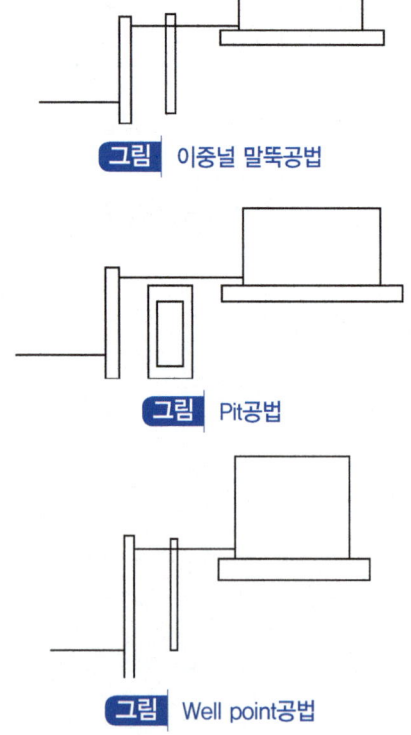

그림 이중널 말뚝공법

그림 Pit공법

그림 Well point공법

④ 약액주입공법
  - 약액을 주입하여 기초 지반을 고결 안정화

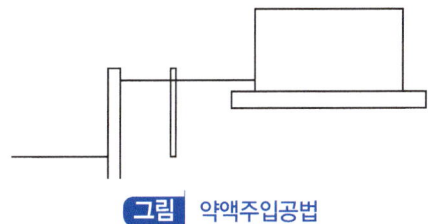
그림 약액주입공법

⑤ 차단벽공법
  - 건물하부토사가 굴착 부분으로 이동방지

그림 차단벽 공법

⑥ 현장타설말뚝공법
  - 시공이 곤란할 경우 기초를 연장하여 시공

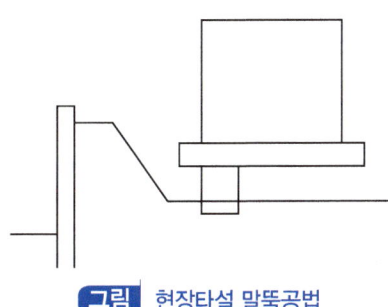
그림 현장타설 말뚝공법

(3) 시공순서
① 사전조사 및 요구조건
  ㉮ 지반성상 및 지하수 조사
  ㉯ 기존 건축물 조사
  ㉰ 부지 및 주변상황 분석
  ㉱ 공법, 시공조건, 공사내용조사
② 준비공사
  ㉮ 급, 배수시설의 간이 시설
  ㉯ 가통로 시설
③ 가받이공사
  ㉮ 지주에 의한 가받이
  ㉯ 보에 의한 가받이
  ㉰ 신설기초에 의한 가받이

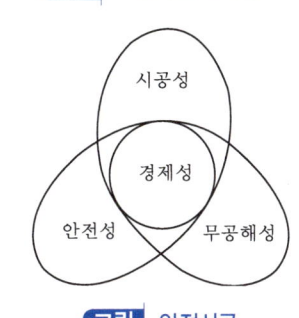
그림 안전시공

그림 가받이 공사

④ 본받이공사
    ㉮ 바로받이 방법
    ㉯ 본받이 방법
    ㉰ 바닥판 받이 방법
⑤ 철거 및 복구공사
    ㉮ 가설흙막이 및 가받이 등의 철거
    ㉯ 되메우기, 급배수 및 통로시설의 복구

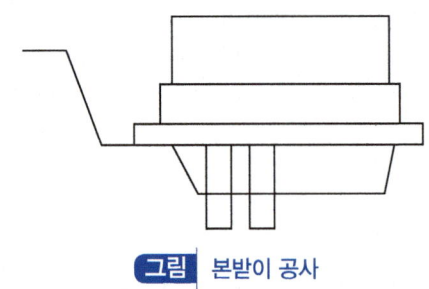

[그림] 본받이 공사

(4) 시공계획 및 관리

① deming의 관리단계
    ㉮ 시공계획수립
    ㉯ 작업실시
    ㉰ 점검
    ㉱ 조치
② 관리의 목적

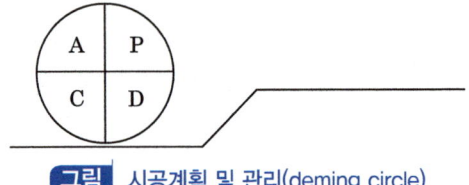

[그림] 시공계획 및 관리(deming circle)

[그림] 관리의 목적

(5) 시공시 유의사항

① 사전조사를 통한 적정공법선정 및 계획 수립
② 동일한 기초형식을 채택하여 부동침하방지
③ 침하는 허용침하량 이하가 되도록 관리
④ 계측관리 철저

(6) 결론

① 대상 건축물 및 지반성상, 하중받이 바꿈에 대한 사전조사와 충분한 검토가 필요하다.
② 공사의 안전성을 확보하기 위해 대상건축물 및 주변지반의 변위를 측정하기 위한 계측관리가 요구된다.

> **문제 4**
> 지하연속벽공사에 사용하는 안정액에서 요구되는 성능 3가지를 쓰시오.

정답

① 굴착벽면의 붕괴를 방지
② 부유물의 침전을 방지
③ 굴착된 토사를 지표까지 운반 **"끝"**

보충학습

지하연속벽 공사의 안정액 선정 및 관리요령

(1) 개요

안정액을 사용하여 굴착한 뒤 지중(地中)에 연속된 철근 콘크리트 벽을 형성하는 현장 타설 말뚝 공법으로 1950년 초에 이탈리아에서 개발되었으며 슬러리월공법·다이어프램공법이라고도 하는데, 댐의 기초로 활용되거나 내진벽·방호벽·진동차단벽의 역할, 건축물의 지하 구조물을 축조하기 위한 가설 토류벽 역할 및 본체 벽으로도 많이 활용된다.
현장 타설 말뚝공법의 하나로, 1950년 초에 이탈리아에서 개발되었다.
지하연속벽 공사에서 안정액은 굴착벽면의 안정을 위한 많은 기능을 분담하며 그 사용량도 많기 때문에 안정액 관리의 양부가 구조물의 품질에 직접적인 영향을 준다.
안정액은 자체의 복잡한 특성뿐만 아니라 물리적/화학적 성질이 굴착지반의 토질조건과 지하수 및 흙의 화학적 구성요소에 따라 상당히 민감한 반응을 보인다. 따라서 지하연속벽의 시공에 임할 때는 안정액의 기능, 안정액의 필요한 성질 및 관리방법을 잘 이해하는 것이 중요하다.

(2) 안정액의 기능

지하연속벽 공사에 사용되는 안정액의 주요기능은 다음과 같다.
① 굴착벽면의 붕괴를 방지하는 기능
　안정액의 가장 중요한 기능으로서, 주로 다음과 같은 작용에 의한다.
　　㉮ 안정액의 액압에 의해 굴착벽면에 작용하는 토압 및 수압에 저항하며 동시에 지하수의 용출을 방지한다.
　　㉯ 굴착면의 불투수막을 형성하여 안정액의 액압이 유효하게 작용되도록 하고 굴착벽면의 손상을 막아준다.
　　㉰ 안정액이 지반내로 침투하여 토립자에 부착된다. 이 작용으로 지반의 붕괴 및 투수성을 감소시킨다.

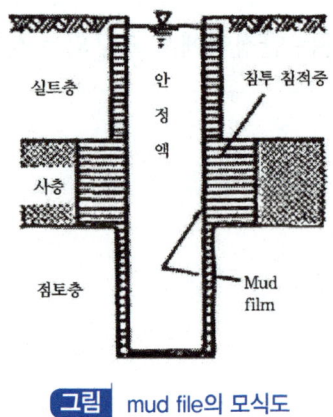

그림 mud file의 모식도

② 부유물의 침전을 방지하는 기능
안정액중에 혼입된 굴착토사가 굴착이 완료된 후 굴착저면에 퇴적하면 철근망의 건입이 곤란할 뿐만 아니라 타설되는 콘크리트의 품질이 악화된다. 안정액을 적절히 관리하면 이 침전 퇴적물의 발생을 억제할 수 있다.

③ 굴착된 토사를 지표까지 운반하는 기능
굴착기가 Bit식인 경우는 굴착토사를 안정액의 순환에 의해 지상으로 배출시킨다. 이때 굴착된 토사를 빨리 배출시키지 않으면 굴착기의 기능이 저하되고 또 안정액중의 혼입토사량이 많아져서 안정액의 순환저항이 커지므로 결국 굴착능률을 떨어뜨린다.

(3) 안정액에 필요한 성질

안정액에 필요한 성질로서는 다음과 같은 사항이 요구된다.

① 굴착벽면에 대한 조막성
굴착된 지반의 표면에 강하고 얇은 불투성의 막을 형성하고, 또 굴착벽면의 인근지반내에 안정액이 침투하여 침투침적층을 형성하는 능력이 양호해야 한다. 안정액이 열화되면 형성된 막은 약하고 두꺼우며 지수성도 떨어진다.

② 화학적 안정성
안정액은 지하수와 지층이 포함하고 있는 양이온, 콘크리트가 함유하고 있는 Ca이온(시멘트분)등의 영향을 받아 열화(응집)한다. 안정액이 응집하면 현탁 콜로이드분의 입경이 커지게 되어 Mud Film을 만드는 기능이 떨어지고, 또 정지상태에서 벤토나이트 입자가 물과 분리되어 침강한다.

③ 물리적 안정성
안정액을 장시간 정치시켜도 그 성질에 변화가 생기지 않는 것을 안정성이 높다고 말한다. 안정액을 실린더속에 넣고 10시간 이상 정치시켰을 때 분리수가 안정액 높이의 5[%] 이상이 되면 양호하지 않다고 말한다.

④ 적당한 비중

안정액의 비중이 크면 지하수와의 압력차가 크게 되므로 굴착벽면의 토압과 수압을 지탱하는 능력이 증가한다. 또 혼입된 토사의 침강을 막아주므로 굴착토사를 슬러리 상태로 운반하는데 도움이 된다. 그러나 비중이 높으면 펌프의 능력이 저하하고 콘크리트 타설시 치환에 지장이 생기므로 토지로가 지하수위의 상황에 따라 적당한 비중을 결정해야 한다.

표 안정액의 종류

안정액의 종류	주재료	일반적인 첨가제
벤토나이트 안정액	벤토나이트, 물	분산제, 증점제, 가중제
폴리머안정액	폴리머, 물	통상은 사용하지 않음
CMC 안정액	CMC, 물	벤토나이트
염수안정액	벤토나이트, 염수	분산제, 특수점토
	특수점토(아타펄자이트, 세리사이트, 크로라이트, 크리소타일) 염수	분산, 증점제(일니방지제)

문제 5

흙막이공사의 가시설에서 안전을 확보하기 위하여 설치하는 계측기의 종류 5가지를 쓰시오.

정답

① 지중 수평 변위계(Inclinometer) : 배면 침하 및 응력 검토로 공사중, 후 안전성 확보
② 지중 침하계(Extensometer) : 지중의 중요 시설물을 보호하기 위해 압축량을 예측하기 위함
③ 지하 수위계(Water Levelmeter) : 관측정이나 stand pipe 내의 수위 변동에 따른 차수 설계 반영
④ 간극 수압계(Piezometer) : 지반의 안정성을 확보하기 위한 것으로 측압이 간극수압과 합해진 전응력으로 구조물의 안정성을 해석하기 위함임
⑤ 변형률계(Strain Gauge) : 토류 구조체나 띠장 등의 표면에 부착하여 변형률 측정
⑥ 하중계(Load Cell) : Strut의 축력, Earth anchor의 긴장력 측정
⑦ 건물 경사계(Tilt Meter) : 지상인접 구조물의 기울기 측정 "끝"

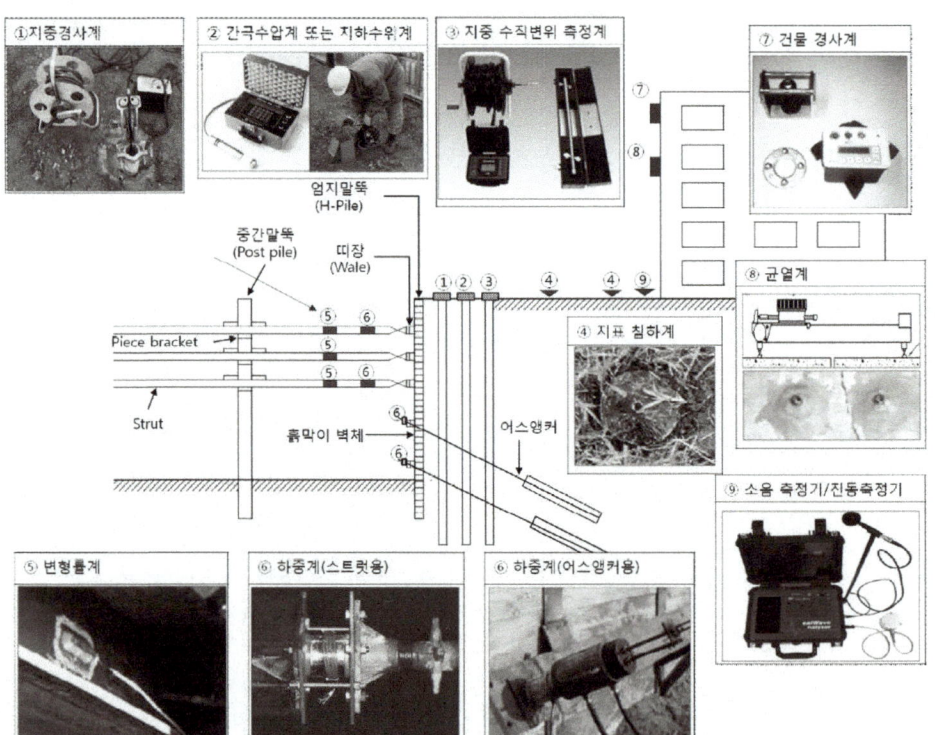

사진 각종 계측기 설치 위치(출처 : 네이버)

> **합격key**
> 2022년 6월 11일 논술형 출제

보충학습

흙막이 공사(sheathing work)

(1) 개요
흙쌓기나 터파기의 붕괴나 미끄럼을 방지하기 위한 공사ㆍ옹벽이나 돌쌓기ㆍ블록쌓기 등을 하여 흙쌓기의 흙막이를 하는 방법과 널말뚝이나 스트럿을 이용하여 터파기의 흙막이를 하는 방법이 있다.

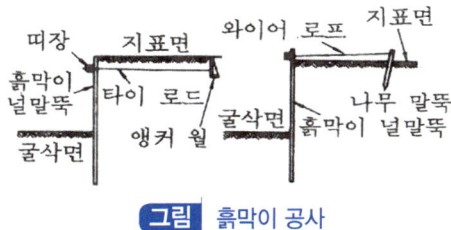

그림 흙막이 공사

(2) 흙막이 공법의 종류
① 엄지말뚝 토류판 공법
② C.I.P(Cast In Place Pile) 공법
③ S.C.W(Soil Cement Wall) 공법
④ 지하연속벽(Diaphragm Wall, Slurry wall) 공법
⑤ Sheet Pile 공법
⑥ Strut 공법
⑦ Top-Down 공법
⑧ Earth Anchor 공법
⑨ Soil Nailing 공법
⑩ Grouting 공법
 ㉮ Jumbo Special Pattern 공법
 ㉯ Rod in Jet pile 공법
 ㉰ Space Grouting Rocket
 ㉱ Labies Wasser Glass : 모래, 모래 자갈층에 효과가 있으나, 점토층이나 풍화토층은 사용 불가

표 계측기의 종류, 설치위치, 설치방법, 용도

종류	설치위치	설치방법	용도
지중경사계 (inclinometer)	토류벽 또는 배면지반	굴토 심도보다 깊게 부동층까지 천공	굴토 진행시 각 과정의 인접지반 수평변위량과 위치, 방향 및 크기의 실측과 이를 이용한 토류구조물 각 지점의 응력상태 판단 가능
지하수위계 (water level meter)	토류벽 배면지반	대수층까지 천공	지하수위 변화를 실측하여 각종 계측자료에 이용, 지하수위의 변화원인 분석 및 관련된 대책 수립
간극수압계 (piezometer)	배면 연약지반	연약층 깊이별	굴착에 따른 과잉 간극수압의 변화를 측정하여 안전성 판단
토압계	토류벽 배면	토류벽 종류에 따라 다름	주변지반의 하중으로 인한 토압의 변화를 측정하여 토류 구조체가 안정한지 여부 판단
하중계 (load cell)	strut 또는 anchor 부위	각 단계별 굴토시 설치	strut, earth anchor 등의 축하중 변화상태를 측정하여 이들 부재의 안전 상태 파악 및 원인규명에 이용
변형률계 (strain gauge)	토류벽 심재, strut, 띠장, 각 종 강재 또는 콘크리트	용접 또는 접착재	토류구조물의 각 부재와 인근 구조물의 지점 및 타설 콘크리트 등의 응력변화를 측정하여 이상변형 파악 및 대책 수립에 이용
벽면경사계 (tiltmeter)	인접구조물의 골조, 벽체	접착 또는 bolting	주변건물, 옹벽, 철탑 등 인근 주요구조물에 설치하여 구조물의 경사 변형 상태를 실측, 구조물 안전진단에 활용
지중침하계	토류벽 배면, 인접구조물 주변	부동층까지 천공	인접지층의 각 층별 침하량의 변동상태를 파악, 보강대상과 범위의 결정 또는 최종 침하량을 예측
지표침하계 (measuring settlement of surface)	토류벽 배면, 인접구조물 주변	동결심도보다 깊게	지표면의 침하량 절대치의 변화를 측정, 침하량의 속도판단 등으로 허용치와의 비교 및 안정상태를 예측
균열측정기 (crack meter)	균열 부위	균열부 양단	주변구조물, 지반 등에 균열발생시 균열크기와 변화를 정밀 측정하여 균열 발생 속도 등을 파악, 다른 계측 결과 분석에 자료 제공

산업안전보건기준에 관한 규칙

제53조(계측장치의 설치 등) 사업주는 터널 등의 건설작업을 할 때에 붕괴 등에 의하여 근로자가 위험해질 우려가 있는 경우 또는 법 제42조제1항제3호에 따른 경우에 작성하는 유해위험방지계획서 심사 시 계측시공을 지시받은 경우에는 그에 필요한 계측장치 등을 설치하여 위험을 방지하기 위한 조치를 하여야 한다.

제347조(붕괴 등의 위험 방지) ① 사업주는 흙막이 지보공을 설치하였을 때에는 정기적으로 다음 각 호의 사항을 점검하고 이상을 발견하면 즉시 보수하여야 한다.
1. 부재의 손상·변형·부식·변위 및 탈락의 유무와 상태
2. 버팀대의 긴압(緊壓)의 정도
3. 부재의 접속부·부착부 및 교차부의 상태
4. 침하의 정도

② 사업주는 제1항의 점검 외에 설계도서에 따른 계측을 하고 계측 분석 결과 토압의 증가 등 이상한 점을 발견한 경우에는 즉시 보강조치를 하여야 한다.

> **합격자의 조언**
> 정답은 설명없이 계측기 종류 5가지만 쓰면됩니다.

다음 논술형 2문제를 모두 답하시오.(각 25점)

문제 6

산업안전보건법령상에서 정하고 있는 도급사업 시의 안전보건조치에 관하여 다음 사항을 쓰시오.
(1) 산업재해를 예방하기 위한 조치 3가지
(2) 합동 안전보건점검반의 구성방법
(3) 건설업에서의 정기안전점검 실시 횟수

정답

1. 개요

같은 장소에서 행하여지는 사업으로서 대통령령으로 정하는 사업의 사업주는 그가 사용하는 근로자와 그의 수급인이 사용하는 근로자가 같은장소에서 작업을 할 때에 생기는 산업재해를 예방하기 위한 조치를 하여야 한다.
① 사업의 일부를 분리하여 도급을 주어 하는 사업
② 사업이 전문분야의 공사로 이루어져 시행되는 경우 각 전문분야에 대한 공사의 전부를 도급을 주어 하는 사업
③ 용어정의
  ㉮ "도급"이란 명칭에 관계없이 물건의 제조·건설·수리 또는 서비스의 제공, 그 밖의 업무를 도급하는 사업주를 말한다. 다만 건설공사발주자는 제외한다.
  ㉯ "도급인"이란 물건의 제조·건설·수리 또는 서비스의 제공, 그 밖의 업무를 도급하는 사업주를 말한다. 다만, 건설공사발주자는 제외한다.

참고

산업안전보건법 제2조(용어정의)
[시행 2024. 5. 17.][법률 제19591호, 2023. 8. 8., 타법개정]

2. 본론

(1) 산업재해를 예방하기 위한 조치 3가지
① 도급인과 수급인을 구성원으로 하는 안전 및 보건에 관한 협의체의 구성 및 운영
② 작업장 순회점검
③ 관계수급인이 근로자에게 하는 안전보건교육을 위한 장소 및 자료의 제공 등 지원

④ 관계수급인이 근로자에게 하는 안전보건교육의 실시 확인
⑤ 다음 각 목의 어느 하나의 경우에 대비한 경보체계 운영과 대피방법 등 훈련
　㉮ 작업 장소에서 발파작업을 하는 경우
　㉯ 작업 장소에서 화재·폭발, 토사·구축물 등의 붕괴 또는 지진 등이 발생한 경우
⑥ 위생시설 등 고용노동부령으로 정하는 시설의 설치 등을 위하여 필요한 장소의 제공 또는 도급인이 설치한 위생시설 이용의 협조
⑦ 같은 장소에서 이루어지는 도급인과 관계수급인 등의 작업에 있어서 관계수급인 등의 작업시기·내용, 안전조치 및 보건조치 등의 확인
⑧ 제⑦호에 따른 확인 결과 관계수급인 등의 작업 혼재로 인하여 화재·폭발 등 대통령령으로 정하는 위험이 발생할 우려가 있는 경우 관계수급인 등의 작업시기·내용 등의 조정

> **정답근거**
> **산업안전보건법 제64조(도급에 따른 산업재해 예방조치)**
> [시행 2024. 5. 17.][법률 제19591호, 2023. 8. 8., 타법개정]

(2) 합동 안전보건점검반의 구성방법

① 협의체는 도급인인 사업주 및 그의 수급인인 사업주 전원으로 구성하여야 한다.
② 협의체 협의 사항
　㉮ 작업의 시작 시간
　㉯ 작업 또는 작업장 간의 연락 방법
　㉰ 재해발생 위험 시의 대치 방법
　㉱ 작업장에서의 법에 따른 위험성평가의 실시에 관한 사항
　㉲ 사업주와 수급인 또는 수급인 상호 간의 연락 방법 및 작업공정의 조정
③ 협의체는 매월 1회 이상 정기적으로 회의를 개최하고 그 결과를 기록·보존하여야 한다.

> **정답근거**
> **산업안전보건법 시행규칙 제79조(협의체 구성 및 운영)**
> [시행 2025. 1. 1.][고용노동부령 제419호, 2024. 6. 28., 일부개정]

(3) 도급인인 사업주가 안전보건점검을 할 때에는 다음 각 호의 사람으로 점검반을 구성하여야 한다.

① 도급인인 사업주(같은 사업 내에 지역을 달리하는 사업장이 있는 경우에는 그 사업장의 최고 책임자)
② 수급인인 사업주(같은 사업 내에 지역을 달리하는 사업장이 있는 경우에는 그 사업장의 최

고 책임자)
③ 도급인 및 수급인의 근로자 각 1명(수급인의 근로자의 경우에는 해당 공정에만 해당한다.)

3. 건설업에서 정기안전점검 실시횟수 : 2개월에 1회이상

> **정답근거**
> 산업안전보건법 시행규칙 제82조(도급사업의 합동 안전·보건점검)

4. 그 밖의 안전보건 조치사항

(1) 수급인이 근로자에게 하는 안전보건교육에 대한 지도와 지원
수급인인 사업주가 수급인 근로자의 안전보건교육에 대한 장소제공, 교육자료 지원 등을 요청할 경우 이에 대한 지도와 지원을 하여야 한다.

(2) 작업환경측정
사내협력업체의 작업환경측정에 대하여 도급사업자의 안전보건조치 내용에 특별하게 명시되어있다. 이는 도급인 사업주가 수급인 사업주에게 임차 등의 명목으로 사용케 한 건물, 기계 기구 설비 등 여러 시설과 사용물질 등에 대한 작업환경 측정의무를 부여한 것입니다. 도급인 시설에 대한 작업환경측정을 수급인이 한다하여도 시설개선 등의 조치는 임의로 하기 어려운 현실을 고려한 조치이다. 그런데 도급인이 이 작업환경측정을 하지 않는 경우도 있다.

(3) 경보의 운영과 수급인 및 수급인의 근로자에 대한 경보운영 사항의 통보
① 작업장소에서 발파작업을 하는 경우
② 작업 장소에서 화재가 발생하거나 토석 붕괴 사고가 발생하는 경우

5. 결론

재해는 어느 사업장에서나 발생할 가능성이 있고, 발생할 경우 그 사업장 내에 있는 모든 사람들에게 치명적인 영향을 미칠 수 있다. 발파 붕괴 등의 경우에도 그 장소내에 있는 모든 사람에게 영향을 미칠 수 있어 대피할 수 있는 경보 등은 하나로 통일하여 모든 사람들에게 주지시킬 의무를 부과하는 것이다. "끝"

> 보충학습

산업안전보건법 시행규칙

제79조(협의체의 구성 및 운영) ① 법 제64조제1항제1호에 따른 안전 및 보건에 관한 협의체(이하 이 조에서 "협의체"라 한다)는 도급인 및 그의 수급인 전원으로 구성해야 한다.
② 협의체는 다음 각 호의 사항을 협의해야 한다.
1. 작업의 시작 시간
2. 작업 또는 작업장 간의 연락방법
3. 재해발생 위험이 있는 경우 대피방법
4. 작업장에서의 법 제36조에 따른 위험성평가의 실시에 관한 사항
5. 사업주와 수급인 또는 수급인 상호 간의 연락 방법 및 작업공정의 조정
③ 협의체는 매월 1회 이상 정기적으로 회의를 개최하고 그 결과를 기록·보존해야 한다.

제80조(도급사업 시의 안전·보건조치 등) ① 도급인은 법 제64조제1항제2호에 따른 작업장 순회점검을 다음 각 호의 구분에 따라 실시해야 한다.
1. 다음 각 목의 사업 : 2일에 1회 이상
    가. 건설업
    나. 제조업
    다. 토사석 광업
    라. 서적, 잡지 및 기타 인쇄물 출판업
    마. 음악 및 기타 오디오물 출판업
    바. 금속 및 비금속 원료 재생업
2. 제1호 각 목의 사업을 제외한 사업 : 1주일에 1회 이상
② 관계수급인은 제1항에 따라 도급인이 실시하는 순회점검을 거부·방해 또는 기피해서는 안 되며 점검 결과 도급인의 시정요구가 있으면 이에 따라야 한다.
③ 도급인은 법 제64조제1항제3호에 따라 관계수급인이 실시하는 근로자의 안전·보건교육에 필요한 장소 및 자료의 제공 등을 요청받은 경우 협조해야 한다.

제81조(위생시설의 설치 등 협조) ① 법 제64조제1항제6호에서 "위생시설 등 고용노동부령으로 정하는 시설"이란 다음 각 호의 시설을 말한다.
1. 휴게시설
2. 세면·목욕시설
3. 세탁시설
4. 탈의시설
5. 수면시설
② 도급인이 제1항에 따른 시설을 설치할 때에는 해당 시설에 대해 안전보건규칙에서 정하고 있는 기준을 준수해야 한다.

제82조(도급사업의 합동 안전·보건점검) ① 법 제64조제2항에 따라 도급인이 작업장의 안전 및 보건에 관한 점검을 할 때에는 다음 각 호의 사람으로 점검반을 구성해야 한다.
1. 도급인(같은 사업 내에 지역을 달리하는 사업장이 있는 경우에는 그 사업장의 안전보건관리책임자)

2. 관계수급인(같은 사업 내에 지역을 달리하는 사업장이 있는 경우에는 그 사업장의 안전보건관리책임자)
3. 도급인 및 관계수급인의 근로자 각 1명(관계수급인의 근로자의 경우에는 해당 공정만 해당한다)

② 법 제64조제2항에 따른 정기 안전·보건점검의 실시 횟수는 다음 각 호의 구분에 따른다.
1. 다음 각 목의 사업 : 2개월에 1회 이상
    가. 건설업
    나. 선박 및 보트 건조업
2. 제1호의 사업을 제외한 사업: 분기에 1회 이상

제83조(안전·보건 정보제공 등) ① 법 제65조제1항 각 호의 어느 하나에 해당하는 작업을 도급하는 자는 다음 각 호의 사항을 적은 문서(전자문서를 포함한다. 이하 이 조에서 같다)를 해당 도급작업이 시작되기 전까지 수급인에게 제공해야 한다.
1. 안전보건규칙 별표 7에 따른 화학설비 및 그 부속설비에서 제조·사용·운반 또는 저장하는 위험물질 및 관리대상 유해물질의 명칭과 그 유해성·위험성
2. 안전·보건상 유해하거나 위험한 작업에 대한 안전·보건상의 주의사항
3. 안전·보건상 유해하거나 위험한 물질의 유출 등 사고가 발생한 경우에 필요한 조치의 내용

② 제1항에 따른 수급인이 도급받은 작업을 하도급하는 경우에는 제1항에 따라 제공받은 문서의 사본을 해당 하도급작업이 시작되기 전까지 하수급인에게 제공해야 한다.

③ 제1항 및 제2항에 따라 도급하는 작업에 대한 정보를 제공한 자는 수급인이 사용하는 근로자가 제공된 정보에 따라 필요한 조치를 받고 있는지 확인해야 한다. 이 경우 확인을 위하여 필요할 때에는 해당 조치와 관련된 기록 등 자료의 제출을 수급인에게 요청할 수 있다.

문제 7

기성콘크리트말뚝 공사 시 말뚝머리(두부)파손에 관하여 다음 사항을 쓰시오.
1) 원인 5가지
2) 대책 5가지

정답

1. 서론

(1) 개요

① 기성 콘크리트 파일 공사시 두부는 cushion재 등으로 보호하지만 hammer의 타격에너지가 가장 크게 전달되는 부위에서 파손되는 경우가 많다.
② 말뚝의 파손형태는 휨, 종방향, 횡방향, 이음부 파손, 말뚝두부파손 등이 있으나, 그 중에서도 말뚝두부의 파손은 항타시 pile 강도의 부족, 편타, cushion재 두께의 부족 등의 원인으로 파괴되기 쉽다.
③ 말뚝박기 공법에는 일반적으로 타격공법이 적용되고 있으나 소음, 진동, 파일결함 발생 가능성이 높은 문제점이 있다.
④ 최근에는 저소음 저진동의 말뚝박기 공법의 적용이 증가하고 있는 추세이다.

(2) 대표적인 항타장비(디젤 해머)

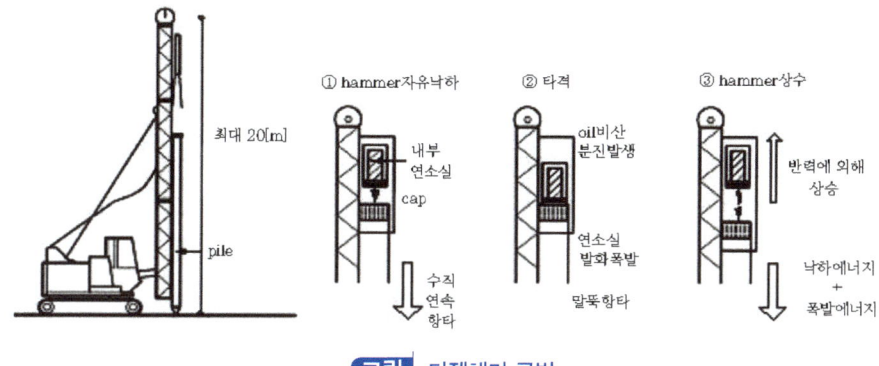

그림 디젤해머 공법

2. 본론

(1) 두부파손의 원인과 세부대책

① 말뚝두부 파손

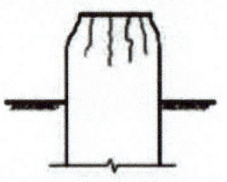

원인 5가지	대책 5가지
• Hammer 용량 과다 • 말뚝강도 부족 • Cushion재 두께 부족 • 타격횟수 과다(과잉 항타) • 암반층과의 충돌	• 적정 hammer 선정 • 강도가 큰 말뚝으로 변경 • cushion재 두께 증가 • 타격횟수 엄수 • 사전조사 철저

② 말뚝두부 전단파손

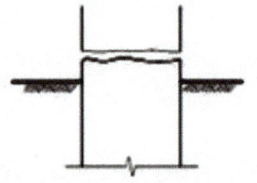

원인	대책
• 편하 • 말뚝휨 강성부족 • 관입과다	• 후선일치 • cushion재 두께 증가 • 휨강성이 큰것으로 변경 • 말뚝으로 변경

③ 말뚝중간부 횡균열

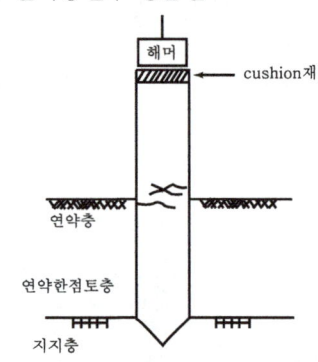

원인	대책
• 편타(편심항타) • 말뚝강도 부족 • 타격횟수 과다 • 지중 장애물 존재	• 말뚝과 해머 측선일치 • Cushion재 두께 증가 • 강도가 큰 말뚝으로 변경 • 타격횟수 엄수 • 전석 천공 후 항타

④ 말뚝중간부 연직균열

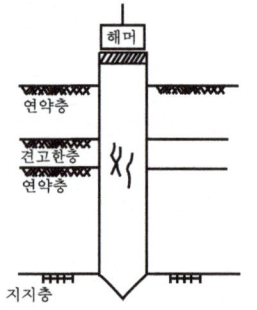

원인	대책
• 전석층에 의한 파손 • 지지층의 검사 • 해머용량 과다 • 말뚝선단부 강도 부족	• 선굴착후 항타 • 적정해머 선정 • 말뚝선단부 강도보강 • 철판으로 보강

⑤ 말뚝선단부 파손

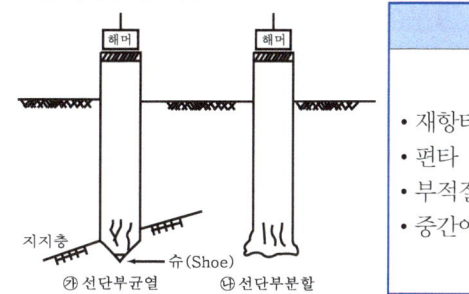
㉮ 선단부균열 ㉯ 선단부분할

원인	대책
• 재항타 • 편타 • 부적절한 말뚝선정 • 중간에 견고한 층 존재	• 말뚝두부 수평유지 • Cushion재 두께 증가 • 강도가 큰 말뚝으로 변경 • 말뚝박기공법변경

(2) 두부정리 시 유의사항

① 수준측량으로 절단위치 결정
② 말뚝에 유해한 충격 및 손상 최소화
③ 두부정리 말뚝 최소화
④ 깊게 박힌 말뚝머리 정리
⑤ 말뚝내부로 잔재물 낙하 방지

(3) 시공시 유의사항

① 사전조사를 통한 공법선정 및 계획수립
② 준비사항 check
③ 재료 및 장비의 점검
④ 시공방법, 원칙, 순서 준수
⑤ 시공 단계별 검사 이행
⑥ 안전, 환경, 계측관리 철저히 이행

3. 결론

① 기초 말뚝은 상부 구조물의 하중을 받아 이것을 지반에 전달하는 부분이므로 말뚝재의 파손은 건축물 전체가 구조적으로 불안정해지는 결과를 가져오게 된다.
② 두부정리 말뚝을 최소화하여 말뚝자체 강도의 손실을 최대한 줄이고 두부파손말뚝은 두부정리 후 보강대책을 철저히 하여야 한다. **"끝"**

다음 논술형 2문제 중 1문제를 선택하여 답하시오.(25점)

문제 8

타워크레인의 인상작업(Telescoping Work)과 관련하여 다음 사항을 쓰시오.
1) 작업방법
2) 붕괴원인 및 문제점
3) 안전대책

정답

1. 서론

(1) 개요
① 최근 건축물의 고층화추세에 따라 Tower Crane의 시공이 점차 증가되고 있는 실정이다.
② 타워크레인의 상호 충돌·전도 등의 사고 유형은 대부분 중대재해로 안전대책이 절실히 요구된다.

(2) 타워크레인의 정의 및 주요부 명칭

산업안전·보건기준에 관한 규칙을 보면 크레인이라 함은 동력을 사용하여 중량을 매달아 상하 및 좌우(수평 또는 선회를 말한다)로 운반하는 것을 목적으로 하는 기계 또는 기계장치를 말한다.
크레인은 구조, 달기기구, 운동형태, 구동방식, 선회능력, 설치방식 등에 따라 분류한다. 구조에 따른 분류방식을 따르면 천장크레인, 지브크레인(타워크레인), 갠트리 크레인 등이 있다. 타워크레인은 지브크레인 중 T형과 러핑형 크레인이다.

표 크레인 종류 및 정의

종류	정의
천장크레인	주행레일 위에 설치된 새들에 직접적으로 지지되는 거더가 있는 크레인
타워크레인	수직타워의 상부에 위치한 지브를 선회시키는 크레인, T형 크레인과 러핑(또는 L형) 크레인이 이에 해당한다.
갠트리크레인	다리 모양의 크레인으로 천장크레인과 비슷한 거더 양쪽에 교각을 세우고 지상에 설치된 레일을 따라 이동한다. 거더, 트롤리(좌우)와 호이스트(상하)로 이루어져 있는 크레인

다음 **그림** 은 타워크레인의 주종을 이루는 형식으로 가장 많이 사용되는 T형 타워크레인의 구조와 주요부 명칭을 도시한 것이다.

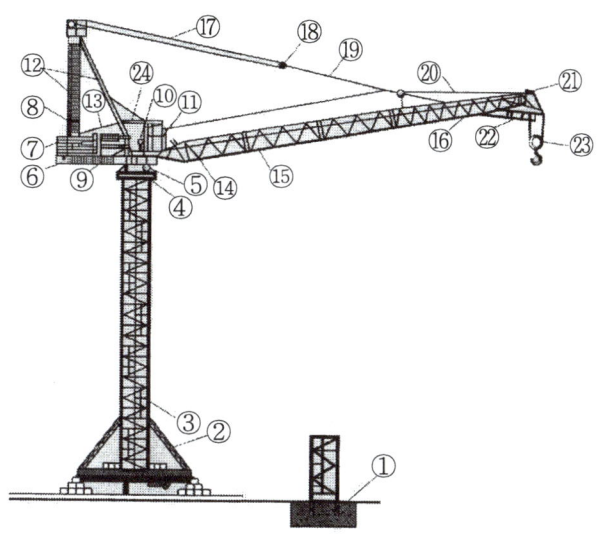

번호	명칭	번호	명칭
①	기초 앵커	⑬	압력봉
②	언더캐리지	⑭	지브 피벗 섹션
③	타워 섹션	⑮	중간 지브 섹션
④	조립 슬립 링과 슬루잉 링 서포트	⑯	지브 헤드 섹션
⑤	볼 슬루잉 링	⑰	Luffing 로프
⑥	기계 플랫폼	⑱	도르래 블록
⑦	카운터 발라스트	⑲	지브 가이(guy)로프
⑧	Luffing 기어	⑳	호이스팅 로프
⑨	호이스팅 기어	㉑	과부하 방지를 위한 측정 축
⑩	슬루잉 기어	㉒	로프 꼬임방지장치
⑪	운전실	㉓	훅 블록
⑫	지브(Jib)리테이닝 프레임과 지지봉	㉔	Fail-back 가드 스트랏

그림 T형 타워크레인 주요부 명칭

(3) 사고 유형

① 전도
   ㉮ 안전장치 고장으로 인한 과하중
   ㉯ 기초의 강도 부족
② Boom 절손
   ㉮ Tower Crane 상호 충돌, 장애물 충돌
   ㉯ 안전장치 고장으로 인한 과하중
③ Crane 본체 낙하
   권상 및 승강용 Wire Rope 절단

2. 본론

(1) 타워크레인의 인상 작업(Telescoping Work) 분석(작업방법)

① 타워크레인 공정에서 텔레스코핑 작업의 위치

타워크레인 공정은 크게 설치 전 단계, 설치단계, 사용단계, 해체단계인 4단계로 나눌 수 있다. 텔레스코핑 작업은 설치단계에서 텔레스코핑 케이지를 말아 올려 생긴 빈 공간에 새로운 마스트를 끼워 넣어 요구높이까지 상승시키는 것을 말한다.

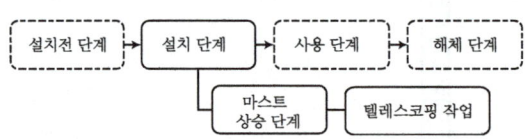

그림 타워크레인 공정에서 텔레스코핑 작업의 위치

② 텔레스코핑 작업순서 및 방법

텔레스코핑 작업은 신호작업자, 줄걸이 작업자, 타워크레인 운전자, 핀·볼트 체결자, 부재 조립 및 맞춤 작업자의 상호 연관적인 관계로 이루어지며 순서는 다음과 같다.

㉮ 타워크레인 유압장치와 카운터 지브가 동일한 방향에 놓이도록 하고 유압장치의 상태를 점검한다.

㉯ 새로운 마스트를 메인지브 방향으로 운반하고 롤러를 끼운 후 권상, 선회장치를 이용하여 지상으로부터 들어 올려 타워크레인에 설치된 이동레일에 올려놓는다.

㉰ 추가할 마스트를 상승하며 타워크레인 상부의 무게 균형을 유지하고 텔레스코핑 케이지를 상승시킨다.

㉱ 이동레일 위의 마스트를 마련된 공간 안으로 밀어 넣는다.

㉲ 롤러 홀더를 제거하고 기존의 마스트와 핀 또는 볼트로 체결한다.

㉳ 요구높이에 이르기까지 반복 작업을 하고 최종높이에 이르렀을 때 슬루잉 유닛과 최상부 마스트를 볼트로 체결·고정한다.

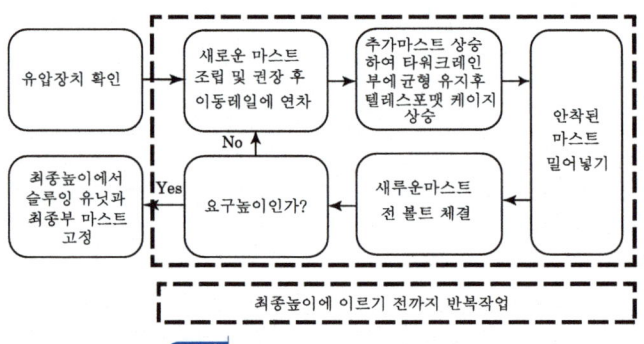

그림 텔레스코핑 작업의 순서도

(2) 붕괴원인 및 문제점

표 타워크레인 작업순서에 따른 원인 및 문제점 대응방안

작업순서	원인 및 문제점	대응방안
유압장치 확인	텔레스코핑 슈가 이싱에 불완전하게 장착-상승 시 타워 상단부 붕괴·도괴	• 작업 전 유압장치 이상유무 확인 • 실린더 작동 전 지브 균형 상태 확인 • 텔레스코핑 슈가 완전하게 장착되었는지 확인 • 제작사 작업 절차서 대로 장착
새로운 마스트를 조립 및 권상 후 모노레일에 안착	권상용 와이어로프 절단-마스트 낙하·비래	와이어 로프 상태 확인
	권상용 와이어로프 체결부분 빠짐-마스트 낙하·비래	줄걸이 상태 확인
	대차레일 변형으로 불완전하게 상차-마스트 레일 이탈	사전에 대차레일의 변형·기능 이상 유무 확인
	부득이한 외력-마스트 레일 이탈	현장의 풍속을 수시로 파악하여 작업 진행여부 결정 대차레일 공간에 고정봉 또는 작업용 발판을 설치하여 모노레일의 균형유지 및 작업자 추락방지
	턴테이블 하부와 텔레스코팅 케이지 상부된 미체결-마스트 권상 이동시키던 중 타워 상단부 도괴	• 핀 or 볼트 체결상태 재확인(작업 절차서의 체결 토크 준수, 분할핀 체결 등) • 상부 안전 핀이 정상 핀으로 교체되기 전에는 권상작업 금지
추가마스트 상승하여 타워크레인 무게 균형 유지 후 텔레스코팅 케이지 상승	밸런스 웨이트 미사용으로 인한 지브 불균형상태에서 유압실린더 작동-텔레스코핑 케이지 좌굴 발생	• 텔레스코핑 케이지 상승작업 이전에 양쪽 지브 균형 유지 여부 확인 텔레스코핑 케이지 상승작업 중 권상, 트롤리 이동, 및 선회작업 등 일치의 작동 금지 • 텔레스코핑 케이지 상승작업은 풍속 10[m/s] 이내에서 실시
안착된 마스트 밀어넣기	마스트가 들어갈 수 있는 충분한 공간 미확보-무리한 힘이 가해져 마스트 이탈	마스트를 밀어 넣을 수 있는 충분한 공간 확보(마스트 길이 +50[mm] 정도) 확인
새로운 마스트와 기존 마스트를 핀 or볼트로 체결	불일치된 핀구멍을 맞추고자 크레인 작동-균형상실로 타워 상단부 도괴	• 텔레스코핑 케이지 안내롤러의 간격 (5[mm] 정도)이 모두 일정하게 될때까지 지브각도를 조정해 균형상태 유지 • 마스트 추가 후 핀 or 볼트가 완진히 체결될 때까지 운전 금지
	연결볼트 미체결-마스트 붕괴	다음 작업이 이루어지기 전에 연결볼트 체결상태 확인

작업순서	원인 및 문제점	대응방안
최종높이에서 슬루밍 유닛과 최상부 마스트 고침	슬루밍 유닛 볼트 미체결-타워 상단부 붕괴·도괴	주요구조부 볼트 체결 상태 및 기계작동 등 이상유무 점검 최초 볼트 조임 후 3주 후 제조임 실시
	케이지 상부부분에서 방호장치 미설치로 볼트체결 중 추락	케이지 상부부분 작업발판 및 안전대 부착설비 설치

(3) 안전대책
① 작업 전 점검
  - 반드시 작업 전 안전장치 점검
② 기초대책
  - 기초는 최대하중을 고려하여 구축
③ 충돌방지 대책
  ㉮ 작업범위 규제 장치
  ㉯ 음파, 전파에 의한 위치 감지
  ㉰ 무선, 유선에 의한 조종사 상호 통화
④ 과하중 방지장치 부착
⑤ Wire Rope 점검
  - Wire Rope의 이상유무 수시 점검
⑥ 피뢰침 및 항공장애 등
  - 크레인 최상부 피뢰침 설치 및 항공장애 등 설치
⑦ 정지 시 자유선회장치 점검
⑧ 정지점검 실시
⑨ 악천 후 시 대책
  - 순간풍속 30[m/sec] 초과 시 또는 중진 이상의 지진 후 각 부위의 이상유무 점검

3. 결론

① 타워크레인에 의한 사고는 중대재해로 연계되기 때문에 인상작업(Telescoping Work) 안전성을 바탕으로 운용관리 System이 도입되어야 함
② 건설기계 재해가 전체 재해의 큰 비율을 차지하는 만큼 전문적인 인상작업(Telescoping Work)의 안전대책이 강구되어야 한다. "끝"

문제 9

산업안전보건법령상에서 정하고 있는 건설공사 중 가설구조물의 설계변경 요청에 관하여 다음 사항을 쓰시오.
1) 대상 가설구조물 4가지
2) 수급인이 의견을 들어야 하는 전문가 자격 4가지
3) 설계변경요청서의 첨부서류 4가지

정답

(1) 개요

① 건설공사의 수급인이 건설공사 중에 가설구조물의 붕괴 등 재해발생 위험이 높다고 판단되어 전문가의 의견을 들어 도급인에게 설계변경을 요청
② 건설공사 유해위험방지계획서 심사결과 공사중지 또는 계획변경 명령을 받아 설계변경이 필요한 경우에 수급인이 도급인에게 설계변경을 요청함에 있어 그 내용 및 절차에 정함을 목적으로 한다.

(2) 설계변경 업무의 진행과정

가설구조물에 대한 설계변경 업무의 진행과정의 개요를 나타내면 그림과 같다.

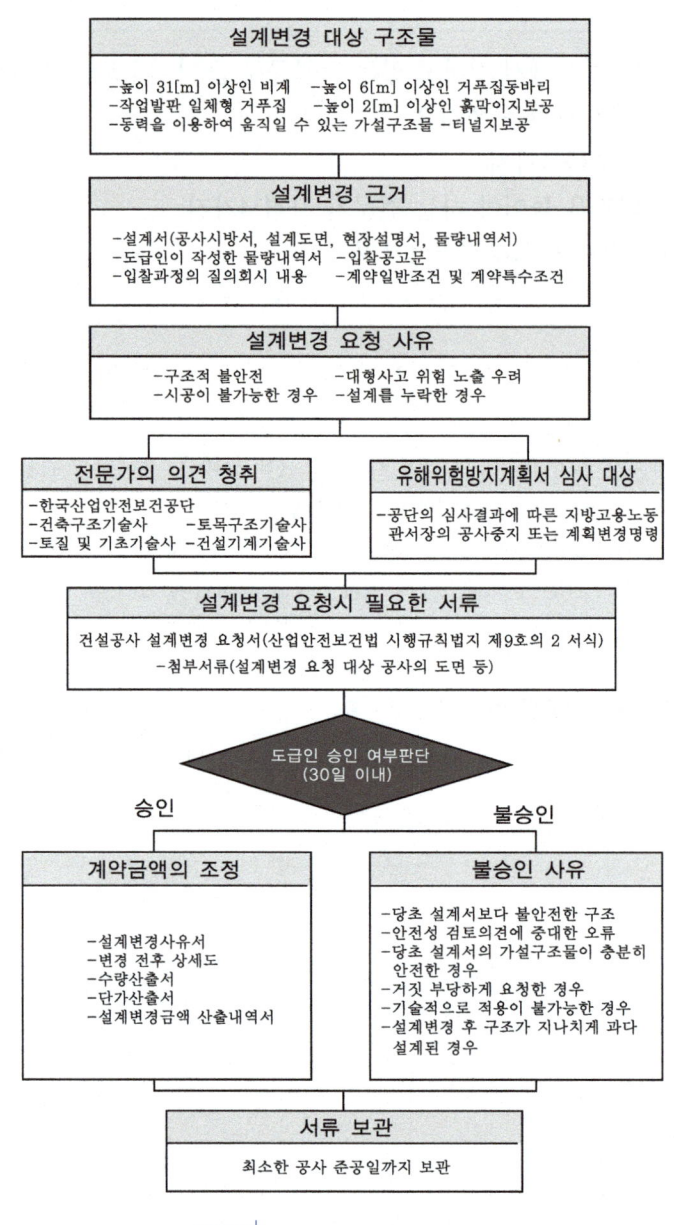

그림 설계변경 업무의 흐름도

> **참고**
>
> **산업안전보건법 제71조(설계변경의 요청)**
> ① 건설공사도급인은 해당 건설공사 중에 대통령령으로 정하는 가설구조물의 붕괴 등으로 산업재해가 발생할 위험이 있다고 판단되면 건축·토목 분야의 전문가 등 대통령령으로 정하는 전문가의 의견을 들어 건설공사발주자에게 해당 건설공사의 설계변경을 요청할 수 있다.

> 다만, 건설공사발주자가 설계를 포함하여 발주한 경우는 그러하지 아니하다.
> ② 제42조제4항 후단에 따라 고용노동부장관으로부터 공사중지 또는 유해위험방지계획서의 변경 명령을 받은 건설공사도급인은 설계변경이 필요한 경우 건설공사발주자에게 설계변경을 요청할 수 있다.
> ③ 건설공사의 관계수급인은 건설공사 중에 제1항에 따른 가설구조물의 붕괴 등으로 산업재해가 발생할 위험이 있다고 판단되면 제1항에 따른 전문가의 의견을 들어 건설공사도급인에게 해당 건설공사의 설계변경을 요청할 수 있다. 이 경우 건설공사도급인은 그 요청받은 내용이 기술적으로 적용이 불가능한 명백한 경우가 아니면 이를 반영하여 해당 건설공사의 설계를 변경하거나 건설공사발주자에게 설계변경을 요청하여야 한다.
> ④ 제1항부터 제3항까지의 규정에 따라 설계변경 요청을 받은 건설공사발주자는 그 요청받은 내용이 기술적으로 적용이 불가능한 명백한 경우가 아니면 이를 반영하여 설계를 변경하여야 한다.
> ⑤ 제1항부터 제3항까지의 규정에 따른 설계변경의 요청 절차·방법, 그 밖에 필요한 사항은 고용노동부령으로 정한다. 이 경우 미리 국토교통부장관과 협의하여야 한다.

(3) 본론

① 대상구조물 4가지
  ㉮ 높이 31[m] 이상인 비계
  ㉯ 작업발판 일체형 거푸집 또는 높이 5[m] 이상인 거푸집 동바리
  ㉰ 터널의 지보공 또는 높이 2[m] 이상인 흙막이 지보공
  ㉱ 동력을 이용하여 움직이는 가설구조물

② 수급인의 의견을 들어야 하는 전문가 자격 4가지
  ㉮ 「국가기술자격법」에 따른 건축구조기술사
  ㉯ 「국가기술자격법」에 따른 토목구조기술사
  ㉰ 「국가기술자격법」에 따른 토질 및 기초기술사
  ㉱ 「국가기술자격법」에 따른 건설기계기술사

정답근거
① 산업안전보건법시행령 제58조(설계변경의 요청 대상 및 전문가의 범위)
[시행 2025. 1. 31.][법률 제35240호, 2025. 1. 31., 일부개정]
② 건설기술진흥법 시행령 제101조의 2

③ 설계변경요청서의 첨부서류 4가지
  ㉮ 설계변경 요청 대상 대상 공사의 도면
  ㉯ 당초 설계의 문제점 및 변경요청 이유서

㉰ 가설구조물의 구조계산서 등 당초 설계의 안전성에 관한 전문가의 검토의견서 및 그 전문가(전문가가 공단인 경우는 제외한다)의 자격증 사본
㉱ 그 밖에 재해발생의 위험이 높아 설계변경이 필요함을 증명할 수 있는 서류

> **정답근거**
> **산업안전보건법 시행규칙 제88조(설계변경의 요청방법 등)**
> [시행 2023. 9. 28.][고용노동부령 제393호, 2023. 9. 27., 일부개정]

(4) 결론 : 재해발생 위험의 사전검토

① 수급인은 도급인과 공사계약을 한 때에는 즉시 전체공정에 대하여 설계서와 현장조건의 부합여부를 확인하여야 한다.
② 수급인은 도급인으로부터 제공받은 설계서(구조계산서 포함) 등을 충분히 검토하여 상호 불일치되는 사항 유무를 확인하여야 한다.
③ 수급인은 각 공종별 그의 하수급인에게 도급을 준 경우에도 하수급인으로 하여금 해당공사에 대하여 설계서의 검토 및 현장조건과의 부합여부를 확인하도록 하여야 한다.
④ 수급인은 그의 근로자와 하수급인의 근로자로 하여금 단위작업에 대한 안전한 작업방법 및 순서를 결정하게 하고 단위작업 전 과정에 있어서 예상되는 위험요인을 도출하게 하고 위험요인이 허용범위 이내가 되도록 관리하며, 필요한 사항을 지원하여야 한다.
⑤ 상기 ①~④의 과정에서 설계서와 현장조건이 불일치하거나 설계서 상호간에 불일치되는 사항이 있거나 위험요인을 제거 또는 경감하기 위해 필요한 금액이 계약조건 이외의 사항인 경우에는 즉시 도급인에게 상황을 보고하고 도급인의 판단을 구하여야 한다. 이때 도급인은 특별한 사유가 없는 한 이에 필요한 사항을 지원하여야 한다. "끝"

"이하여백"

2018년 6월 16일 제8회 기출문제 NCS 분석

1. 시험과목 및 배점분석

구분	시험과목	시험시간	문제유형	배점
2차 전공필수	건설안전공학	100분	주관식 단답형 및 논술형 1) 단답형 : 5문제 2) 논술형 : 4문제 중 3문제 (필수 : 2, 선택 : 1)	총점 100점 1) 단답형 : 5×5=25점 2) 논술형 : 25×3=75점

2. NCS 문제분석

대분류	중분류	소분류	문제내용	비고
단답형	작업지침	철골공사	1. 철골건립 작업 시 철골승강용 트랩의 안전대책 5가지를 쓰시오. (5점)	제16조
	토목공사	Barton의 이론	2. 암반분류법 중 Q-System(Q-분류법)의 요소 5가지를 쓰시오. (5점)	전공이론
	토목공사	기본	3. 기초지반의 하중-침하 거동에서 파괴의 종류 3가지를 쓰시오. (5점)	전공이론
	건설기술진흥법	시행령	4. 건설기술진흥법령상 가설구조물의 구조적 안전성확인 사항 5가지를 쓰시오. (5점)	제101조의2 면접문제
	콘크리트공사	기본	5. 콘크리트 타설 시 철근하부의 수막(水膜)현상 방지대책 5가지를 쓰시오. (5점)	전공이론
논술형	KOSHA-Guide	건설공사	6. 건축골조공사 갱폼해체 및 반출작업 시 위험성 평가의 위험요인과 관련하여 다음사항을 쓰시오. (25점) 1) 인적요인　　2) 물적요인 3) 작업방법　　4) 기계장비	삼성물산 건설부문 2019. 3. 30 1차 출제
	작업지침	철근공사	7. 골조공사 철근작업 중 발생하는 사고와 관련하여 다음 사항을 쓰시오. (25점) 1) 철근 운반 시 안전사고 발생원인 　- 인력운반　　- 기계운반 2) 철근 가공 시 안전사고 발생원인 3) 철근 조립 시 안전사고 발생원인 4) 철근작업 중 안전대책	제3장 철근공사

대분류	중분류	소분류	문제내용	비고
논술형	안전작업지침	작업지침	8. 건축물 외벽에 설치하는 금속 커튼월의 설치 시 안전조치 사항에 관하여 설명하시오. (25점)	KOSHA GUIDE (-55-2015)
	산업안전보건법령	안전보건규칙	9. 건설현장에서 건설기계 작업 시 발생되는 사고와 관련하여 다음 사항을 쓰시오. (25점) 1) 충돌 발생원인 2) 전도 발생원인 3) 추락 발생원인 4) 낙하·비래 발생원인 5) 감전 발생원인	제199조 제200조 제201조 제202조 제203조 제206조

합격자 현황

구분 2018년		1차			2차			3차		
		응시	합격	합격률	응시	합격	합격률	응시	합격	합격률
소계		697	236	34%	110	41	37%	169	88	52%
안전	기계	187	59	32%	36	6	17%	32	16	50%
	전기	76	25	33%	13	8	62%	18	9	50%
	화공	97	45	46%	33	17	52%	30	9	30%
	건설	337	107	32%	28	10	36%	89	54	61%

시간	응시분야	수험번호	성명
100분	건설안전공학	20180616	도서출판 세화

다음 단답형 5문제를 모두 답하시오.(각 5점)

문제 1

철골건립 작업시 철골승강용 트랩의 안전대책 5가지를 쓰시오.

정답

(1) 고소 작업시 추락 방지 설비 설치
① 방망설치
② 안전대 및 안전대 부착설비 설비

(2) 구명줄설치
① 1가닥에 여러명 동시사용 금지
② 마닐라 로프 직경 16[mm]를 기준

(3) 낙하 비래 및 비산 방지 설비
① 지상층 철골 건립 개시전 설치
② 20[m] 이하일 경우 1단 이상, 20[m] 이상일 경우 2단 이상의 방호선반 설치
③ 건물 외부비계 방호시트에서 수평거리 2[m] 이상돌출, 20도 이상 각도 유지

(4) 철골 건물내에 낙하비래 방지 시설을 설치할 경우 3층 간격마다 수평으로 철망 설치
(5) 화기 사용시 불연재료의 울타리 및 석면포 설치
(6) 승강 설비 설치
기둥승강용 트랩은 16[mm] 철근으로 30[cm] 이내 간격 30[cm] 이상 폭 "끝"

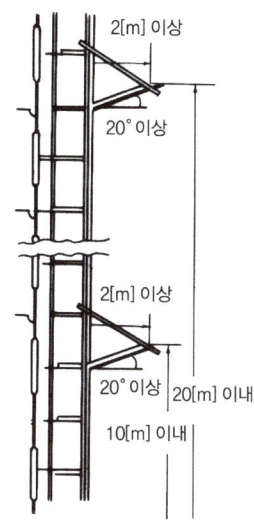

그림1 낙하비래 방지시설의 설치기준

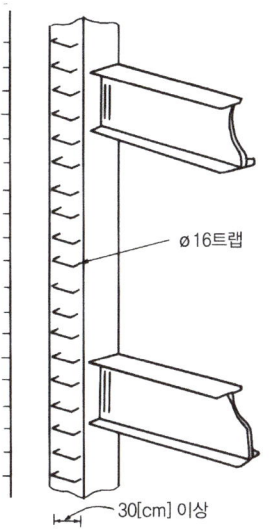

그림2 기둥승강용 트랩

정답근거

철골공사 표준안전 작업지침 제16조(재해방지 설비)

문제 2

암반분류법 중 Q-System(Q-분류법)의 요소 5가지를 쓰시오.

정답

① RQD
② 절리군의 수
③ 절리의 조도(거칠기)
④ 절리의 변질정도(변질도)
⑤ 지하수의 영향(상태)
⑥ 응력의 상태(응력감소 계수) **"끝"**

보충학습

■ Rock Mass Quality system(Q-system)

NGI(Norwegian Geotechnical Institute)의 N, Barton과 J.Lunde(1974)는 스칸디나비아 지역의 200여개 터널 조사 결과를 토대로 RQD, 절리군의 수, 절리의 조도, 절리의 변질정도, 지하수의 영향, 응력의 상태 등의 6가지 parameter를 이용하여 암반을 분류하는 Q system을 제안하였다. 이 분류 방법에서 각 parameter에 대한 평점과 rock mass quality(Q) 값을 산출한다.

$Q = \left(\dfrac{RQD}{Jn}\right)\left(\dfrac{Jr}{Ja}\right)\left(\dfrac{Jw}{SRF}\right)$ RQD=Rock Quality Designature(암반지수)

Jn=Joint Set Number
Jr=Joint Roughness Number
Ja=Joint Alteration Number
Jw=Joint Water Reduction Number
SRF=Stress Reduction Factor

이 식에서 $\left(\dfrac{RQD}{Jn}\right)$는 암괴의 크기를, $\left(\dfrac{Jr}{Ja}\right)$은 암괴간의 즉, 불연속면의 전단강도를, $\left(\dfrac{Jw}{SRF}\right)$는 active stress를 의미한다.

표 Q값에 의한 암반 분류

Q	암반등급
0.001−0.01	Exceptionally poor
0.01−0.1	Extremely poor
0.1−1	Very poor
1−4	Poor
4−10	Fair
10−40	Good
40−100	Very good
100−400	Ext. good
400−1,000	Exc. good

문제 3

기초지반의 하중-침하 거동에서 파괴의 종류 3가지를 쓰시오.

정답

① 국부전단파괴   ② 전반전단파괴   ③ 관입전단파괴

참고

표 | 종류별 특징

구분	국부전단파괴	전반전단파괴	관입전단파괴
파괴형태	침하를 동반한 부분파괴	활동면을 따라 전반파괴	지표의 변화 없이 관입
대상토질	예민한 점성토, 사질토	단단한 사질토, 점성토	액상화, 초연약 점성토
파괴 시 지반형태	부분적 융기	전체적 융기	변화 없음

합격key

2013년 출제

보충학습 (2024년 출제)

파괴의 종류	지반의 성질
사면선(선단)파괴(toe failure)	경사가 급하고 비점착성 토질
사면저부(바닥면)파괴(base failure)	경사가 완만하고 점착성인 경우, 사면의 하부에 암반 또는 굳은 지층이 있을 경우
사면 내 파괴(slope failure)	견고한 지층이 얕게 있는 경우

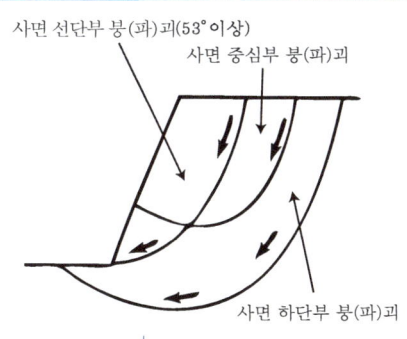

그림 | 사면 붕(파)괴 형태

문제 4

건설기술진흥법령상 가설구조물의 구조적 안전성확인 구조물(사항) 5가지를 쓰시오.

정답

① 높이가 31[m] 이상인 비계
② 브라켓(bracket) 비계
③ 작업발판 일체형 거푸집 또는 높이가 5[m] 이상인 거푸집 및 동바리
④ 터널의 지보공(支保工) 또는 높이가 2[m] 이상인 흙막이 지보공
⑤ 동력을 이용하여 움직이는 가설구조물
⑥ 그 밖에 발주자 또는 인·허가기관의 장이 필요하다고 인정하는 가설구조물 "끝"

정답근거

건설기술 진흥법 시행령 제101조의 2(가설구조물의 구조적 안전성 확인)
산업안전보건법 시행령 제58조

합격Key

2017년 6월 24일 논술형 출제

보충학습

건설기술진흥법

제62조(건설공사의 안전관리)

⑪ 건설사업자 또는 주택건설등록업자는 동바리, 거푸집, 비계 등 가설구조물 설치를 위한 공사를 할 때 대통령령으로 정하는 바에 따라 가설구조물의 구조적 안전성을 확인하기에 적합한 분야의「국가기술자격법」에 따른 기술사(이하 "관계전문가"라 한다)에게 확인을 받아야 한다.
⑫ 관계전문가는 가설구조물이 안전에 지장이 없도록 가설구조물의 구조적 안전성을 확인하여야 한다.

건설기술진흥법 시행령

제101조의2(가설구조물의 구조적 안전성 확인)

① 법 제62조제11항에 따라 건설사업자 또는 주택건설등록업자가 같은 항에 따른 관계전문

가(이하 "관계전문가"라 한다)로부터 구조적 안전성을 확인받아야 하는 가설구조물은 다음 각 호와 같다.
1. 높이가 31미터 이상인 비계
1의2. 브라켓(bracket) 비계
2. 작업발판 일체형 거푸집 또는 높이가 5미터 이상인 거푸집 및 동바리
3. 터널의 지보공(支保工) 또는 높이가 2미터 이상인 흙막이 지보공
4. 동력을 이용하여 움직이는 가설구조물
4의2. 높이 10미터 이상에서 외부작업을 하기 위하여 작업발판 및 안전시설물을 일체화하여 설치하는 가설구조물
4의3. 공사현장에서 제작하여 조립·설치하는 복합형 가설구조물
5. 그 밖에 발주자 또는 인·허가기관의 장이 필요하다고 인정하는 가설구조물

② 관계전문가는 「기술사법」에 따라 등록되어 있는 기술사로서 다음 각 호의 요건을 갖추어야 한다.
1. 「기술사법 시행령」 별표 2의2에 따른 건축구조, 토목구조, 토질 및 기초와 건설기계 직무 범위 중 공사감독자 또는 건설사업관리기술인이 해당 가설구조물의 구조적 안전성을 확인하기에 적합하다고 인정하는 직무 범위의 기술사일 것
2. 해당 가설구조물을 설치하기 위한 공사의 건설사업자나 주택건설등록업자에게 고용되지 않은 기술사일 것

③ 건설사업자 또는 주택건설등록업자는 제1항 각 호의 가설구조물을 시공하기 전에 다음 각 호의 서류를 공사감독자 또는 건설사업관리기술인에게 제출해야 한다.
1. 법 제48조제4항제2호에 따른 시공상세도면
2. 관계전문가가 서명 또는 기명날인한 구조계산서

문제 5

콘크리트 타설 시 철근하부의 수막(水膜)현상 방지대책 5가지를 쓰시오.

정답

① 동일한 철근비에서는 직경이 가는 철근을 사용
② 굵은 골재를 작은골재로(예 40[mm] → 25[mm])
③ 부재의 높이(두께)가 높을 경우 나누어 타설
④ 물시멘트비(W/C)를 낮게
⑤ 콘크리트 타설시 철근 유격 방지
⑥ 다짐 철저 "끝"

보충학습

(1) 수막현상

① 콘크리트의 타설, 마감작업이 종료된 후에도 콘크리트는 자중에 의하여 계속 압밀되는 경향을 나타낸다.
② 소성상태의 콘크리트는 철근이나 거푸집, 골재 등에 의해 국부적으로 제재를 받게 되는데, 이때 철근이나 거푸집, 골재의 하부에 블리딩수가 모이거나 공극이 발생하게 된다.
③ 건조에 따라 이러한 공극은 상부에 인장응력으로 발생하여 균열을 유발시키게 된다.
④ 균열은 철근의 직경이 클수록, 슬럼프가 커질수록 많이 발생하게 되며, 현장에서 콘크리트를 시공할 때 진동다짐을 충분하게 하지 않았을 경우 또는 변형을 일으키기 쉬운 거푸집 재료를 사용할 경우에도 많이 발생한다.

(2) 자동차 노면 수막현상

① 차량이 젖어있는 노면을 고속으로 달릴 때 타이어와 노면 간에 접촉을 잃는 상태를 수막현상이라고 하며 방향조정이나 제동할 수 없게 되어 사고를 일으킬 수 있다.
② 예방법으로 배수성이 좋은 타이어를 사용하거나 물이 있는 도로는 주의해서 운행하는 방법이 있으며 보통 가벼운 승용차에만 일어나는 것으로 생각하기 쉬우나 대형차량에도 일어날 수 있다.

다음 논술형 2문제를 모두 답하시오.(각 25점)

문제 6

건축골조공사 갱폼해체 및 반출작업 시 위험성 평가의 위험요인과 관련하여 다음 사항을 쓰시오.
1) 인적요인
2) 물적요인
3) 작업방법
4) 기계장비

정답

1. 개요

(1) 용어의 정의

① 갱폼(Gang Form)

갱폼이라 함은 사용할 때마다 작은 부재의 조립, 분해를 반복하지 않고 대형화, 단순화하여 한번에 설치하고 해체할 수 있는 시스템화된 거푸집을 말한다. 원래 갱폼이라고 하는 것은 넓은 의미에서 대형화한 모든 거푸집을 의미하지만 시스템화된 거푸집을 분류할 때는 벽체용 거푸집만을 뜻한다. 갱폼은 주로 고층아파트에서와 같이 상·하부 동일(평면상의) 단면구조를 가지고 있는 경우 외부 벽체거푸집과 거푸집 설치·해체작업 및 미장·견출 작업발판용 케이지(Cage)를 일체로 제작하여 사용하는 대형거푸집을 의미한다.

② 케이지(Cage)

케이지라 함은 갱폼에서 외부 벽체거푸집 부분을 제외한 부분으로 거푸집 설치·해체작업, 미장·견출(見出)작업 등을 안전하게 수행하는데 필요한 작업발판, 안전난간, 방망 등으로 형성되어 갱폼에 결합된 부분을 말한다.

③ 상부케이지와 하부케이지

갱폼의 케이지는 통상 4단의 작업발판으로 구성되는데 이중 상부 2단은 거푸집 설치·해체작업용으로 사용되며 하부 2단은 미장·견출작업용으로 사용된다.
작업발판 상부 2단 부분을 상부케이지라 하고, 하부 2단 부분을 하부케이지로 구분한다.

2. 본론

위험성평가와 위험요인(인적요인, 물적요인, 작업방법, 기계장비)

| 표 | 위험성 평가와 위험요인 |

구분	위험요인	위험도 잠재위험	위험도 재해사례	대책	비고
(1) 인적요인	① 안전모 등 개인보호구 미착용하고 작업 중 부딪히거나 추락	○		① 안전모, 안전대 등 개인보호구 착용하고 작업 실시	
	② 안전대 미착용하고 갱폼 해체 작업중 갱폼과 벽체 사이로 추락		○	② 갱폼 요동에 대비하여 안전밸트 갱폼에 체결하고 작업 실시	
	③ 갱폼 해체 중 근로자가 안전대 미착용하고 갱폼 외부로 나와 작업 하는 등 무리하게 작업중 추락	○		③ 갱폼 해체 중 근로자가 갱폼 외부로 나오는 등 불안전한 행동을 하지 않도록 관리 감독철저	
(2) 물적요인	① 인양용 보조로프가 파단되면서 갱폼 낙하	○		① 인양용 보조로프는 손상, 부식되지 않은 견고한 것 사용	
	② 갱폼 해체중 갱폼상의 볼트 등이 낙하	○		② 갱폼 해체전 갱폼상의 낙하 위험물 사전 제거	
(3) 작업방법	① 타워크레인으로 갱폼 체결하지 않고 볼트를 해체하던 중 갱폼과 함께 추락	○		① 갱폼 볼트 해체시 타워크레인으로 결속하고 해체 실시	
	② 갱폼을 1줄걸이로 체결하고 인양중 갱폼이 요동치면서 근로자 추락		○	② 갱폼 체결시 2줄걸이로 견고하게 체결하고 갱폼 인양 실시	
	③ 관리감독자 미배치 상태에서 작업중 갱폼 또는 자재 낙하	○		③ 관리감독자 배치하여 근로자가 작업 절차를 준수하도록 하고 하부 근로자 통제	
	④ 해체 작업 하부에 통제 조치하지 않고 갱폼 해체중 자재 낙하	○		④ 해체 작업 중 갱폼 하부 지상에는 출입 통제 조치 실시	
(4) 기계장비	인양용 후크에 해지장치 없이 사용중 로프가 후크에서 탈락하면서 갱폼 낙하	○		인양용 후크에는 해지장치를 설치하여 로프가 후크에서 탈락하지 않도록 조치	

주) 위험도의 ○는 참고용임

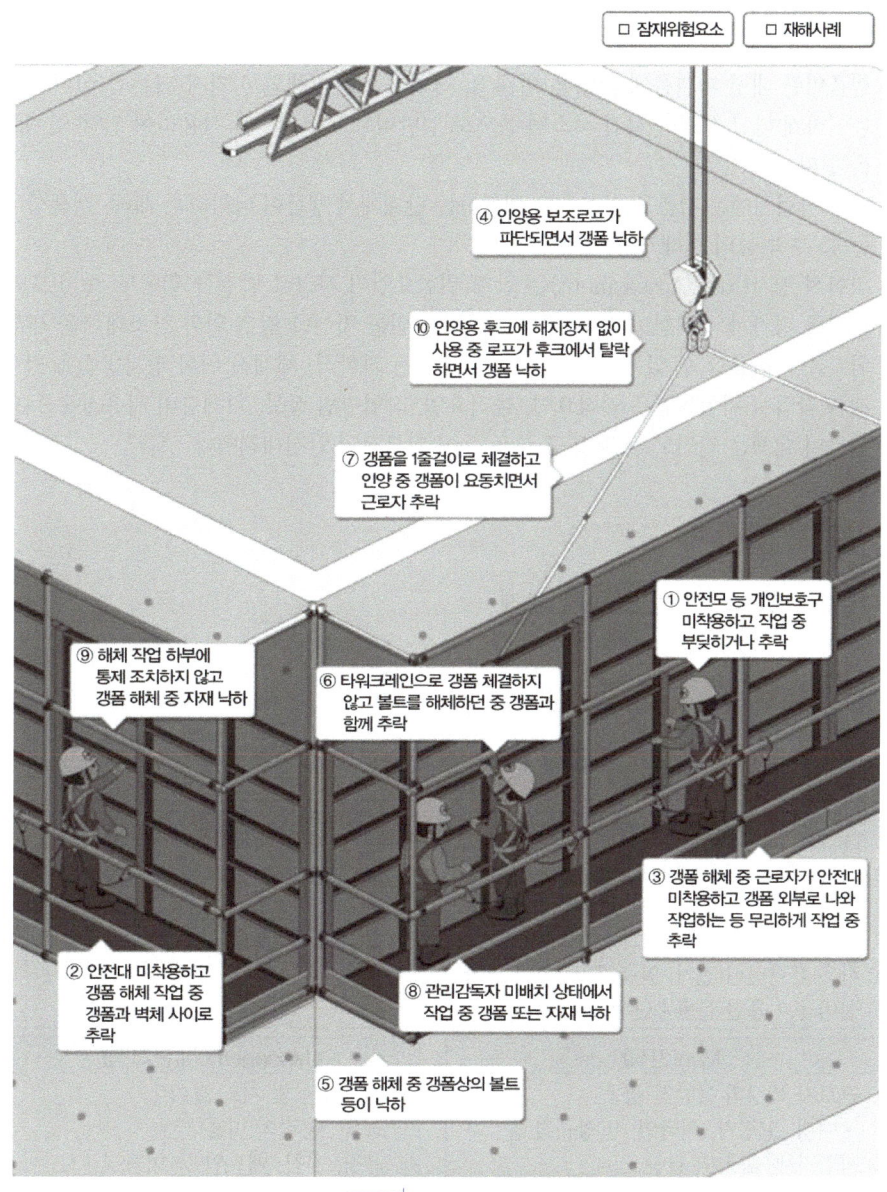

그림 갱폼해체, 반출

> **참고**
> 자료출처 : ① KOSHA
> ② 삼성물산 건설부분

3. 결론

① 갱폼이란 대형 패널폼에 작업용 비계 및 작업발판을 일체화 시켜서 거푸집 설치와 해체를 용이하게 하고 성력화 시킨 시스템 폼으로 일반적으로 크레인을 사용하여 인양 및 해체작업을 한다.
② 갱폼 작업시에는 갱폼을 인양하고 해체하는 단계에서 갱폼이 낙하하는 재해, 갱폼상에서 이동 중 추락 등의 재해가 발생된다.
③ 위험성 평가(Risk Assessment)는 잠재 위험요인이 사고로 발전할 위험도 즉 빈도와 손실크기를 평가하고 위험도가 허용할 수 있는 범위를 벗어난 경우 위험 감소대책을 세우고 위험수준을 허용할 수 있는 범위 내로 끌어내리는 과학적, 체계적 위험 평가방법을 말한다.
④ 갱폼 작업시 위험요인은 인적요인, 물적요인, 작업방법 잘못, 기계장비 사용잘못 등으로 발생하며 대책은 안전모 등 보호구 사용 등이 기본적인 안전대책이다. **"끝"**

> **합격Key**
> 2019. 3. 30. 제1차 산업안전일반 출제

> **보충학습**

표 4M 항목별 유해 · 위험요인

Machine(기계적)	Media(물질 · 환경적)
① 기계 · 설비 설계상의 결함 ② 방호장치의 불량 ③ 본질안전화의 부족 ④ 사용 유틸리티(전기, 압축공기 등)의 결함 ⑤ 설비를 이용한 운반수단의 결함 등	① 작업공간의 불량 ② 가스, 증기, 분진, 흄 발생 ③ 산소결핍, 유해광선, 소음, 진동 ④ MSDS 자료 미비 등
Man(인적)	**Management(관리적)**
① 근로자 특성의 불안전 행동 • 여성, 고령자, 외국인, 비정규직 등 ② 작업자세, 동작의 결함 ③ 작업정보의 부적절 등	① 관리감독 및 지도 결여 ② 교육 · 훈련의 미흡 ③ 규정, 지침, 매뉴얼 등 미작성 ④ 수칙 및 각종 표지판 미게시 등

문제 7

골조공사 철근작업 중 발생하는 사고와 관련하여 다음 사항을 쓰시오.
1) 철근 운반 시 안전사고 발생원인
   - 인력운반
   - 기계운반
2) 철근 가공 시 안전사고 발생원인
3) 철근 조립 시 안전사고 발생원인
4) 철근작업 중 안전대책

정답

1. 철근운반시 안전사고 발생원인

(1) 인력운반

① 무리한 운반
② 단독운반
③ 긴철근 운반시
④ 묶음 잘못
⑤ 내려놓을 시 던지는 사고
⑥ 공동작업시 신호 미준수

(2) 기계운반

① 운반책임자 미배치 및 표준신호 방법 미 실시
② 달아올릴 때 묶은 방법 불량 및 허용하중 초과
③ 달아올리는 부근 관계자외 출입
④ 권양기 운전자 현장책임자 미지정

2. 철근 가공 시 안전사고 발생 원인

① 철근 가공기로 철근절단 및 절곡 작업 중 감전사고 발생
② 안전모, 안전화 등 개인보호구 미착용 작업 중 철근에 부딪히거나 깔림 사고 발생
③ 철근 가공장 울타리 미설치로 밴딩 작업 중 주변 근로자 충돌사고 발생

3. 철근 조립 시 안전사고 발생 원인

① 조립된 벽, 기둥 철근에 무리하게 올라서서 작업 중 추락 사고 발생

② 배근 작업 시 철근에 주변 근로자 찔림 사고 발생
③ 각재 등을 얹고 그 위에 올라서서 작업 중 각재가 부러지면서 추락 사고 발생
④ 가스 압접기 사용 중 토취에 화상사고 발생
⑤ 가스압접 작업 시 압접기에 손가락 협착 사고 발생

4. 철근작업 중 안전대책

구분	안전대책
반입중	• 지게차 운전원 유자격 여부 확인 • 근로자는 안전모 등 개인보호구 착용 • 유도자를 배치하여 지게차와 운반차량 유도 • 지게차 후면에는 경광등 설치 • 철근 적재장은 평탄하고 견고한 지반인가를 확인
가공 및 운반 중	• 철근은 2줄걸이로 결속하여 수평으로 인양 • 인양용 후크에는 해지장치 설치 • 철근 인양 중 유도자 배치 • 철근 가공기에는 접지시설 설치로 감전사고 방지 • 근로자 작업통로 확보
조립 중	• 작업발판 설치 • 이동식 비계에는 안전난간 승강시설 등을 설치 • 조립된 철근에는 전도방지 조치 • 근로자는 안전모 등 개인보호구 착용 • 배근 작업 시 관리감독자 배치 및 주변 통제 실시

"끝"

보충학습

1. 그 밖의 철근가공시 및 조립시와 작업중 안전사고 발생원인 및 안전대책

(1) 철근가공 및 조정작업시 발생원인별 준수사항

① 철근가공 작업장 주위는 작업책임자가 상주하여야 하고 정리정돈되어 있어야 하며, 작업원 이외는 출입을 금지하여야 한다.
② 가공 작업자는 안전모 및 안전보호구를 착용하여야 한다.
③ 해머절단을 할 때에는 다음 각 목에 정하는 사항에 유념하여 작업하여야 한다.
　㉮ 해머자루는 금이 가거나 쪼개진 부분은 없는가 확인하고 사용중 해머가 빠지지 아니하도록 튼튼하게 조립되어야 한다.
　㉯ 해머부분이 마모되어 있거나, 훼손되어 있는 것을 사용하여서는 아니된다.
　㉰ 무리한 자세로 절단을 하여서는 아니된다.
　㉱ 절단기의 절단 날은 마모되어 미끄러질 우려가 있는 것을 사용하여서는 아니된다.

④ 가스절단을 할 때에는 다음 각 목에 정하는 사항에 유념하여 작업하여야 한다.
   ㉮ 가스절단 및 용접자는 해당자격 소지자라야 하며, 작업중에는 보호구를 착용하여야 한다.
   ㉯ 가스절단 작업시 호스는 겹치거나 구부러지거나 또는 밟히지 않도록 하고 전선의 경우에는 피복이 손상되어 있는지를 확인하여야 한다.
   ㉰ 호스, 전선 등은 다른 작업장을 거치지 않는 직선상의 배선이어야 하며, 길이가 짧아야 한다.
   ㉱ 작업장에서 가연성 물질에 인접하여 용접작업할 때에는 소화기를 비치하여야 한다.
⑤ 철근을 가공할 때에는 가공작업 고정틀에 정확한 접합을 확인하여야 하며 탄성에 의한 스프링 작용으로 발생되는 재해를 막아야 한다.
⑥ 아크(Arc) 용접이음의 경우 배전판 또는 스위치는 용이하게 조작할 수 있는 곳에 설치하여야 하며, 접지상태를 항상 확인하여야 한다.

(2) 운반작업(인력 및 기계)시 준수사항

① 인력으로 철근을 운반할 때에는 다음 각 목의 사항을 준수하여야 한다.
   ㉮ 1인당 무게는 25[kg] 정도가 적절하며, 무리한 운반을 삼가야 한다.
   ㉯ 2인 이상이 1조가 되어 어깨메기로 하여 운반하는 등 안전을 도모하여야 한다.
   ㉰ 긴 철근을 부득이 한 사람이 운반할 때에는 한쪽을 어깨에 메고 한쪽 끝을 끌면서 운반하여야 한다.
   ㉱ 운반할 때에는 양끝을 묶어 운반하여야 한다.
   ㉲ 내려 놓을 때는 천천히 내려놓고 던지지 않아야 한다.
   ㉳ 공동작업을 할 때에는 신호에 따라 작업을 하여야 한다.

묶은 와이어를 겹치면 아래쪽 와이어가 조여지지 않는다(불량).

(양호)

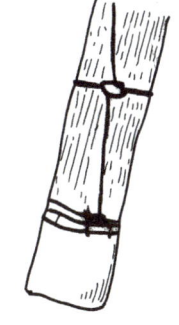
부득이 세로 달기를 할 경우 반드시 포대나 상자를 붙여서 철근이 빠져 나가지 않도록 한다(양호).

그림 묶은 와이어의 걸치기 예

② 기계를 이용하여 철근을 운반할 때 다음 각 목의 사항을 준수하여야 한다.
　㉮ 운반작업시에는 작업책임자를 배치하여 수신호 또는 표준신호 방법에 의하여 시행한다.
　㉯ 달아올릴 때에는 그림 과 같은 요령으로 올리고 로프와 기구의 허용하중을 검토하여 과다하게 달아올리지 않아야 한다.
　㉰ 비계나 거푸집 등에 대량의 철근을 걸쳐 놓거나 얹어 놓아서는 안된다.
　㉱ 달아올리는 부근에는 관계근로자 이외 사람의 출입을 금지시켜야 한다.
　㉲ 권양기의 운전자는 현장책임자가 지정하는 자가 하여야 한다.
③ 철근을 운반할 때 감전사고 등을 예방하기 위하여 다음 각 목의 사항을 준수하여야 한다.
　㉮ 철근 운반작업을 하는 바닥 부근에는 전선이 배치되어 있지 않아야 한다.
　㉯ 철근 운반작업을 하는 주변의 전선은 사용철근의 최대길이 이상의 높이에 배선되어야 하며 이격거리는 최소한 2[m] 이상이어야 한다.
　㉰ 운반장비는 반드시 전선의 배선상태를 확인한 후 운행하여야 한다.

다음 논술형 2문제 중 1문제를 선택하여 답하시오.(25점)

문제 8

건축물 외벽에 설치하는 금속 커튼월의 설치 시 안전조치 사항에 관하여 설명하시오.

정답

1. 개요

① 커튼월(curtain wall)은 하중을 지지하고 있지 않는 칸막이 구실의 바깥벽으로, 공장에서 제작되기 때문에 대량생산이 가능하고, 패널은 규격화하여 통일되는 것이 특징이며 고층 또는 초고층건축에 많이 사용되는데, 뉴욕에 있는 국제연합 빌딩이 대표적인 예라할 수 있다.

② 건물의 주체구조인 기둥과 보의 골조만으로 건물에 가해지는 수직하중과 바람이나 지진 등에 의한 수평하중을 지지하는 구조에서 벽체는 단순히 공간을 칸막이 하는 커튼 구실만 하기 때문에 이 때의 벽체를 커튼월이라고하며, 한국 건축 용어로는 '비내력 칸막이벽'이라고 한다. 외부로부터의 비나 바람을 막고 소음이나 열을 차단하는 구실을 하며 기둥과 보가 외부에 노출되지 않고 유리 등을 사용한 벽면은 근대적인 건축양식으로 특히 외장용(外粧用)으로서 큰 기능을 갖는다.

③ 커튼월은 특히 고층 또는 초고층건축에 많이 사용된다. 높이가 100[m] 이상의 건물이면 외부에 비계조립이 어렵기 때문에 미리 공장에서 제작한 외벽 패널을 들어올려서 붙이는 방법이 많이 쓰인다. 공장에서 제작되기 때문에 대량생산이 가능하고, 패널은 규격화하여 통일되는 것이 특징이며, 이 때문에 건물의 외관도 공업적인 새로운 구성을 보여준다.

④ 고층건축에서는 건물의 자체중량이 기둥이나 보의 굵기에 큰 영향이 있으므로 중량을 줄이기 위하여 커튼월에는 가벼운 재료가 사용된다. 외면에 사용하는 마무리 재료에는 일반적으로 스테인리스강·알루미늄·청동·법랑·철판 등의 금속판이 사용되며, 단열재로는 암면(岩綿)·유리솜 등의 가볍고 효율이 큰 것이 사용된다. 개구부(開口部)는 유리가 많으나,

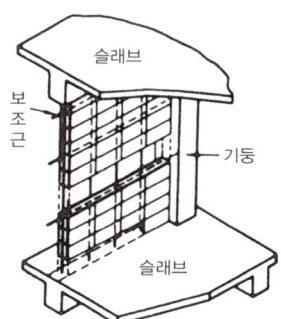

그림 콘크리트 블록 장벽(출처 : 건축용어사전)

일반적으로는 실내를 공기조절하는 건물이 많기 때문에 개폐하는 경우가 적고 따라서 붙박이창도 많다. 사용되는 열손실을 방지하는 뜻에서 이중유리나 열선흡수(熱線吸收) 유리가 사용되는 데, 외부에 곤돌라는 상설(常設)해 두고 청소하는 방식의 것이 많다. 그 대표적인 건물의 예로 뉴욕에 있는 국제 연합 빌딩이 있다.

2. 기본사항

(1) 용어정의

① "커튼월(Curtain wall)"이라 함은 공장에서 생산한 부재를 구조물의 외벽에 조립, 설치하여 마감 처리하는 비내력 벽을 말한다.
② "Mock-up test"라 함은 실물대시험(實物代試驗) 또는 외벽성능시험이라고도 하며 커튼월의 변위측정 · 온도변화에 따른 변형, 누수, 접합부 검사, 창문의 열손실 등을 시험하기 위하여, 풍동시험(風洞試驗)을 근거로 설계한 실물모형을 만들어 공사예정지에서 최악의 외기조건으로 공사 전에 시험하는 것을 말한다.
③ "유니트(Unit)"라 함은 현장에서 설치를 용이하게 할 수 있도록 일정규모의 크기로 공장에서 조립, 제작된 하나의 형태를 말한다.
④ "고정용 부착철물(Embedded plate)"이라 함은 커튼월을 고정하기 위해 구조물과 일체가 되도록 구조물에 매설하는 앵커철물을 말한다.
⑤ "긴결재(Fastener)"라 함은 커튼월의 본체와 구조체를 체결하는 부재로서 힘의 전달, 오차 흡수, 변형흡수 기능을 하는 것을 말한다.
⑥ "실란트(Sealant)"라 함은 커튼월 부재간의 접합부를 채우는 재료를 말한다.

(2) 부재 운반 및 적재 시 안전조치 사항

① 공장에서 제작된 부재를 현장으로 운반하기 전에 운반차량의 차종과 주행시간, 진입경로, 운반물량, 차량 적재 및 결속방법, 상 · 하차 시 안전작업, 부재 적재장소 확보 등이 포함된 부재 운반계획서를 작성하여야 한다.
② 부재의 현장 반입은 작업공정 순서에 맞게 이루어지도록 하여 불필요한 과다반입과 소운반을 최소화하여야 한다.
③ 부재는 각 유니트 부재마다 번호를 기재하여 현장 설치순서에 적합하도록 배치 및 적재하여야 한다.
④ 반입된 부재는 전도 및 도괴가 되지 않도록 바닥상태, 적재높이, 적재방법 등을 사전에 검토하여 안전하게 적재하여야 한다.
⑤ 자재 하역작업 시에는 부재의 형상, 종류, 중량, 양중장비 능력, 현장여건 등을 고려하여 하역장비 사용을 결정하여야 한다.
⑥ 관리감독자는 부재의 차량 적재 상태를 점검하고 고정용 로프를 풀었을 때 부재가 무너질 위험이 없는가를 확인하여야 한다.
⑦ 하역작업 시에는 신호수를 배치하여 정해진 신호에 따라야 하며 신호는 장비 운전원이 잘 볼 수 있는 곳에서 하여야 한다.

⑧ 부재 하역장소는 근로자의 통행에 불편을 주지 않고 타 작업에 간섭이 발생하지 않는 위치를 선정하여야 한다.
⑨ 부재 운반용으로 파렛트 등을 사용하는 경우 유니트 적재 후 움직이지 않도록 상·하부를 고정하고 차량이 움직이지 않도록 결속 처리하며 차량적재 후 결속부위는 마찰에 의한 결함이 발생하지 않도록 조치하여야 한다.

3. 본론

(1) 설치 시 안전조치 사항

① 설치작업 전 세부 작업공정 단위별 위험성평가를 실시하여 안전작업계획서를 작성하고 이에 따라 작업하여야 한다.
② 안전작업계획서 수립 시 다음 사항을 검토하여 반영하여야 한다.
 ㉮ 커튼월의 형식, 규모, 기상조건, 휴일, 작업범위 등을 고려한 작업 일정
 ㉯ 부재 수, 형태, 중량, 치수 등을 고려한 작업량
 ㉰ 양중장비의 종류, 규격, 설치장소, 양중방법
 ㉱ 부착 기계·기구의 종류, 성능, 사용방법
 ㉲ 근로자 동원 및 작업반 구성
 ㉳ 타 공종과의 간섭 여부
 ㉴ 가설전기 사용에 따른 계획
③ 부재 설치 시 구조체의 강도저하로 인한 커튼월 틀 낙하 등의 사고예방을 위하여 구조체 콘크리트의 압축강도가 설계기준강도 이상일 때 실시하여야 한다.
④ 부재 설치 시 추락 및 부재의 낙하·비래 재해예방을 위하여 폭 40[cm] 이상의 작업발판을 설치하여야 하며 작업여건상 작업발판의 설치가 곤란한 경우에는 안전대 부착설비 설치 및 안전대를 착용하고 작업하도록 하여야 한다.
⑤ 고령자 및 질병보유자는 전문의의 의견을 들어 고소작업 배치를 제한할 수 있다.
⑥ 부재 설치 전 구조물에 먹메김 시 돌출물에 의한 추락, 전도 등의 재해위험이 있으므로 사전에 확인하여야 한다.

(2) 유니트 설치 작업

① 유니트 설치 전에 공장제작시 각종 철물들이 잘 부착 되었는지를 확인한 후 양중, 설치하여야 하며 양중시 줄걸이 안전작업에 대한 안전조치 사항은 KOSHA Code M-31-2004(줄걸이용 와이어로프의 사용에 관한 기술지침)의 규정에 따른다.
② 긴결재 설치는 고정용 구멍에 볼트를 끼우고 1차 긴결재를 가조립한 후 중량물인 유니트를 가조립하여 전도, 도괴 등을 방지하여야 한다.
③ 유니트를 조립한 후 상부 양중용 구멍에 부착된 원령 걸골이를 우측 한 곳은 제거하고 유니트와 유니트를 연결 시켜주는 슬리브를 우측에서 좌측으로 밀어 놓고 결합하여 전도방지 및 접합부의 변형을 방지하여야 한다.
④ 유니트를 결합시킨 후에 설치 기준선을 이용 수평거리를 확인하고 수평 측량기로 수평기준

선을 기준으로 높낮이를 조정한 후에 좌측에 있는 원형고리를 제거하여 커튼월의 뒤틀림과 변형을 방지하여야 한다.
⑤ 호이스트 및 부재 양중 부위에 대한 설치작업은 좁은 공간에 유니트 부재를 끼워서 설치하여야 하므로 근로자의 추락, 유니트 부재의 낙하 등의 우려가 있으므로 작업 전에 추락방지를 위한 시설, 유니트 부재를 지지할 수 있는 보조용 로프 등의 안전시설을 반드시 설치하여야 한다.

(3) 실란트 작업

① 실란트 작업 시 재료의 보관, 충전, 보양 등은 건축공사 표준시방서의 방수공사에 따른다.
② 실란트 작업 시 추락재해 예방을 위해서 안전한 작업방법, 작업순서, 작업대, 안전대 부착 설비, 개인보호구 지급 및 착용 등에 대한 조치를 우선 하여야 한다.
③ 고소작업차를 이용하여 부재를 설치 할 경우에는 KOSHA Code M-41-2000(고소작업차 안전운전 지침)의 규정에 따른다.
④ 리프트, 곤돌라, 크레인 등의 양중장비를 사용하거나 지게차를 이용한 부재 하역작업 시 안전조치 사항은 KOSHA Code M-10-2002(양중설비의 관리에 관한 기술지침) 및

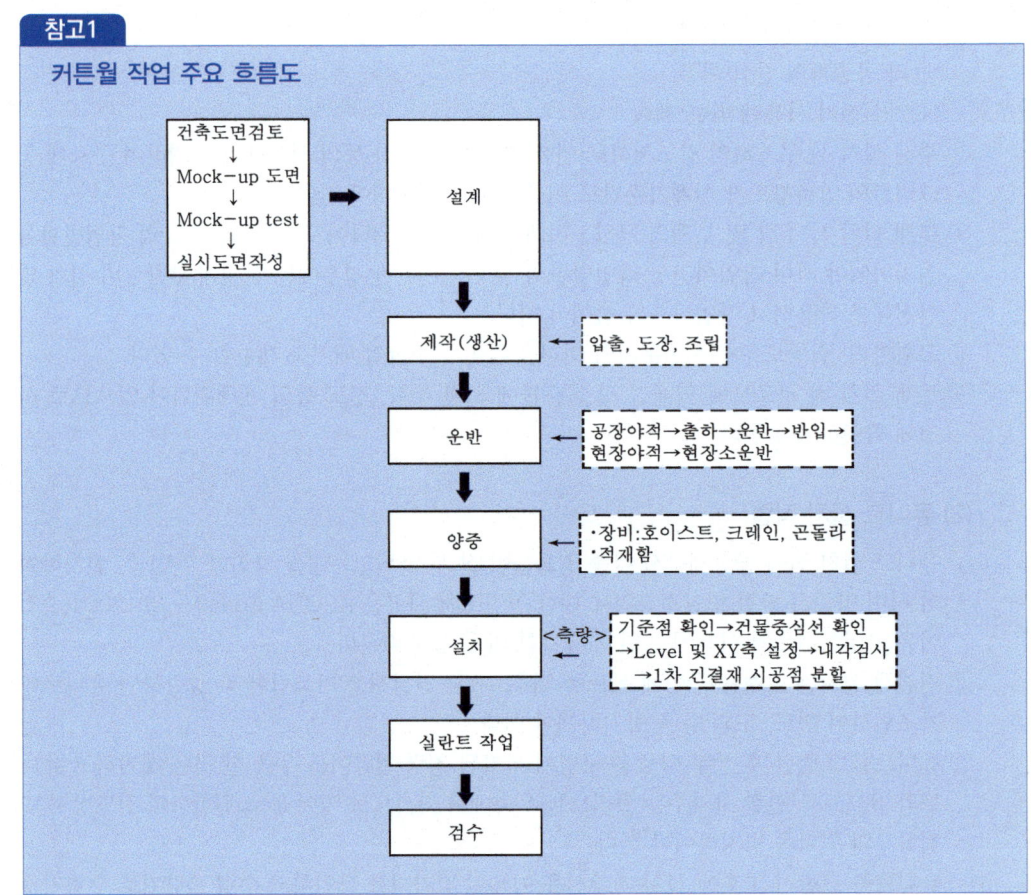

KOSHA Code M-51-2002(지게차의 안전작업계획서 작성지침)의 규정에 따른다.
⑤ 타워크레인이나 이동식크레인으로 부재를 양중할 때에는 반드시 전담 신호수를 배치하여야 하며 작업 전 양중용 로프의 이상 유무를 점검하여야 한다.
⑥ 리프트를 이용하여 부재를 양중 시에는 적재 중량 확인, 문짝 닫힘상태 및 통로발판 설치가 양호한지 확인하여야 한다.
⑦ 부재 설치용 공구는 낙하 위험이 있으므로 공구함을 만들고 사용한 공구는 반드시 공구함에 넣어 관리하여야 한다.

(4) 고정용 부착철물 설치

① 설계 도서에 따라 부착철물을 구조물에 설치하되 허용오차의 표준치는 연직방향 ±10[mm], 수평방향 ±25[mm]로 함을 원칙으로 한다.
② 부속철물은 용도와 목적에 맞게 견고하고 정확하게 설치하되 타 작업공종에 지장이 없도록 하여야 한다.
③ 철물설치는 수직, 수평 및 높낮이를 확인한 후에 구조용 기둥 및 슬라브 철근 등에 움직이지 않도록 용접 등의 방법으로 고정하여야 한다.

참고2

현장 설치 흐름도

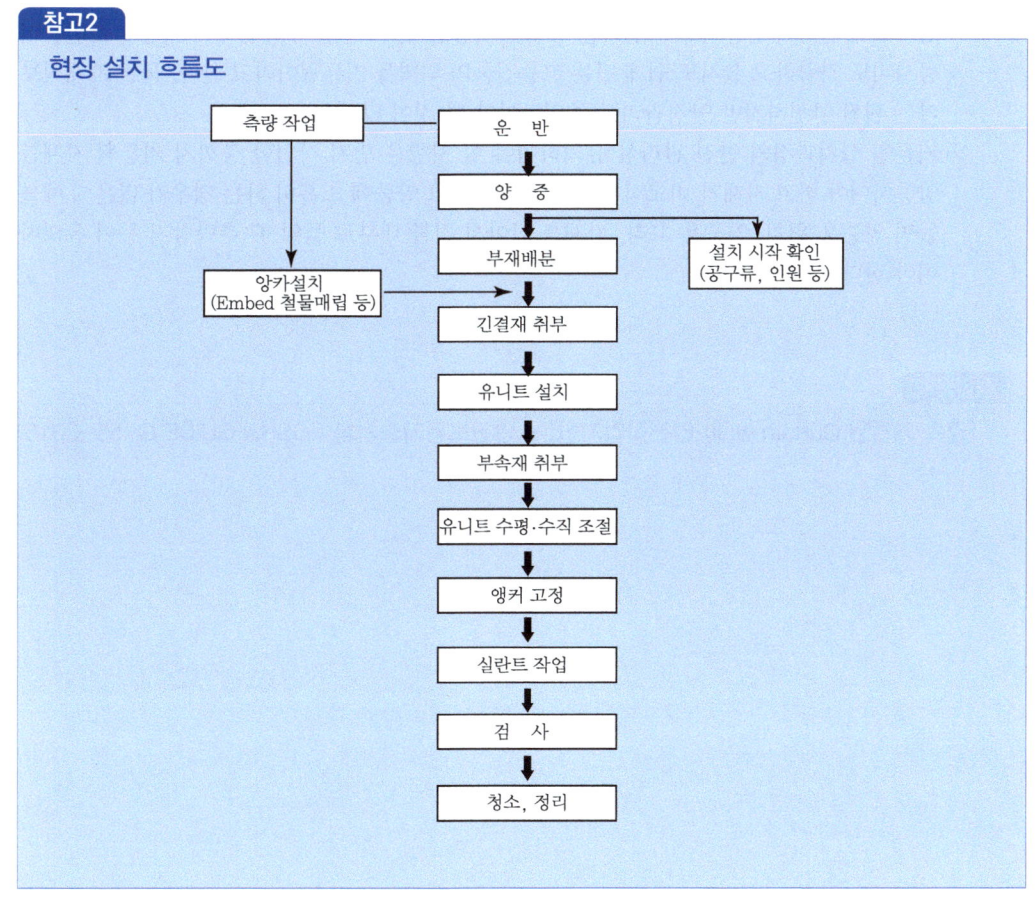

④ 콘크리트 타설 시에는 철물이 움직이거나 틀어짐이 없는지 확인하고 변형이 발생되면 특시 수정조치를 하여야 한다.
⑤ 커튼월 설치 작업 중 강풍 등 외부 환경적인 요인으로 커튼월의 변형 및 낙하 방지를 위해서 부착철물과 커튼월의 접합부에 대한 처리를 철저히 하여야 한다.

(5) 부재 보호 및 청소
① 커튼월 설치 완료 후 부재의 변형, 훼손 등의 방지를 위해서는 보호조치를 하여야 한다.
② 커튼월 작업을 완료한 후 청소에 필요한 약품 사용 시는 유해 여부를 확인한 후 보건상의 안전조치를 취하여야 하며 유해요인에 의한 보호구 착용시는 KOSHA Code H-29-2004(호흡용 보호구의 사용지침)의 규정에 따른다.
③ 부재에 결함 등이 발생하여 보수 및 보강 시는 별도의 안전작업 계획을 수립하여 시행하여야 한다.

4. 결론

① 고층건물의 외벽은 재래식 방법으로는 설치하기가 어려워 공장에서 외벽을 만들어 작업현장으로 반입하여 양중하고 고정하는 방법을 사용한다. 이와 같이 공장에서 대량으로 만들어 공사비도 저렴하고 설치도 쉽게 만든 고층건물의 외벽을 커튼월이라고 한다. 물론 재래식보다는 훨씬 안전하지만 안전관리상 주의하여야 할 것이 많다.
② 커튼월 설치과정의 안전 관리상 유의하여야 할 사항은 먼저 작업할 층까지 커튼월 자재를 양중하여야 하고 자재가 비교적 가볍다고 생각하고 양중에 소홀히 하는 경우가 많은데 예를 들면 양중용 원치, 양중용 고리, 자재를 잡아서 건물 내부로 들일 때 추락방지 등이 유의하여야 한다. "끝"

정답근거
[금속 커튼월(Curtain wall) 안전작업지침] - 안전보건기술지침 KOSHA GUIDE C-55-2015

문제 9

건설현장에서 건설기계 작업 시 발생되는 사고와 관련하여 다음 사항을 쓰시오.
1) 충돌 발생원인
2) 전도 발생원인
3) 추락 발생원인
4) 낙하·비래 발생원인
5) 감전 발생원인

정답

1. 개요

(1) 용어 정의

종류	세부내용
충돌(부딪힘) 접촉	재해자 자신의 움직임·동작으로 인하여 기인물에 접촉 또는 부딪히거나, 물체가 고정부에서 이탈하지 않은 상태로 움직임(규칙, 불규칙) 등에 의하여 접촉·충돌한 경우
전도(넘어짐) 전복	사람이 거의 평면 또는 경사면, 층계 등에서 구르거나 넘어짐 또는 미끄러진 경우와 물체가 전도·전복된 경우
추락(떨어짐)	사람이 인력(중력)에 의하여 건축물, 구조물, 가설물, 수목, 사다리 등의 높은 장소에서 떨어지는 것
낙하(맞음) 비래	구조물, 기계 등에 고정되어 있던 물체가 중력, 원심력, 관성력 등에 의하여 고정부에서 이탈하거나 또는 설비 등으로부터 물질이 분출되어 사람을 가해하는 경우
감전 (전류접촉)	전기 설비의 충전부 등에 신체의 일부가 직접 접촉하거나 유도 전류의 통전으로 근육의 수축, 호흡곤란, 심실세동 등이 발생한 경우 또는 특별고압 등에 접근함에 따라 발생한 섬락 접촉, 합선·혼촉 등으로 인하여 발생한 아크에 접촉된 경우

참고

KOSHA Code

정답근거

산업안전보건기준에 관한 규칙 제12절 건설기계 등

2. 사고발생원인

(1) 충돌발생원인
① 운전중인 당해 차량건설기계에 접촉
② 차량반경내 근로자 출입
③ 유도자미배치
④ 신호수 신호 불일치

> **정답근거**
> 산업안전보건기준에 관한 규칙 제200조(접촉방지)

(2) 전도발생원인
① 유도자 미배치
② 지반 부동침하
③ 갓길의 붕괴
④ 도로폭 협소
⑤ 싣거나 내리는 작업시 경사지에 실시

> **정답근거**
> ① 산업안전보건기준에 관한 규칙 제199조(전도등의 방지)
> ② 산업안전보건기준에 관한 규칙 제201조(차량계건설기계이송)

(3) 추락발생원인
① 승차석이 아닌 위치 근로자 탑승
② 안전도 및 최대사용하중 미준수
③ 수리등의 작업시 지휘자 미배치
④ 서두름
⑤ 안전보호구 미착용
⑥ 자신의 과잉
⑦ 안전시설물 불비

> **정답근거**
> ① 산업안전보건기준에 관한 규칙 제202조(승차석 외의 탑승금지)
> ② 산업안전보건기준에 관한 규칙 제203조(안전도 등의 준수)
> ③ 산업안전보건기준에 관한 규칙 제206조(수리 등의 작업시 조치)

(4) 낙하 · 비래 발생원인
① 낙하물 보호구조 미설치
② 작업시 안전모 등 보호구 미착용
③ 와이어로프 등 안전계수 미준수
④ 해머의 운동에 의하여 증기호수 또는 공기호수와 접속부 파손
⑤ 항타기 항발기 등 버팀줄을 늦추는 경우 버팀줄을 조정하는 근로자 한도초과 하중

> **정답근거**
> ① 산업안전보건기준에 관한 규칙 제198조(낙하물 보호구조)
> ② 산업안전보건기준에 관한 규칙 제217조(사용시의 조치 등)

(5) 감전발생원인
① 수리 작업시 전원 미차단
② 작업시 위험지역 미대피
③ 절연안전모, 안전화 등 개인보호구 미착용
④ 전선(고압선) 밑에서 작업
⑤ 전선과 장치의 안전간격 미유지 **"끝"**

"이하여백"

2019년 6월 15일 제9회 기출문제 NCS 분석

1. 시험과목 및 배점분석

구분	시험과목	시험시간	문제유형	배점
2차 전공필수	건설안전공학	100분	주관식 단답형 및 논술형 1) 단답형 : 5문제 2) 논술형 : 4문제 중 3문제 (필수 : 2, 선택 : 1)	총점 100점 1) 단답형 : 5×5=25점 2) 논술형 : 25×3=75점

2. NCS 문제분석

대분류	중분류	소분류	문제내용	비고
단답형	산업안전보건법령	시행령	1. 건설업 재해예방전문지도기관의 기술지도 횟수를 공사금액 40억 이하, 40억 이상으로 구분해서 쓰시오. (5점)	령[별표 18]
		시행령	2. 건설업 유해·위험방지계획서 작성대상공사 5가지를 쓰시오. (5점)	제42조
		안전보건규칙	3. 건설현장에서 근로자가 상시 작업하는 장소의 작업면 조도(照度)기준 4가지를 쓰시오. (5점)	제8조
		시행규칙	4. 건설공사 현장에서 공사 전 안전을 확보하기 위하여 안전작업허가서(permit to safety work)를 작성해야 하는 작업종류 5가지를 쓰시오. (5점)	[별표 59]
	토목공사	기본	5. 대규모 암반 비탈면활동 검토방법 3가지를 쓰시오. (5점)	전공
논술형	산업안전보건법령	안전보건규칙	6. 건설공사용 차량계 고소작업대에 관하여 다음 사항을 설명하시오. (25점) 1) 작업 시 재해 유형 4가지와 각각의 유형에 따른 원인 1가지씩 2) 설치 시 기준 5가지 3) 이동 시 기준 3가지	제186조
	토목공사	기본	7. 건설구조물의 부등침하(부동침하, uneven settle-ment)에 관하여 다음 사항을 설명하시오. (25점) 1) 구조물의 손상 유형 3가지 2) 구조물의 손상 원인 5가지 3) 방지대책 5가지	전공

대분류	중분류	소분류	문제내용	비고
논술형	건축	기본	8. 도심지 건설공사 중 탑다운(top down)공법에 관하여 다음 사항을 설명하시오.(25점) 1) 공법의 장점 3가지 2) 공법의 종류 3가지 3) 작업공종 5가지와 각 공종별 안전관리요인 1가지씩	전공
	대기환경보건법령	시행규칙	9. 최근 심각하게 발생하는 미세먼지가 건설현장 옥외작업자의 시야 미확보, 장시간 노출 시 중작업(重作業)근로자의 안전 위험, 건설기계·기구 오작동 등에 따라 건설현장별 안전대응 매뉴얼이 필요하게 되었다. 다음 사항을 설명하시오.(25점) 1) 미세먼지의 농도에 따른 경보 발령기준 2) 건설현장의 3단계별 미세먼지 예방조치	[별표 7]

합격자 현황

구분 2019년		1차			2차			3차		
		응시	합격	합격률	응시	합격	합격률	응시	합격	합격률
소계		1,018	454	45%	239	71	30%	335	187	56%
안전	기계	219	106	48%	75	14	19%	60	25	42%
	전기	83	39	47%	26	4	15%	27	20	74%
	화공	113	63	56%	43	8	19%	42	33	79%
	건설	603	246	41%	95	45	47%	206	109	53%

2019년도 6월 15일 산업안전지도사 2차 국가자격시험

시간	응시분야	수험번호	성명
100분	건설안전공학	20190615	도서출판 세화

다음 단답형 5문제를 모두 답하시오.(각 5점)

문제 1

건설업 재해예방전문지도기관의 기술지도 횟수를 공사금액 40억 이하, 40억 이상으로 구분해서 쓰시오.

정답

① 40억 이하 : 기술지도는 특별한 사유가 없으면 계산식에 의한 횟수로 하고, 공사시작 후 15일 이내마다 1회 실시한다.

② 40억 이상 : 공사금액이 40억원 이상인 공사에 대해서는 지도 분야 중 그 공사에 해당하는 지도 분야의 산업안전지도사(건설분야)또는 건설안전기술사 1명 이상이 8회마다 한 번 이상 방문하여 기술지도를 해야 한다.

기술지도 횟수(회) = $\dfrac{\text{공사기간(일)}}{15\text{일}}$ ※ 단, 소수점은 버린다.

③ 공사가 조기에 준공된 경우, 기술지도계약이 지연되어 체결된 경우 및 공사기간이 현저히 짧은 경우 등의 사유로 기술지도 횟수기준을 준수하기 어려운 경우에는 그 공사의 공사감독자(공사감독자가 없는 경우에는 감리자를 말한다)의 승인을 받아 기술지도 횟수를 조정할 수 있다. "끝"

보충학습

1. 산업안전보건법

제73조(건설공사의 산업재해 예방 지도) ① 대통령령으로 정하는 건설공사의 건설공사발주자 또는 건설공사도급인(건설공사발주자로부터 건설공사를 최초로 도급받은 수급인은 제외한다)은 해당 건설공사를 착공하려는 경우 제74조에 따라 지정받은 전문기관(이하 "건설재해예방전문지도기관"이라 한다)과 건설 산업재해 예방을 위한 지도계약을 체결하여야 한다.

② 건설재해예방전문지도기관은 건설공사도급인에게 산업재해 예방을 위한 지도를 실시하여야 하고, 건설공사도급인은 지도에 따라 적절한 조치를 하여야 한다.
③ 건설재해예방전문지도기관의 지도업무의 내용, 지도대상 분야, 지도의 수행방법, 그 밖에 필요한 사항은 대통령령으로 정한다.

제74조(건설재해예방전문지도기관) ① 건설재해예방전문지도기관이 되려는 자는 대통령령으로 정하는 인력·시설 및 장비 등의 요건을 갖추어 고용노동부장관의 지정을 받아야 한다.
② 제1항에 따른 건설재해예방전문지도기관의 지정 절차, 그 밖에 필요한 사항은 대통령령으로 정한다.
③ 고용노동부장관은 건설재해예방전문지도기관에 대하여 평가하고 그 결과를 공개할 수 있다. 이 경우 평가의 기준·방법, 결과의 공개에 필요한 사항은 고용노동부령으로 정한다.
④ 건설재해예방전문지도기관에 관하여는 제21조제4항 및 제5항을 준용한다. 이 경우 "안전관리전문기관 또는 보건관리전문기관"은 "건설재해예방전문지도기관"으로 본다.

2. 산업안전보건법 시행령

제60조(건설재해예방전문지도기관의 지도기준) 법 제73조 제1항에 따른 건설재해예방전문지도기관의 지도기준은 [별표 18]과 같다.

■ 산업안전보건법 시행령 [별표 18]

건설재해예방전문지도기관의 지도기준(제60조 관련)

1. 건설재해예방전문지도기관의 지도대상 분야

건설재해예방전문지도기관이 법 제73조제2항에 따라 건설공사도급인에 대하여 실시하는 지도(이하 "기술지도"라 한다)는 공사의 종류에 따라 다음 각 목의 지도 분야로 구분한다.
  가. 건설공사(「전기공사업법」, 「정보통신공사업법」 및 「소방시설공사업법」에 따른 전기공사, 정보통신공사 및 소방시설공사는 제외한다) 지도 분야
  나. 「전기공사업법」, 「정보통신공사업법」 및 「소방시설공사업법」에 따른 전기공사, 정보통신공사 및 소방시설공사 지도 분야

2. 기술지도계약

  가. 건설재해예방전문지도기관은 건설공사발주자로부터 기술지도계약서 사본을 받은 날부터 14일 이내에 이를 건설현장에 갖춰 두도록 건설공사도급인(건설공사발주자로부터 해당 건설공사를 최초로 도급받은 수급인만 해당한다)을 지도하고, 건설공사의 시공을 주도하여 총괄·관리하는 자에 대해서는 기술지도계약을 체결한 날부터 14일 이내에 기술지도계약서 사본을 건설현장에 갖춰 두도록 지도해야 한다.
  나. 건설재해예방전문지도기관이 기술지도계약을 체결할 때에는 고용노동부장관이 정하는 전산시스템(이하 "전산시스템"이라 한다)을 통해 발급한 계약서를 사용해야 하며, 기술지도계약을 체결한

날부터 7일 이내에 전산시스템에 건설업체명, 공사명 등 기술지도계약의 내용을 입력해야 한다.
다. 삭제〈2022. 8. 16.〉
라. 삭제〈2022. 8. 16.〉

3. 기술지도의 수행방법

가. 기술지도 횟수
1) 기술지도는 특별한 사유가 없으면 다음의 계산식에 따른 횟수로 하고, 공사시작 후 15일 이내마다 1회 실시하되, 공사금액이 40억원 이상인 공사에 대해서는 별표 19 제1호 및 제2호의 구분에 따른 분야 중 그 공사에 해당하는 지도 분야의 같은 표 제1호나목 지도인력기준란 1) 및 같은 표 제2호나목 지도인력기준란 1)에 해당하는 사람이 8회마다 한 번 이상 방문하여 기술지도를 해야 한다.

$$기술지도\ 횟수(회) = \frac{공사기간(일)}{15일}$$ ※ 단, 소수점은 버린다.

2) 공사가 조기에 준공된 경우, 기술지도계약이 지연되어 체결된 경우 및 공사기간이 현저히 짧은 경우 등의 사유로 기술지도 횟수기준을 지키기 어려운 경우에는 그 공사의 공사감독자(공사감독자가 없는 경우에는 감리자를 말한다)의 승인을 받아 기술지도 횟수를 조정할 수 있다.

나. 기술지도 한계 및 기술지도 지역
1) 건설재해예방전문지도기관의 사업장 지도 담당 요원 1명당 기술지도 횟수는 1일당 최대 4회로 하고, 월 최대 80회로 한다.
2) 건설재해예방전문지도기관의 기술지도 지역은 건설재해예방전문지도기관으로 지정을 받은 지방고용노동관서 관할지역으로 한다.

■ **산업안전보건법 시행령 [별표 19]**

재해예방 전문지도기관의 인력 · 시설 및 장비기준(제61조 관련)

① 건설공사 지도 분야(「전기공사업법」 및 「정보통신공사업법」에 따른 전기공사 및 정보통신공사는 제외한다)
  ㉮ 등록된 산업안전지도사
    ㉠ 인력기준 : 산업안전지도사(건설안전분야)
    ㉡ 시설기준 : 사무실(장비실을 포함한다)
    ㉢ 장비기준 : 나의 장비기준과 같음
  ㉯ 재해예방지도 업무를 하려는 법인

시설기준	인력기준	장비기준
사무실 (장비실 포함)	○ 다음 각 목에 해당하는 인원 1) 산업안전지도사(건설 분야) 또는 건설안전기술사 1명 이상 2) 다음의 기술인력 중 2명 이상 　가) 건설안전산업기사 이상으로서 건설안전 실무경력 7년(기사는 5년) 이상인 사람	지도인력 2명당 다음의 장비 각 1대 이상(지도인력이 홀수인 경우 지도인력을 2로 나눈 나머지인 1명도 다음의 장비를 1대씩 갖추어야 한다) 가. 가스농도측정기 나. 산소농도측정기 다. 접지저항측정기

시설기준	인력기준	장비기준
	나) 토목·건축산업기사 이상으로서 건설 실무경력 7년(기사는 5년) 이상이고 영 제17조에 따른 안전관리자의 자격을 갖춘 사람 3) 다음의 기술인력 중 2명 이상 　가) 건설안전산업기사 이상으로서 건설안전 실무경력 3년(기사는 1년) 이상인 사람 　나) 토목·건축산업기사 이상으로서 건설 실무경력 3년(기사는 1년) 이상이고 영 제14조에 따른 안전관리자의 자격을 갖춘 사람 4) 영 제17조에 따른 안전관리자의 자격을 갖춘 사람(영 별표 4 제8호부터 제13호까지의 규정에 해당하는 사람은 제외한다)으로서 건설안전 실무경력 2년 이상인 사람 1명 이상	라. 절연저항측정기 마. 조도계

※ 인력기준의 3)과 4)를 합한 인력 수는 1)과 2)를 합한 인력의 3배를 초과할 수 없다.

② 전기공사 및 정보통신공사(「전기공사업법」및 「정보통신공사업법」에 따른 전기공사 및 정보통신공사) 지도 분야
　㉮ 등록된 산업안전지도사
　　㉠ 인력기준 : 산업안전지도사(건설안전 또는 전기안전분야)
　　㉡ 시설기준 : 사무실(장비실을 포함한다)
　　㉢ 장비기준 : 나의 장비기준과 같음
　㉯ 재해예방지도 업무를 하려는 법인

시설기준	인력기준	장비기준
사무실 (장비실 포함)	○ 다음 각 목에 해당하는 인원 1) 다음의 기술인력 중 1명 이상 　가) 산업안전지도사(건설 또는 전기 분야), 건설안전기술사 또는 전기안전기술사 　나) 건설안전·산업안전기사로서 건설안전 실무경력 9년 이상인 사람 2) 다음의 기술인력 중 2명 이상 　가) 건설안전·산업안전산업기사 이상으로서 건설안전 실무경력 7년(기사는 5년) 이상인 사람 　나) 토목·건축·전기·전기공사 및 정보통신 산업기사 이상으로서 건설 실무경력 7년(기사는 5년) 이상이고 영 제17에 따른 안전관리자의 자격을 갖춘 사람 3) 다음의 기술인력 중 2명 이상 　가) 건설안전·산업안전산업기사 이상으로서	지도인력 2명당 다음의 장비 각 1대 이상 (지도인력이 홀수인 경우 지도인력을 2로 나눈 나머지인 1명도 다음의 장비를 1대씩 갖추어야 한다) 가. 가스농도측정기 나. 산소농도측정기 다. 고압경보기 라. 검전기 마. 조도계 바. 접지저항측정기 사. 절연저항측정기

시설기준	인력기준	장비기준
	건설안전 실무경력 3년(기사는 1년) 이상인 사람 나) 토목·건축·전기·전기공사 및 정보통신 산업기사 이상으로서 건설실무경력 3년 (기사는 1년) 이상이고 영 제17조에 따른 안전관리자의 자격을 갖춘 사람 4) 영 제17조에 따른 안전관리자의 자격을 갖춘 사람(영 별표 4 제8호부터 제13호까지의 규정에 해당하는 사람은 제외한다)으로서 건설안전 실무경력 2년 이상인 사람 1명 이상	

※ 인력기준의 3)과 4)를 합한 인력의 수는 1)과 2)를 합한 인력의 수의 3배를 초과할 수 없다.

문제 2

건설업 유해 · 위험방지계획서 작성대상(대통령령으로 정하는 크기, 높이 등에 해당하는 건설)공사 5가지를 쓰시오.

정답

① 다음 각 목의 어느 하나에 해당하는 건축물 또는 시설 등의 건설 · 개조 또는 해체(이하 "건설등"이라 한다) 공사
   ㉮ 지상높이가 31미터 이상인 건축물 또는 인공구조물
   ㉯ 연면적 3만제곱미터 이상인 건축물
   ㉰ 연면적 5천제곱미터 이상인 시설로서 다음의 어느 하나에 해당하는 시설
      ㉠ 문화 및 집회시설(전시장 및 동물원 · 식물원은 제외한다)
      ㉡ 판매시설, 운수시설(고속철도의 역사 및 집배송시설은 제외한다)
      ㉢ 종교시설
      ㉣ 의료시설 중 종합병원
      ㉤ 숙박시설 중 관광숙박시설
      ㉥ 지하도상가
      ㉦ 냉동 · 냉장 창고시설
② 연면적 5천제곱미터 이상인 냉동 · 냉장 창고시설의 설비공사 및 단열공사
③ 최대 지간(支間)길이(다리의 기둥과 기둥의 중심사이의 거리)가 50미터 이상인 다리의 건설등 공사
④ 터널의 건설등 공사
⑤ 다목적댐, 발전용댐, 저수용량 2천만톤 이상의 용수 전용 댐 및 지방상수도 전용 댐의 건설등 공사
⑥ 깊이 10미터 이상인 굴착공사 "끝"

정답근거

산업안전보건법 시행령 제42조(유해위험 방지계획서 제출대상)

문제 3

건설현장에서 근로자가 상시 작업하는 장소의 작업면 조도(照度)기준 4가지를 쓰시오.

정답

① 초정밀작업 : 750럭스(Lux) 이상
② 정밀작업 : 300럭스 이상
③ 보통작업 : 150럭스 이상
④ 그 밖의 작업 : 75럭스 이상 **"끝"**

제8조(조도) 사업주는 근로자가 상시 작업하는 장소의 작업면 조도(照度)를 다음 각 호의 기준에 맞도록 하여야 한다. 다만, 갱내(坑內) 작업장과 감광재료(感光材料)를 취급하는 작업장은 그러하지 아니하다.

정답근거

산업안전보건기준에 관한 규칙 제8조(조도)

보충학습

터널공사 작업면에 대한 조도기준[단위 : Lux 이상]

작업구간	조도기준
막장구간	70
터널중간구간	50
터널 입·출, 수직구 구간	30

문제 4

건설공사 현장에서 공사 전 안전을 확보하기 위하여 안전작업허가서(permit to safety work)를 작성해야 하는 작업종류 5가지를 쓰시오.

정답

(1) 개요
① 안전 작업허가서란 작업 현장을 관리하는 안전감독관이 현장을 둘러보고 안전점검에 대한 상태를 확인한 후 작업을 하여도 좋다는 승인의 내용을 작성하는 문서를 말한다.
② 작업에 대한 내용과 안전 작업을 하기 위한 방법 등을 구체적으로 확인하고 안전하다고 판단되는 경우 작성하여 발급하도록 한다.
③ 안전 작업허가서가 작성된 후에도 안전 수칙을 준수하지 않거나 점검사항이 제대로 이루어지지 않을 경우 작업을 중단할 수 있으므로 주의한다.

(2) 작업 종류 5가지
① 밀폐공간 작업
② 질식위험 작업
③ 화재발생위험이 높은 작업
④ 용접, 용단 작업
⑤ 화약류 취급 작업 "끝"

정답근거

① 산업안전보건법 시행규칙 [별표 5]
② 안전보건교육 교육대상별 교육 내용

문제 5

대규모 암반 비탈면활동 검토방법 3가지를 쓰시오.

정답

1. 서론

(1) 개요
① 암반 사면의 붕괴는 사면에 발달하고 있는 불연속면의 발달상태에 따라서 원호, 평면, 쐐기, 전도파괴로 나타난다.
② 암반 사면의 안정성검토시는 암석의 강도에 의하는 것보다 불연속면의 발달상태를 조사하여 판단해야 한다.

(2) 암반의 붕괴원인
① 불연속면의 강도
② 불연속면의 간격, 틈새
③ 불연속면의 연속성, 방향
④ 불연속면의 표류수, 침투수

(3) 암반 사면의 붕괴형태
① 원호파괴 : 불연속면이 불규칙하게 발달한 사면의 파괴
② 평면파괴 : 불연속면이 한방향으로 발달하여 붕괴되는 형태
③ 쐐기파괴 : 불연속면이 서로 교차할 때 붕괴되는 형태
④ 전도파괴 : 불연속면이 균열과 반대방향으로 붕괴되는 형태

2. 본론 : 암반층별 비탈면 안정성 검토방법

(1) 안정성 검토의 순서
지질조사 → 평사투영법 → 한계평형법

(2) 안전성 검토방법
① 평사투영법(기하학적 방법)
  ㉮ 절리면의 주향과 경사, 전단저항각으로 암반의 안정성을 계략적으로 평가
  ㉯ 주향표시 – 극점표시 – 극점 분포도 안정성 평가 – 마찰원과 비교 검토
② 한계평형법
  ㉮ 활동면상의 사면안정을 활동력과 저항력비로 나타내어 평가하는 방법
  ㉯ 절편법 : 원평파괴의 해석
  $$F_s = \frac{M_r}{M_d} = \frac{W\cos X - \tan\phi}{W\sin\alpha}$$

W : 절면중량[tf/m]

α : 파괴면 각도

ϕ : 전단저항각

T : 저항력

N : 파괴면의 수직각[tf/m]

㉰ 블록법 : 평면파괴, 쐐기파괴, 전도파괴 해석

$$F_s = \frac{S}{\tau} = \frac{W\cos\alpha \cdot \tan\phi}{W\sin\alpha}$$

S : 저항력[tf/m]

τ : 활동력[tf/m]

③ 수치해석 방법

㉮ 연속적 해석(FEM, FDM)

㉯ 불연속체해석(DEM)

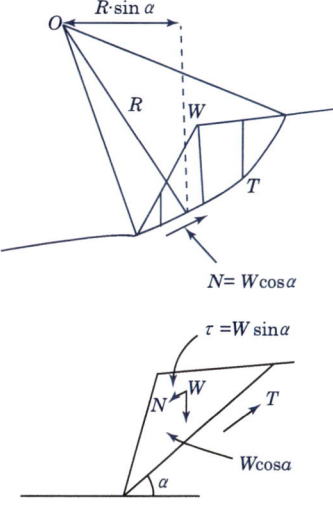

참고
경험적 방법암반분류법에 의한 암반평가와 보강대책(예 QMR, SMR 등)

3. 결론
① 암반사면의 안정 해석시는 불연속면의 상황, 지하수 상태, 식생상태, 암괴의 크기, 모양 등이 종합적으로 검토되어야 한다.

② 암반 사면 보강공법 신청시는 사전조사와 더불어 철저한 사면의 안정검토 및 보강목적에 부합되는 가장 경제적이고 시공성 있는 공법을 선택하여야 한다. "끝"

합격key
2013년 단답형 출제

보충학습

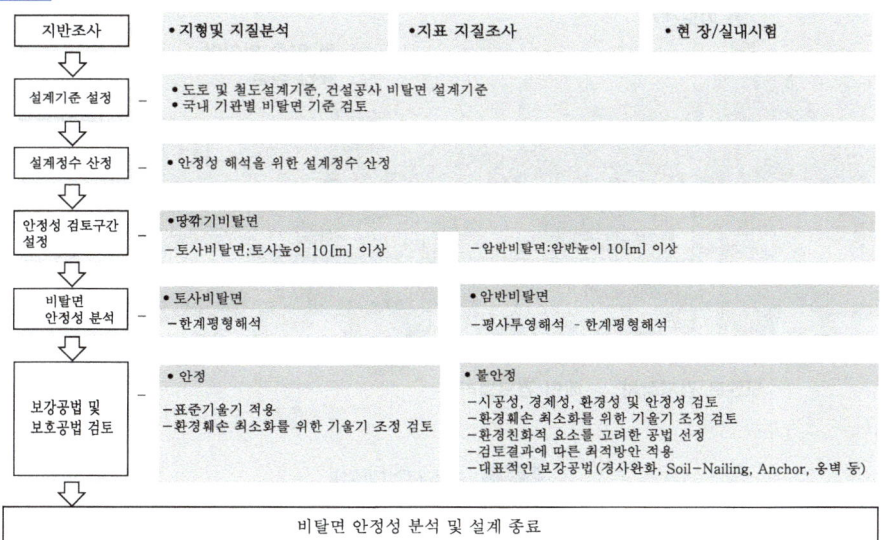

다음 논술형 2문제를 모두 답하시오.(각 25점)

문제 6

건설공사용 차량계 고소작업대에 관하여 다음 사항을 설명하시오.
1) 작업 시 재해 유형 4가지와 각각의 유형에 따른 원인 1가지씩
2) 설치 시 기준 5가지
3) 이동 시 기준 3가지

정답

1. 재해유형 4가지와 원인 1가지씩

재해유형	원 인
작업대에서 근로자가 실족하여 개구부로 떨어짐	개구부 덮개 미설치
작업대가 상승 중 근로자가 난간과 다른 물체(건물 등) 사이에 끼임	난간과 건물사이 보호덮개 미설치
지반 침하 또는 작업대 적재하중 초과로 고소작업차가 넘어짐	적재하중 초과
붐과 작업대 연결부분 파단으로 떨어짐	연결 부분 미확인
붐이 고압선에 접촉되어 감전, 떨어짐	고압선과 안전거리 미유지

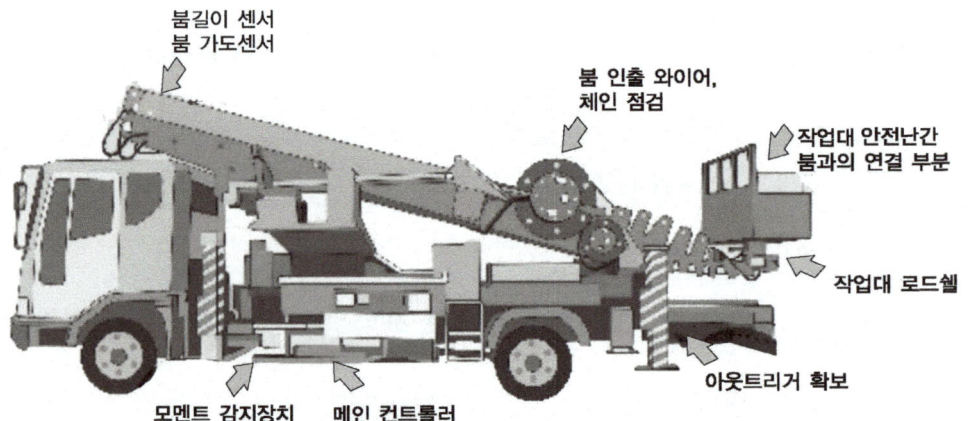

그림 | 고소작업대(차)

2. 설치시 기준 5가지

제186조(고소작업대 설치 등의 조치) ① 사업주는 고소작업대를 설치하는 경우에는 다음 각 호에 해당하는 것을 설치하여야 한다.
1. 작업대를 와이어로프 또는 체인으로 올리거나 내릴 경우에는 와이어로프 또는 체인이 끊어져 작업대가 떨어지지 아니하는 구조여야 하며, 와이어로프 또는 체인의 안전율은 5 이상일 것
2. 작업대를 유압에 의해 올리거나 내릴 경우에는 작업대를 일정한 위치에 유지할 수 있는 장치를 갖추고 압력의 이상저하를 방지할 수 있는 구조일 것
3. 권과방지장치를 갖추거나 압력의 이상상승을 방지할 수 있는 구조일 것
4. 붐의 최대 지면경사각을 초과 운전하여 전도되지 않도록 할 것
5. 작업대에 정격하중(안전율 5 이상)을 표시할 것
6. 작업대에 끼임·충돌 등 재해를 예방하기 위한 가드 또는 과상승방지장치를 설치할 것
7. 조작반의 스위치는 눈으로 확인할 수 있도록 명칭 및 방향표시를 유지할 것

② 사업주는 고소작업대를 설치하는 경우에는 다음 각 호의 사항을 준수하여야 한다.
1. 바닥과 고소작업대는 가능하면 수평을 유지하도록 할 것
2. 갑작스러운 이동을 방지하기 위하여 아웃트리거 또는 브레이크 등을 확실히 사용할 것

> **정답근거**
> 산업안전보건기준에 관한 규칙 제 186조(고소 작업대 설치 등의 조치)

3. 이동 시 기준 3가지

사업주는 고소작업대를 이동하는 경우에는 다음 각 호의 사항을 준수하여야 한다.
① 작업대를 가장 낮게 내릴 것
② 작업대를 올린 상태에서 작업자를 태우고 이동하지 말 것. 다만, 이동 중 전도 등의 위험예방을 위하여 유도하는 사람을 배치하고 짧은 구간을 이동하는 경우에는 그러하지 아니하다.
③ 이동통로의 요철상태 또는 장애물의 유무 등을 확인할 것

> **정답근거**
> 산업안전보건기준에 관한 규칙 제4관 고소작업대

4. 그밖의 기준

사업주는 고소작업대를 사용하는 경우에는 다음 각 호의 사항을 준수하여야 한다.
① 작업자가 안전모·안전대 등의 보호구를 착용하도록 할 것
② 관계자가 아닌 사람이 작업구역에 들어오는 것을 방지하기 위하여 필요한 조치를 할 것
③ 안전한 작업을 위하여 적정수준의 조도를 유지할 것
④ 전로(電路)에 근접하여 작업을 하는 경우에는 작업감시자를 배치하는 등 감전사고를 방지하기 위하여 필요한 조치를 할 것
⑤ 작업대를 정기적으로 점검하고 붐·작업대 등 각 부위의 이상 유무를 확인할 것
⑥ 전환스위치는 다른 물체를 이용하여 고정하지 말 것
⑦ 작업대는 정격하중을 초과하여 물건을 싣거나 탑승하지 말 것
⑧ 작업대의 붐대를 상승시킨 상태에서 탑승자는 작업대를 벗어나지 말 것. 다만, 작업대에 안전대 부착설비를 설치하고 안전대를 연결하였을 때에는 그러하지 아니하다. "끝"

보충학습

■ 고소작업대 안전점검사항
① 안전장치 부착 및 작동 유무
　㉮ 작업대(탑승함) 로드셀, 모멘트 감지장치 등
　㉯ 자동안전장치, 아웃트리거 근접센서 등
② 고소작업대(차) 용도외 사용 유무
　• 임의 개조 및 안전장치 해제 사용금지
③ 구조부 외관상태 확인 유무
　• 붐, 작업대 연결부, 턴테이블, 붐 인출 와이어로프의 균열, 볼트체결, 용접부 등
④ 유도자 및 신호수 배치 유무
⑤ 작업대 고정볼트 체결 및 안전난간 설치 유무
⑥ 아웃트리거 정상 펼침상태(지반 침하방지조치 및 받침대 확보)
⑦ 안전인증 및 안전검사 확인
⑧ 고소작업차 제원, 작업방법, 작업범위 등 작업 계획 및 대책수립 여부

문제 7

건설구조물의 부등침하(부동침하, uneven settlement)에 관하여 다음 사항을 설명하시오.
1) 구조물의 손상 유형 3가지
2) 구조물의 손상 원인 5가지
3) 방지대책 5가지

정답

1. 개요

(1) 부동침하 정의
① 구조물의 기초지반이 침하함에 따라, 구조물의 여러 부분에서 불균등하게 침하를 일으키는 현상으로 부동침하라고도 한다.
② 연약지반 위에 구조물을 만들 경우에는, 기초지반의 압밀침하에 따르는 부동침하를 충분히 고려해야 한다.
③ 각 기초에 작용하는 하중 크기의 차이 및 시공할 때에 생기는 기초지반의 국부적인 불균등도 원인이 된다.
④ 보통 침하가 전체적으로 똑같이 일어나 구조물에 파괴나 변상을 일으키는 일은 드물지만, 부동침하하면 경사지거나 변형하게 되어 균열이 생기기 쉽다.

(2) 부동 침하 원인
① 연약층
② 경사 지반
③ 이질 지층
④ 낭떠러지
⑤ 일부증축
⑥ 지하 수위 변경
⑦ 지하구멍
⑧ 이질 지정
⑨ 일부 지정
⑩ 메운땅 흙막이

2. 본론

(1) 구조물의 손상유형 3가지
① 옹벽구조물의 파손 침하
② 교량의 교대 및 교각 부등침하에 의한 측방유동 및 상부슬래브 파손
③ 부등 침하에 의한 구조물의 균열발생

(2) 구조물의 손상 원인 5가지
① 지반불량(지반개량 부적정)

② 기초지지력의 부족
③ 구조물 자체의 강성부족
④ 지하 수위 변화
⑤ 증축 및 리모델링 공사
⑥ 지진에 의한 액상화 원인

(3) 방지대책 5가지
① 지반 및 지하수위 조사
② 지반지지력 확보
③ 연약지반의 개량
④ 상부구조물의 경량화
⑤ 주변구조물의 기초보강(예 언더피닝, 마이크로파일 등)

3. 결론

(1) 부동(등) 침하에 의한 균열
건물이 부동침하되면 인장력에 직각방향으로 균열이 발생한다.

(2) 부동 침하 방지대책
① 상부 구조에 대한 대책
  ㉮ 건물의 경량화
  ㉯ 건물의 평면길이를 짧게 할 것
  ㉰ 강성을 높일 것
  ㉱ 인접 건물과의 거리를 멀게 할 것
  ㉲ 건물의 중량 분배를 고려할 것
② 하부 구조에 대한 대책
  ㉮ 경질지반에 지지시킬 것
  ㉯ 마찰말뚝을 사용할 것
  ㉰ 지하실을 설치할 것
  ㉱ 온통기초로 시공할 것
  ㉲ 독립기초인 경우 상호간을 연결→지중보 시공
  ㉳ 지반개량공법으로 지반의 지지력을 증대 **"끝"**

> **합격key**
> 2014년 단답형 출제

> 보충학습

■ **부동침하**(differential settlement, 不同沈下)
① 구조물의 기초지반이 침하함에 따라, 구조물의 여러 부분에서 불균등하게 침하를 일으키는 현상으로 부등침하(不等沈下)라고도 한다.
② 보통 침하가 전체적으로 똑같으면 구조물에 파괴나 변상(變狀)을 일으키는 일은 드물다.
③ 부동침하하면 경사지거나 변형하게 되어 균열이 생기기 쉽다.
④ 연약지반 위에 구조물을 만들 경우에는, 기초지반의 압밀침하(壓密沈下)에 따르는 부동침하를 충분히 고려해야 한다.
⑤ 연약층후(軟弱層厚)가 갑작스레 변화하는 곳에서는 커다란 부동침하를 일으킬 우려가 있다.
⑥ 이종(異種)의 기초, 특히 지지조건이 다른 기초를 병용(倂用)하였기 때문에 부동침하하여 피해를 입은 예도 많다.
⑦ 기초에 작용하는 하중 크기의 차이 및 시공할 때에 생기는 기초지반의 국부적인 불균등 등도 부동침하의 원인이 된다.

다음 논술형 2문제 중 1문제를 선택하여 답하시오. (25점)

문제 8

도심지 건설공사 중 탑다운(top down)공법에 관하여 다음 사항을 설명하시오.
1) 공법의 장점 3가지
2) 공법의 종류 3가지
3) 작업공종 5가지와 각 공종별 안전관리요인 1가지씩

정답

(1) 탑다운 공법의 개요

단어 그대로 위에서 아래로 공사하기, 역타공법, 하향시공법 등으로 알려진 공법으로, 지상층 또는 지하층공사에 시행될 수 있다. 지상층 공사의 탑다운공법은 일반적으로 건물 영역 밖에서의 작업공정을 진행할 수 없는 경우에 적용되며, 바닥판구조물을 만들기 전에 수평 및 수직가새로 보강된 기둥을 먼저 지붕층까지 세우고 지붕층부터 아래로 순차적으로 거푸집 시스템을 밑으로 내려가면서 바닥구조물을 형성시켜 나가는 공법이다. 그러나, 일반적인 탑다운 공법은 지하층공사에 많이 적용되고 있으므로 여기에서는 지하층 공사를 중점으로 구조설계자의 입장에서 탑다운 공법을 요약 기술하여 본다.

(2) 탑다운 공법의 적용 이유

① 도심지에서 깊은 지하구조물 신축시

굴착공사 전 지하 외부 벽체와 기둥을 선 시공한 후 굴착공사와 병행하여 지하 구조물을 지상에서 부터 지하로 구축하는 공법을 탑다운공법(Top down Method), 역타(逆打)공법 이라 한다. 기존 오픈 컷 공법으로 시공하기 어려운 대단면, 고심도의 굴착이나 인접건물이 밀집한 도심지에서 안정적으로 적용할 수 있다.

㉮ 건물 경계선이 인접건물과 가까이 있어 굴착공사 중, 많은 양수작업등으로 인한 지하수맥의 변경 및 흙의 이동을 유발하여 인접건물의 침하 등으로 인한 하자를 발생시킬 수 있는 경우

㉯ 설계된 지하외벽이 대지경계선에 아주 근접해 있어, 오픈 컷 작업시 경계선 밖으로 작업 공간의 확보가 필요하여 주변도로와 인접대지의 임차 등이 필요할 경우

㉰ 여유 공터가 없어 가설사무소, 야적장의 확보 및 작업공간이 미흡할 경우

(3) 역타공법의 선정배경

① 도심지 고층건물의 지하공간 활용 증대
② 굴착공사의 고성능 장비의 출현으로 굴착심도 깊어짐
③ 기존 공법의 안전성, 경제성의 문제점 해결 필요

④ 고심도, 고층화에 따른 공기증가
⑤ 공사장내 여유부지 부족으로 인한 작업장 필요

(3) 특징(장단점)

① 공법의 장점 3가지
  ㉮ 지상, 지하 동시작업으로 공기단축
  ㉯ 1층 슬래브 선시공하여 작업장으로 활용
  ㉰ 굴착 소음, 분진 방지
  ㉱ 인접건물에 악영향 적음
  ㉲ 흙막이의 우수한 안전성
② 공법의 단점
  ㉮ 역타 시공으로 인한 수직부재 조인트 발생
  ㉯ 지중연속벽, Bored pile은 육안관찰 불가하므로 정밀한 시공관리 필요
  ㉰ 지하공사의 조명 및 환기설비 필요
  ㉱ 한정된 투입구로 자재 운반으로 작업능률 저하
  ㉲ 공기단축에 따른 간접공사비는 감소하나 직접공사비는 상승

(4) 공법의 종류 3가지

① 적용에 따른 분류
  ㉮ 완전역타공법(Full Top Down Method)
    • 지하 각 층의 Slab를 완전하게 시공(단, Opening만 빼고)
    • 가장 안전한 공법이나 굴착토 반출이 어렵다.
  ㉯ 부분역타공법(Partial Top Down Method)
    • 지하 Slab는 부분적(1/2~1/3)으로 시공
    • 작업조건이 양호하며 굴착토 반출 용이
  ㉰ Beam & Girder식 역타공법
    • Slab는 제외하고 Beam과 Girder만 시공하여 지하층 굴착
    • 굴착토 반출 용이
② 방법에 따른 분류
  ㉮ 탑타운 공법
  ㉯ SPS 공법
③ 보드파일의 종류에 따른 분류
  ㉮ 임시기둥
  ㉯ P.R.D
  ㉰ Barrette
  ㉱ R.C.D
④ 거푸집 공법에 따른 분류

㉮ S.O.G 공법
㉯ B.O.G 공법
㉰ 써포트 공법 등

(5) 탑다운 공법 순서

① 슬러리월관을 소정의 깊이까지 내려 설치한다.
  슬러리월을 암반까지 내려 내외부의 지하수를 차단하는 것이 합리적이다.(SLURRY WALL 공사)
② 임시기초 및 기둥 설치용 구덩이를 시굴한다. 이때 벤토나이트를 사용하여 흙의 붕괴를 방지한다.(R.C.D 공사 참조)
③ 강재기둥을 그 구덩이에 꽂아 놓고 기초콘크리트를 타설하여 기초와 기둥공사를 일부 마무리 한다.
④ 1층 바닥판 구조를 설치된 슬러리월과 기둥에 연결하여 보 및 슬래브 공사를 한다.
⑤ 1층 바닥 콘크리트가 최소한의 강도를 유지할 때, 1층 바닥 개구부를 통해 장비를 투입하여 지하1층 부분의 굴착공사를 한다.
⑥ 지하1층 바닥공사를 하고 이어서 지하2층을 위한 굴착공사를 진행하는, 하향순차적으로 굴착과 구체공사를 반복하면서 기초 저면까지 공사한다.
  이때 시공성 및 시공계획에 맞추어 지하 2~3개층을 한번에 굴착하는 경우도 있으므로 설계 단계에서 이에 대한시공단계별 하중에 대한 신중한 고려가 있어야 한다.
⑦ 기초슬래브를 완료한 후 가설보를 제거한다.
⑧ 철골기둥을 철골철근콘크리트로 전환시키는 것이 일반적이다.
⑨ 지하층 공사가 밑으로 진행하는 동안, 지상층의 상부 철골공사 등이 진행될 수 있다.

(6) 작업공종 5가지와 각공종별 안전관리요인 1가지씩

① ┌ 작업공종 : 외벽시공
  └ 외벽시공안전관리요인 : 장비 작업계획 수립
② ┌ 작업공종 : 기초 및 철골기둥설치
  └ 안전관리요인 : 사전조사, 작업계획에 따른 시공
③ ┌ 작업공종 : 기초 바닥판 설치
  └ 안전관리요인 : 표준안전 작업지침 준수(예 펌프카)
④ ┌ 작업공종 : 터파기
  └ 안전관리요인 : 사전위험경보시스템 작동
⑤ ┌ 작업공종 : 지하 · 지상 골조공사
  └ 안전관리요인 : 작업계획서에 따른 작업 실시 "끝"

> 합격Key
>
> 2017. 6. 24. 단답형 출제

문제 9

최근 심각하게 발생하는 미세먼지가 건설현장 옥외작업자의 시야 미확보, 장시간 노출시 중작업(重作業)근로자의 안전 위험, 건설기계·기구 오작동 등에 따라 건설현장별 안전대응 매뉴얼이 필요하게 되었다. 다음 사항을 설명하시오.
1) 미세먼지의 농도에 따른 경보 발령기준
2) 건설현장의 3단계별 미세먼지 예방조치

정답

1. 미세먼지 예보제

(1) 도입 경과

① 서울시(2005년), 경기도(2007년), 인천시(2008년) 등 몇몇 지자체에서는 자체적으로 미세먼지 예보제를 실시하고 있었으나, 지역적 한계, 상대적으로 낮은 예보정확도, 예보 결과의 신속한 전달체계 미흡 등 부족한 부분이 있었다.

② 2013년 이후 수도권을 중심으로 고농도 미세먼지 발생이 현저해지면서 미세먼지에 대한 국민적 관심과 우려가 증폭되었다.

③ 국가 차원의 신속하고 정확한 미세먼지 오염도 예보와 실시간 농도 현황, 고농도 미세먼지가 발생한 경우 취할 수 있는 행동요령 등 국민 눈높이에 맞는 정보를 제공할 필요가 커졌다.

④ 환경부는 국민들에게 보다 신속하고 정확한 미세먼지 예보를 제공하기 위해 미세먼지(PM10) 예보를 2013년 8월 수도권 지역에 시범적으로 시행하였다.

⑤ 시범예보 기간 동안 예보정확도를 높이고 전달체계를 가다듬어, 2014년 2월부터 기상청과 함께 전국을 대상으로 본 예보를 시작하였다.

⑥ 미세먼지(PM2.5)는 2014년 5월부터 수도권 지역에 시범예보를 시작하였으며, 2015년 1월부터는 전국 10개 권역에 본 예보를 시작했다. 2015년 11월부터는 전국을 18개 권역으로 세분화하고, '내일'에 대한 예보결과를 매일 4회(오전 5시/11시, 오후 5시/11시) 국민들에게 제공하고 있다.

(2) 예보제도 개관

미세먼지 예보는 대기질 전망을 방송·인터넷 등을 통해 알림으로써 국민의 건강과 재산, 동·식물의 생육, 산업 활동에 미치는 피해를 최소화하는 한편, 대기오염을 줄이는 데 있어 국민의 참여를 구하기 위한 제도이다. 미세먼지 오염도를 기상정보와 대기예측모델 등을 활용하여 '좋음-보통-나쁨-매우나쁨'으로 예보한다.

경보제도 개관

(3) 경보제도 개관

2015년 1월 1일부터 대기환경보전법령에 따라 시·도지사는 실제의 미세먼지(PM10, PM2.5) 농도가 일정 기준을 초과하는 경우 대기오염경보(주의보, 경보)를 발령할 수 있도록 하고 있다.

표 미세먼지 경보발령기준 및 해제기준

대상 물질	경보 단계	발령기준	해제기준
미세먼지 (PM$_{10}$)	주의보	기상조건 등을 고려하여 해당지역의 대기자동측정소 PM$_{10}$ 시간당 평균농도가 150[$\mu g/m^3$] 이상 2시간 이상 지속인 때	주의보가 발령된 지역의 기상조건 등을 검토하여 대기자동측정소의 PM$_{10}$ 시간당 평균농도가 100[$\mu g/m^3$] 미만인 때
	경보	기상조건 등을 고려하여 해당지역의 대기자동측정소 PM$_{10}$ 시간당 평균농도가 300[$\mu g/m^3$] 이상 2시간 이상 지속인 때	경보가 발령된 지역의 기상조건 등을 검토하여 대기자동측정소의 PM$_{10}$ 시간당 평균농도가 150[$\mu g/m^3$] 미만인 때에는 주의보로 전환
초미세먼지 (PM$_{2.5}$)	주의보	기상조건 등을 고려하여 해당지역의 대기자동측정소 PM$_{2.5}$ 시간당 평균농도가 75[$\mu g/m^3$]이상 2시간 이상 지속인 때	주의보가 발령된 지역의 기상조건 등을 검토하여 대기자동측정소의 PM$_{2.5}$ 시간당 평균농도가 35[$\mu g/m^3$] 미만인 때
	경보	기상조건 등을 고려하여 해당지역의 대기자동측정소 PM$_{2.5}$ 시간당 평균농도가 150[$\mu g/m^3$] 이상 2시간 이상 지속인 때	주의보가 발령된 지역의 기상조건 등을 검토하여 대기자동측정소의 PM$_{2.5}$ 시간당 평균농도가 75[$\mu g/m^3$] 미만인 때는 주의보로 전환

(4) 미세먼지 예·경보에 따른 올바른 행동요령

미세먼지 예보가 '나쁨' 또는 '매우나쁨'인 경우, 어린이와 노인, 호흡기 질환자 등은 외출을 자제하도록 한다. 불가피하게 외출할 때에는 식품의약품안전처에서 인증한 보건용 마스크를 착용하도록 한다. 또한 장시간 외출할 때에는 모바일 앱 '우리동네 대기질' 등을 통해 수시로 미세먼지 상태를 확인하여 대처한다. 아울러 대기오염물질로 인한 미세먼지 생성을 줄이기 위하여 가급적 버스, 지하철 등 대중교통을 이용한다.

2. 건설현장의 3단계별 미세먼지 예방조치

(1) 1단계 : 사전준비 단계
① 폐질환이나 심장질환 환자, 임산부와 고령자 등의 민감군 여부를 확인한다.
② 위험 상황에 대비한 비상연락망을 구축한다.

③ 미세먼지 수준에 따른 조치사항을 확인하고 마스크 착용 방법을 학습한다.
④ 일터에 마스크를 비치한다.

(2) 2단계 : 주의보 단계
① 미세먼지 경보발령 사실을 알리고 마스크를 쓰게 한다.
② 민감한 사람은 힘든 작업을 줄이고 휴식시간을 추가로 부여한다.

(3) 3단계 : 경보 단계
① 휴식시간을 자주 갖는다.
② 힘든 작업은 일정을 조정해 작업 시간을 줄인다.
③ 민감한 사람은 힘든 작업을 못하게 보호 조치한다. "끝"

[합격정보]
① 「기상법 시행령」 제2조제2항제8호에 따른 황사 경보 발령지역 또는 「대기환경보전법 시행령」 제2조제3항제1호 및 제2호에 따른 미세먼지(PM-10, PM-2.5) 경보 발령지역에서의 옥외 작업
② 산업안전보건기준에 관한 규칙 [별표 16] 분진작업의 종류

"이하여백"

[보충학습]
■ 미세먼지 높은 날 건강 생활 수칙

장시간 야외 활동 자제

외출 시 식약처에서 인증한 보건용 마스크 착용

외출 후 손, 얼굴 깨끗이 씻기

충분한 수분섭취

과일, 채소 등 충분히 씻어 먹기

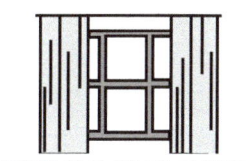
창문을 닫아 외부의 미세먼지 유입을 차단

2020년 11월 14일 제10회 기출문제 NCS 분석

1. 시험과목 및 배점분석

구분	시험과목	시험시간	문제유형	배점
2차 전공필수	건설안전공학	100분	주관식 단답형 및 논술형 1) 단답형 : 5문제 2) 논술형 : 4문제 중 3문제 (필수 : 2, 선택 : 1)	총점 100점 1) 단답형 : 5×5=25점 2) 논술형 : 25×3=75점

2. NCS 문제분석

대분류	중분류	소분류	문제내용	비고
단답형	산업안전보건법령	안전보건규칙	1. 건설재료 양중용 와이어로프(Wire Rope)의 폐기기준 5가지를 쓰시오. (5점)	제63조
		안전보건규칙	2. 건축구조물 해체공사 전 해체대상구조물의 조사사항 5가지를 쓰시오. (5점)	제384조
	터널공사	작업지침	3. 굴착공사 안전을 위한 계측기 배치위치 선정 시 고려사항 5가지를 쓰시오. (5점)	제25조
	콘크리트공사	작업지침	4. 거푸집 및 지보공(동바리) 설계 시 고려하는 하중의 종류 5가지를 쓰시오. (5점)	제4조
	작업지침	기술지침	5. 커튼월(Curtain Wall)의 조립방식 분류 3가지와 구조방식 분류 2가지를 쓰시오. (5점)	기술지침 2018, 논술

논술형	콘크리트	기본	6. 매스(Mass)콘크리트 타설에 관하여 다음을 설명하시오. (25점)
			  1) 매스콘크리트의 정의
			  2) 매스콘크리트의 내부구속과 외부구속
			  3) 매스콘크리트의 온도균열 방지대책
			    - 설계측면
			    - 콘크리트 생산(재료 및 배합) 측면
			    - 콘크리트의 시공측면
				전공

	터널공사	작업지침	7. 토목 터널공사에 대하여 다음을 설명하시오. (25점)
			  1) 숏크리트(Shotcrete)의 기능 4가지
			  2) 배수 및 지수(차수) 공법 5가지
			  3) 기계굴착 방법 5가지
				제14조

	건축	기본	8. 건축물 외벽 치장벽돌의 정의, 탈락의 원인 및 방지대책에 대하여 설명하시오. (25점)	전공

	설계일반사항	KDS 143005 : 2019	9. 강구조공사 안전에 관한 내용으로 다음을 설명하시오. (25점)
			  1) 유효좌굴길이의 정의
			  2) 세장비의 정의
			  3) 부재의 좌굴내력을 저감시키는 요인 3가지
			  4) 단면의 형상에 따른 좌굴 종류 3가지
				강구조설계 일반사항

합격자 현황

구분 2020년		1차			2차			3차		
		응시	합격	합격률	응시	합격	합격률	응시	합격	합격률
소계		1,340	360	27%	247	44	18%	341	147	43%
안전	기계	236	60	25%	64	10	16%	62	23	37%
	전기	69	17	25%	22	4	18%	12	9	75%
	화공	102	35	34%	45	8	18%	22	10	45%
	건설	933	248	27%	116	22	19%	245	105	43%

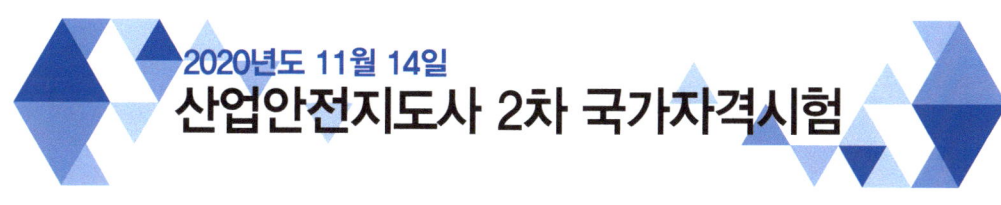

2020년도 11월 14일 산업안전지도사 2차 국가자격시험

시간	응시분야	수험번호	성명
100분	건설안전공학	20201114	도서출판 세화

다음 단답형 5문제를 모두 답하시오.(각 5점)

문제 1

건설재료(작업) 양중용 와이어로프(Wire Rope)의 폐기기준 5가지를 쓰시오.

정답

① 이음매가 있는 것
② 와이어로프의 한 꼬임[(스트랜드(strand)를 말한다. 이하 같다)]에서 끊어진 소선(素線)[필러(pillar)선은 제외한다]의 수가 10퍼센트 이상(비자전로프의 경우에는 끊어진 소선의 수가 와이어로프 호칭지름의 6배 길이 이내에서 4개 이상이거나 호칭지름 30배 길이 이내에서 8개 이상)인 것
③ 지름의 감소가 공칭지름의 7퍼센트를 초과하는 것
④ 꼬인 것
⑤ 심하게 변형되거나 부식된 것
⑥ 열과 전기충격에 의해 손상된 것 "끝"

정답근거

산업안전보건기준에 관한 규칙 제63조(달비계의 구조)

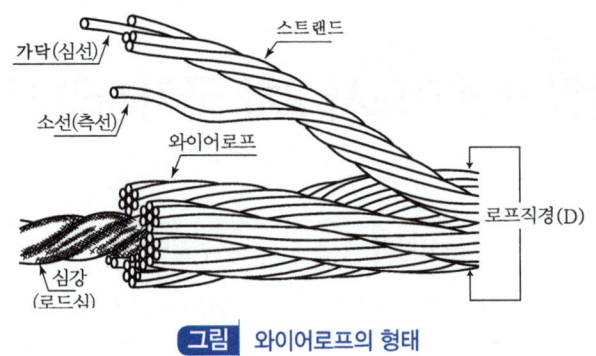

그림 와이어로프의 형태

> **보충학습**

(1) 다음 각 목의 어느 하나에 해당하는 달기 체인을 달비계에 사용해서는 아니 된다.
① 달기 체인의 길이가 달기 체인이 제조된 때의 길이의 5퍼센트를 초과한 것
② 링의 단면지름이 달기체인이 제조된 때의 해당 링의 지름의 10퍼센트를 초과하여 감소한 것
③ 균열이 있거나 심하게 변형된 것

(2) 다음 각목의 어느 하나에 해당하는 섬유로프 또는 섬유벨트를 달비계에 사용해서는 아니 된다.
① 꼬임이 끊어진 것
② 심하게 손상되거나 부식된 것
③ 2개 이상의 작업용 섬유로프 또는 섬유벨트를 연결한 것
④ 작업높이보다 길이가 짧은 것

(3) 슬링 와이어로프 검사 및 폐기기준 (ISO 8792-1986(E))
① 로프지름 6배 범위에서 로프 소선수의 5[%]를 초과하여 무작위로 끊어진 것
② 국부적으로 끊어진 소선의 수가 3개 이상인 것
③ 지름이 공칭지름의 90[%] 이하인 것
④ 킹크, 압착, 중심 붕괴 또는 매듭 등 중요한 로프 변형이 발생된 것
⑤ 단말, 금형, 스플라이스에 균열, 심한 압착, 뒤틀림 등 손상이 발생된 것
⑥ 스플라이스 또는 금형이 이탈된 것
⑦ 금형 또는 스플라이스 부근 또는 스플라이스에서 집중적으로 소선이 끊어진 것
⑧ 와이어의 외측표면상 소선이 끊어진 것

문제 2

건축구조물 해체공사 전 해체대상구조물의 조사사항 5가지를 쓰시오.

정답

① 구조(철근콘크리트조, 철골철근콘크리트조 등)의 특성 및 치수, 층수, 건물높이, 기준층 면적
② 평면구성상태, 폭, 층고, 벽 등의 배치상태
③ 부재별 치수, 배근상태, 해체 시 주의하여야 할 구조적으로 약한 부분
④ 해체 시 전도의 우려가 있는 내외장재
⑤ 설비기구, 전기배선, 배관설비 계통의 상세 확인
⑥ 구조물의 설립년도 및 사용목적
⑦ 구조물의 노후정도, 재해(화재, 동해 등) 유무
⑧ 증설, 개축, 보강 등의 구조변경 현황
⑨ 해체공법의 특성에 의한 비산각도, 낙하반경 등의 사전 확인
⑩ 진동, 소음, 분진의 예상치 측정 및 대책방법
⑪ 해체물의 집적, 운반방법
⑫ 재이용 또는 이설을 요하는 부재현황
⑬ 그밖에 해당 구조물 특성에 따른 내용 및 조건 "끝"

정답근거

① 산업안전보건기준에 관한 규칙 제384조(해체작업 시 준수사항)
② 산업안전보건기준에 관한 규칙 [별표 4] 10. 건물 등의 해체 작업
③ 해체공사표준안전작업지침 제14조(해체대상구조물조사)

합격Key

2022년 6월 11일 논술형 출제

문제 3

굴착공사 안전을 위한 계측기 배치위치 선정 시 고려사항 5가지를 쓰시오.

정답

① 구조물 재하장소
② 결과의 Feedback이 가능한 장소
③ 인접구조물 영향권 내
④ 토압, 지반침하, 지하수위, 변위발생이 예상되는 장소
⑤ 설치된 계측기의 손상발생 우려가 적은 장소 "끝"

보충학습

계측방법
① 터널내 육안조사
② 내공변위 측정
③ 천단침하 측정
④ 록 볼트 인발시험
⑤ 지표면 침하측정
⑥ 지중변위 측정
⑦ 지중침하 측정
⑧ 지중수평변위 측정
⑨ 지하수위 측정
⑩ 록 볼트축력 측정
⑪ 뿜어붙이기 콘크리트응력 측정
⑫ 터널내 탄성과 속도 측정
⑬ 주변 구조물의 변형상태 조사

정답근거

터널공사표준안전작업지침-NATM공법 제25조(계측의 목적)

문제 4

거푸집 및 지보공(동바리) 설계 시 고려하는 하중의 종류 5가지를 쓰시오.

정답

① 연직방향 하중 : 거푸집, 지보공(동바리), 콘크리트, 철근, 작업원, 타설용 기계기구, 가설설비등의 중량 및 충격하중
② 횡(수평)방향 하중 : 작업할때의 진동, 충격, 시공오차 등에 기인되는 횡방향 하중 이외에 필요에 따라 풍압, 유수압, 지진 등
③ 콘크리트의 측압 : 굳지 않은 콘크리트의 측압
④ 특수하중 : 시공중에 예상되는 특수한 하중
⑤ 상기 ①~④호의 하중에 안전율을 고려한 하중 "끝"

정답근거

콘크리트공사표준안전작업지침 제4조(하중)

합격Key

① 2013년도 논술형 출제
② 2022년 6월 11일 논술형 출제

보충학습

[국가건설기준 KDS 21 50 00 거푸집 및 동바리 설계기준] (단위 1kg=1kgf=9.8N)
- 설계 시 고려하여야 할 하중 : 연직하중, 수평하중, 콘크리트 측압 및 풍하중, 편심하중 등

1. 연직하중

고정하중 + 작업하중
① 고정하중 : 철근콘크리트의 중량 + 거푸집의 무게(최소 $0.4kN/m^2$ 이상)
② 작업하중 : 작업원 + 경량의 장비 + 기타 자재 및 공구 등의 시공하중 + 충격하중
 - 콘크리트 타설 높이가 0.5m 미만 : 구조물의 수평투영면적 당 최소 $2.5kN/m^2$ 이상
 - 콘크리트 타설 높이가 0.5m 이상 1.0m 미만 : $3.5kN/m^2$ 이상
 - 콘크리트 타설 높이가 0.5m 이상 : $5.0kN/m^2$
적설하중이 작업하중을 초과하는 경우 적설하중을 적용(구조물의 특성에 적합하도록)
연직하중은 콘크리트 타설 높이와 관계없이 최소 $5.0kN/m^2$ 이상 적용

2. 수평하중

① 동바리에 고려하는 최소 수평하중은 고정하중의 2%와 수평길이 당 1.5kN/m 이상 중에서 큰 값의 하중이 최상단에 작용하는 것으로 한다.(최소 수평하중은 동바리 설치면에 대하여 X방향 및 Y방향에 대하여 각각 적용)
② 벽체 및 기둥 거푸집에 고려하는 최소 수평하중은 거푸집면 투영면적 당 0.5kN/m² 이 추가 작용하는 것으로 적용

3. 콘크리트 측압

사용재료, 배합, 타설 속도, 타설 높이, 다짐방법 및 타설할 때의 콘크리트 온도, 사용하는 혼화제의 종류, 부재의 단면 치수, 철근량 등에 의한 영향을 고려하여 산정

4. 풍하중

가시설물의 재현기간에 따른 중요도계수를 적용한다.

5. 특수하중

콘크리트를 비대칭으로 타설할 때의 편심하중, 콘크리트 내부 매설물의 영압력, 포스트텐션(post tension) 시에 전달되는 하중, 크레인 등의 장비하중 그리고 외부진동다짐에 의한 영향

6. 하중조합

연직하중과 수평하중을 동시에 고려

7. 구조검토 순서

1. 하중계산 : 가설물에 작용하는 하중 및 외력의 종류, 크기를 산정함
2. 응력계산 : 하중+외력에 의하여 각 부재에 생기는 응력을 구함
3. 단면계산 : 각 부재에 생기는 응력에 대하여 안전한 단면을 결정함
4. 조립도작성 : 사용부재의 재질, 간격, 접합방법, 연결철물 등을 기재함

문제 5

커튼월(Curtain Wall)의 조립방식 분류 3가지와 구조방식 분류 2가지를 쓰시오.

정답

1. 조립방식 분류 3가지

(1) 녹다운메소드(Knock down method)
① 스틱월시스템(Stick wall system)이라고 함
② 공장에서 부재를 생산하고 현장에서 부재를 조립하여 설치하는 시스템(system)
    공장생산 → 운반 → 현장조립 → 현장설치
③ 특징
    ㉮ 비교적 경량으로 취급 용이
    ㉯ 층간변위에 대한 추종성이 높음
    ㉰ 조립·시공이 용이하며 부식이 적음
    ㉱ 운반비는 저렴하나, 인건비가 높음
    ㉲ 표면처리를 위한 특수 도장 시공

(2) 유닛메소드(Unit method)
① 유닛월시스템(Unit wall system)이라고 함
② 공장에서 부재를 생산하고 및 조립하고 현장에서는 설치만 하는 시스템(system)
    공장생산 → 공장조립 → 운반 → 현장설치
③ 특징
    ㉮ 중량으로 대형 양중 장비가 필요
    ㉯ 층간변위에 대한 추종성이 적음
    ㉰ 열전도율이 낮음
    ㉱ 운반비는 높으나, 인건비가 낮음
    ㉲ 공장 제품으로 품질 양호

(3) 조합방식
① 유닛월과 스틱월을 조합한 방식
② 현장에서 프리패브유니트를 설치하고 단면형태가 크거나 외부멀리온 강조시 사용
③ 단점 : 비용고가, 복잡한 부위 설계 곤란

(4) 윈도우월(Window wall method)
① 전면 커튼월이 아닌 독립창으로 구성

② 비전파트와 스펜드릴파트 별도 구성

2. 구조방식 분류 2가지

(1) 멀리언시스템(Mullion system)
① 강도를 가진 수직부재(mullion)나 보 등의 구조체에 구축하고, 그 사이에 새시(sash) 및 스팬드레드 패널(spandred panel)을 끼워 넣은 방식
② 외관에 있어 수직 강조

(2) 패널시스템(Panel system)
① 벽 유닛(unit)을 하나의 패널(panel) (새시(sash) 및 스팬드레드 패널(spandrel pannel)) 등을 끼워 넣는 방식
② 다양한 디자인 가능
③ 일반적으로 많이 사용

(3) 커버시스템(Cover system)
기둥형 · 보형 · 스팬드레드(spandrel pannel) · 새시 등을 1개의 Unit으로 구성하여 설치하는 방식 "끝"

정답근거
금속커튼월(Curtain wall) 작업안전지침 – 안전보건기술지침 KOSHA GUIDE C-55-2015

보충학습
① 커튼월은 공장생산 부재로 구성되는 비내력벽이며 구조체의 외벽에 고정철물을 사용하여 부착시킨 것으로 초고층 건물에 많이 사용(뉴욕국제연합빌딩)
② 커튼월은 크게 재료별, 외관형태별, 구조방법별, 조립공법별로 구분한다.
③ 요구성능은 강도 등이며 시험의 목적은 커튼월 공사가 시작되기 전 건축물의 준공 후에 예상되는 문제점을 파악하여 설계 · 시공 상의 문제점을 수정 · 보완하는데 있다.

다음 논술형 2문제를 모두 답하시오.(각 25점)

문제 6

매스(Mass)콘크리트 타설에 관하여 다음을 설명하시오.
1) 매스콘크리트의 정의
2) 매스콘크리트의 내부구속과 외부구속
3) 매스콘크리트의 온도균열 방지대책
   - 설계측면
   - 콘크리트 생산(재료 및 배합) 측면
   - 콘크리트의 시공측면

정답

(1) 매스(Mass)콘크리트의 정의

① 매스콘크리트란 보통 부재 단면이 80[cm] 이상, 하단이 구속된 경우에는 두께 50[cm] 이상의 벽체 등에 적용되는 콘크리트를 말함
② 매스콘크리트는 시공과정에서 발생하는 온도균열을 제어 또는 저감하여 콘크리트 기능을 확보할 수 있도록 적절히 조치하여야 함
③ 온도구배란 콘크리트 내부와 외부의 열전도를 통한 온도차를 말한다.
④ 온도구배가 클수록 온도응력에 의한 온도균열이 발생 가능성이 크므로 온도구배를 최소화 하여야 한다.

(2) 매스(Mass)콘크리트의 내부구속과 외부구속

① 온도균열의 발생 원인 및 특징
  ㉮ 내부구속에 의한 균열
    ㉠ 콘크리트 구조의 내외부의 온도분포가 달라짐으로 인해 균열이 발생
       방향성은 없음
    ㉡ 콘크리트 표면에 균열폭 0.2[mm] 이하 균열 발생

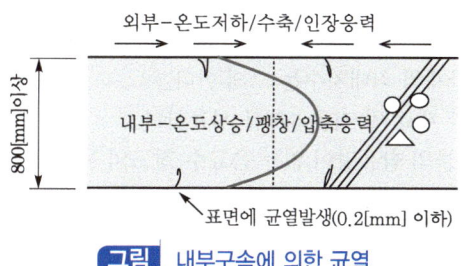

그림 내부구속에 의한 균열

④ 외부구속에 의한 균열
  ㉠ 온도변화에 대하여 콘크리트는 신축하지만 그 변형이 하부지반 등에 의하여 구속되어 균열이 발생
  ㉡ 균열폭 0.2~0.5[mm] 또는 그 이상의 세로로 곧게 뻗은 관통 균열 발생

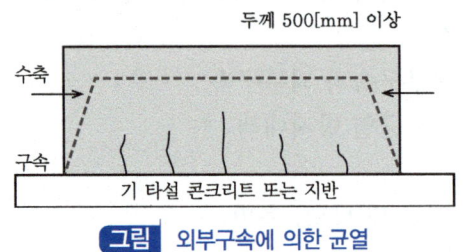

그림 외부구속에 의한 균열

(3) 매스콘크리트의 온도균열 방지대책

① 설계측면
  ㉮ 냉각방법
    ㉠ 프리쿨링(Precooling)
      ⓐ 의의 : 재료의 일부 또는 전부를 미리 냉각시켜 콘크리트 온도를 저하시키는 방법
      ⓑ 냉각방법
        - 골재의 냉각은 전 재료가 균등하게 냉각되도록 해야 한다.
        - 얼음은 물량의 10~40[%]를 넣고 콘크리트 비비기 완료 전에 녹인다.
        - 시멘트는 열을 내리게 하되 급랭되지 않게 하고 골재는 그늘에 저장한다.
    ㉡ 파이프쿨링(Pipecooling)
      ⓐ 의의 : 콘크리트 타설 전에 쿨링용 파이프를 배관하고 관 내에 냉각수나 찬공기를 순환시켜 냉각한다.
      ⓑ 냉각방법 : 파이프 배치 간격은 1.5[m] 마다 1개씩 설치하고, 통수량은 15[l/분]으로 한다. 통수시간은 타설 직후부터 규정 온도가 유지될 때까지 계속한다.
      ⓒ 시공시 주의사항 : 쿨링시 급격한 온도구배가 생기지 않게 한다.
        쿨링 완료 후 파이프 속은 그라우팅한다.

② 콘크리트 생산(재료 및 배합) 측면
  ㉮ 재료
    ㉠ 시멘트 : 중용열시멘트 및 저발열시멘트를 사용한다.
      플라이애쉬시멘트, 포졸란시멘트, 고로슬래그시멘트 등이 사용된다.
    ㉡ 골재 : 굵은 골재의 최대치수는 크게 한다.
      입도가 양호한 재료 및 저온골재를 사용한다.
    ㉢ 물 : 유기불순물의 함유량이 없는 음료수 정도의 물이 적당하다. 저온의 냉각수 및 일부는 얼음 등으로 대체하여 사용할 수 있다.
    ㉣ 혼화제 : AE제, AE감수제 및 유동화제를 사용한다. 수화 발열량을 적게 하는 플라이애쉬 등을 사용한다.

㈏ 배합
- ㉠ 물시멘트비 : 시공성이 확보되는 한도 내에서 최대한 적게 한다. 단위수량은 적어지는 대신에 혼화제를 사용한다.
- ㉡ 슬럼프치 : 일반적으로 슬럼프치는 15[cm] 이하로 한다. 단위시멘트량은 증가하나 포졸란 등의 첨가로 수화 발양량을 낮출 수 있다.

③ 콘크리트의 시공측면
- ㉮ 타설 : 타설시 수분 증발은 유동화제를 첨가하여 개선한다. 타석속도를 조정하고 연속 타설한다.
- ㉯ 이음 : 연속 타설로 콜드조인트를 방지한다. 건조수축에 의한 균열을 방지하기 위해서 콘트롤조인트를 설치한다. "끝"

보충학습

■ 콜드 조인트(cold joint)
연속된 타설에서, 앞서 타설된 콘크리트가 응고되어 뒤에 타설된 콘크리트와 융화되지 못한 이음새. 타설한 콘크리트에서는 미관상 또는 누수 결함이 된다.

[출처 : 건축학용어사전, 도서출판 세화]

문제 7

토목 터널공사에 관하여 다음 사항을 설명하시오.
1) 숏크리트(Shotcrete)의 기능 4가지
2) 배수 및 지수(차수) 공법 5가지
3) 기계굴착 방법 5가지

정답

(1) 숏크리트(Shotcrete) 기능 4가지
① 원지반의 이완방지기능
② 응력집중 완화기능
③ 콘크리트 아칭효과 도모기능
④ 불연속면 암반의 일체화기능
⑤ 암반균열의 보강기능
⑥ 굴착면 지반응력의 삼축압축 상태화기능
⑦ 지반거동의 조기구속기능
⑧ 하중 분담기능

보충학습

■ 숏크리트(Shotcrete)

시멘트, 굵은 골재 및 물을 압축 공기로 불어 넣는 모르타르. 이 모르타르층은 매우 작은 틈새에도 들어가며 시공면도 확실히 밀착하여 밀도, 강도가 대단히 높기 때문에 방수용 모르타르 마감, 암반의 보호, 콘크리트의 수리 및 강재의 녹 방지 등에 이용된다.

① 지반과의 부착 및 자체 전단 저항효과로 숏크리트에 작용하는 외력을 지반에 분산 시키고, 터널 주변의 붕락하기 쉬운 암괴를 지지하며, 굴착면 가까이에 지반 아치가 형성될 수 있도록 한다.
② 강지보재 또는 록볼트에 지반 압력을 전달하는 기능을 발휘하도록 하여야 한다.
③ 굴착된 지반의 굴곡부를 메우고 절리면 사이를 접착시킴으로써 응력집중 현상을 피하도록 한다.
④ 굴착면을 피복하여 풍화방지, 지수, 세립자 유출 등을 방지하도록 한다.
⑤ 보수, 보강재료로 사용되어 소요의 강도와 내구성 등 구조물이 충분한 보수 및 보강성능을 발휘하여야 한다.
⑥ 비탈면, 법면 또는 벽면 보호 공법으로 적용되어 충분한 안전성을 확보하여야 한다.

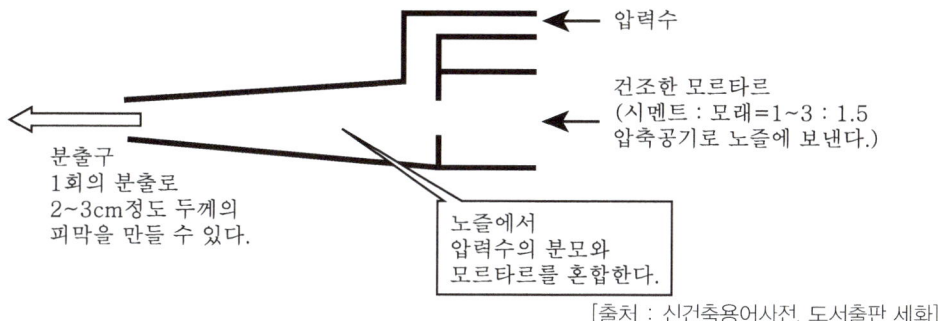

[출처 : 신건축용어사전, 도서출판 세화]

동의어 : 시멘트 건공법(null, cement gun shooting method)

(2) 배수 및 지수(차수) 공법 5가지

① 배수공법 5가지
  ㉮ 집수통 배수공법 : 터파기의 한 구석에 깊은 집수통을 설치하고 여기에 지하수가 고이도록 하여 수중 펌프로 배수하는 방법
  ㉯ 명거 배수공법 : 트렌치를 이용해 배수하는 공법
  ㉰ 암거 배수공법 : 유공관을 지중에 매설해 배수하는 공법
  ㉱ Deep Well 공법 : 깊은 우물을 파고 Casing Strainer를 삽입하여 수중펌프로 양수하는 공법
  ㉲ Well Point 공법 : Header Pipe에 웰포인트를 부착한 후 진공펌프로 양수하는 공법

> **보충학습**
>
> ■ 배수
> ① 배수의 목적은 시공단계에서는 작업능률을 높이고 붕괴사고를 막으려는 것이고, 유지단계에서는 도로의 경우 물을 잘 빠지게 하여 안전한 교통을 돕고, 철도의 경우 노반 지지력을 증대시키고 사면을 안정시키는 것이다.
> ② 배수는 표면배수와 지하수위 저하로 나눌 수 있으나, 대상에 따라 세분하면 공사중배수·표면배수·지하배수·사면배수 등으로 분류할 수 있다.
> ③ 공사중배수란 흙을 잘라내거나 쌓아 둔 사면·표면에 물이 집중되어 굴착기계·운반기계의 작업을 방해하고 붕괴를 일으킬 수 있으므로 이것을 막기 위해 시행하는 배수를 말한다. 공사중배수는 지하수위 저하를 주로 하게 된다.
> ④ 표면배수란 지표면에 내린 빗물과 인접지역에서 흘러드는 지표수를 대상으로 실시하는 배수를 말한다.
> ⑤ 지하배수는 함유한 물을 줄이고 또 지하수위를 낮추는 동시에 사면의 안정 등을 확보하기 위해 시행하는 배수이다.
> ⑥ 사면배수란 흙 속의 물에 의한 사면의 침식·붕괴를 막기 위하여 사면을 따라 흐르는 빗물이나 배어나오는 지하수를 빼내는 것을 말한다.

② 지(차)수공법 5가지
  ㉮ Sheet Pile 공법 : 강내 널말뚝을 연속으로 연결하여 벽체를 형성하는 공법
  ㉯ Slurry Wall 공법 : 지중에 콘크리트를 타설해 지하연속벽체를 구축하는 공법
  ㉰ 주열식 흙막이 공법 : 현장타설 콘크리트 말뚝을 연속적으로 시공해 주열식으로 흙막이 벽을 형성하는 공법
  ㉱ 주입공법 : 시멘트 모르타르, 화학약액, 접착제 등을 지반 내에 주입관을 통해 그라우팅 하는 공법
  ㉲ 고결공법 : 생석회말뚝공법, 동결공법, 소결공법에 의한 지반의 고결공법

1) 배수공법 상세설명
완공된 시설에서 빗물을 빼내거나 지하수위 저하공법을 포함한 공사 중의 배수 전체를 일컫는 공법을 말하는데, 대상에 따라 공사중배수, 표면배수, 지하배수, 사면배수 등으로 분류할 수 있다.

2) 지(차)수공법 상세설명
지반을 굴착할 때 솟아오르는 물[湧水]을 차단하는 공법을 말하는데, 지반에 약액 등을 주입하여 용수를 막는 주입공법(注入工法)과 지수벽(止水壁)을 구축하여 용수를 방지하는 지수벽공법 등이 있다.

> **보충학습**
>
> ■ 지수공법
> ① 지반을 굴착할 때 제일 곤란한 것이 지하수가 솟아오르는 일인데, 이에 대한 처리방법으로는 물이 들어오지 않도록 사전에 차단하는 방법과 들어온 물을 퍼내는 방법이 있다. 이 물을 차단하여 솟아나는 물을 멈추게 하는 방법을 지수공법이라고 한다.
> ② 지수공법에는 지반에 시멘트·모르타르·약액 등을 주입함으로써 용수를 막는 주입공법(注入工法)과, 지반 속에 지수벽(止水壁)을 구축하여 그것으로 용수를 방지하는 지수벽공법 등이 대표적이다.

(3) 기계굴착방법 5가지
① TBM(Tunnel Boring Machine) 방법 : 보링머신의 회전 Cutter로 전단면을 절삭 또는 파쇄하는 방법
② Shield 공법 : Shield를 추진시켜 Segment를 연속적으로 이어 붙이는 방법으로 터널을 구축하는 방법
③ 로드헤더 공법 : 주변 암반과 구조물의 영향을 최소화하여 굴착이 가능한 방법
④ Antraquip 로드헤더 공법 : 전기 유압식으로 작동되어 매연을 배출하지 않는 신공법
⑤ Sandvik 공법 : 최대 150MPa의 압축강도에서 경제적으로 암석을 굴착할 수 있는 신공법

(4) 그 밖의 특징

① 로드 헤더(Load Header), 실드 머쉰(Shield Machine), 터널 보링머쉰(T.B.M) 등 굴착기계는 다음 각 호의 사항을 고려하여 선정하고 작업순서 등 작업안전 계획을 수립한 후 작업하여야 한다.
 ㉮ 터널굴착단면의 크기 및 형상
 ㉯ 지질구성 및 암반의 강도
 ㉰ 작업공간
 ㉱ 용수상태 및 막장의 자립도
 ㉲ 굴진방향에 따른 지질단층의 변화정도

② 제①항의 수립된 작업안전계획에는 최소한 다음 각 호의 사항이 포함되어야 한다.
 ㉮ 굴착기계 및 운반장비 선정
 ㉯ 굴착단면의 굴착순서 및 방법
 ㉰ 굴진작업 1주기의 공정순서 및 굴진단위길이
 ㉱ 버력적재 방법 및 운반경로
 ㉲ 배수 및 환기 **"끝"**

정답근거

터널공사표준안전작업지침-NATM공법 제14조(기계굴착)

보충학습

① 기계굴착공(방)법

구분	NATM 공법	TBM 공법	Shield 공법
개요	발파에 의한 굴착 후 잦은 변위 단계에서 원지반이 부지보재가 되도록하고 숏크리트 락볼트 등이 보조지보제로 하여 계측통해 시공안정성 확보	굴착용커터와 운반을 위한 컨베이어벨트로 구성된 완전기계식 굴착방법	실드를 잭키로 추진하면서 보호된 공간의 흙을 굴착하고 후방에서 조립된 프리캐스트 새그먼트를 복공하여 시공안정성 확보
굴착공법	화약발파	TBM에 의한 기계굴착 후 화약발파에 의한 확공	인력이나 기계굴착

② 그 밖의 굴착공법

구분	RBM 공법	RC 공법	Drill&Blast 공법
굴착방법	전단면 기계식 상향 굴착	운반기계+인력천공의 상향 굴착	운반기계+인력천공의 하향 굴착

다음 논술형 2문제 중 1문제를 선택하여 답하시오.(25점)

문제 8

건축물 외벽 치장벽돌의 정의, 탈락의 원인 및 방지대책에 대하여 설명하시오.

정답

(1) 치장벽돌의 정의

① 건물의 내, 외장의 치장 및 구조용으로 사용하는 조적용 벽돌을 의미한다.
② 조적조는 횡력에 대단히 취약한 구조이나 최근 들어 구조적으로 힘을 받지 않는 곳에는 A.L.C의 보급으로 수요가 증가하는 추세이다.
③ 균열, 누수, 백화 등의 결함이 발생되지 않도록 시공관리를 철저히 하는 것이 중요하다.

(2) 탈락의 원인

일반적으로 치장 벽돌의 탈락 발생 원인은 외벽과 내벽의 미결속에 의한 균열, 온도변화에 따른 적벽돌의 수축·팽창에 따른 균열, 치장 적벽돌 지지부 부실에 의한 균열 등으로 구분

① 외벽과 내벽의 미결속에 의한 균열
  치장 적벽돌 시공시 외벽인 적벽돌과 내벽사이에 두벽의 벌어짐을 방지하기위한 철물을 설치. 이때 설치된 철물의 노후화 및 부식으로 인해 외벽과 내벽의 결속이 끊어질 때 균열이 발생

② 온도변화에 따른 적벽돌의 수축, 팽창에 따른 균열
  철이 온도변화에 따라 수축, 팽창하는 것과 같이 치장 벽돌도 온도에 따라 수축, 팽창을 하며, 공사 초기에는 벽 내부의 수분에 의해서도 수축, 팽창에 영향을 주게 된다. 이러한 온도변화에 따른 수축·팽창 현상을 흡수할 수 있도록 통상 신축줄눈을 설치하는데, 신축줄눈 능력 이상의 수축·팽창 현상이 발생할 때 벽돌벽면에 균열이 발생

③ 치장 적벽돌 지지부 부실에 의한 균열
  치장 적벽돌 시공은 외벽(치장 적벽돌 0.5B)과 내벽(시멘트벽돌 1.0B, 콘크리트벽, 파라펫, 수벽 등)을 보통 공간 쌓기로 시공하며, 콘크리트 받침 턱 또는 받침앵글(지지앵글)을 설치하여 하중을 지지한다. 이러한 경우 콘크리트 받침 턱 또는 지지앵글의 내력이 부족하여 파손 또는 처짐이 발생될 경우, 이로 인해 외벽에 균열이 발생

④ 몰탈 접착력 저하에 의한 상인방 처짐
  창문위 인방부분이 0.5B 평아치 쌓기로 되어 있고 대부분이 몰탈의 접착력으로 지지된 경우, 시간이 지나면서 몰탈의 접착력이 약해져 처짐이 발생하여 균열이 발생되며, 심할 경우 인방이 무너지는 현상이 발생

(3) 탈락방지대책

① 치장벽돌 탈락방지를 위한 중공벽 긴결

② 벽돌 균열은 균열 폭에 따라 에폭시 접착제, 경질, 연질 재료 주입
③ 줄눈 부식 및 탈락은 부식부위는 제거 후 고강도 줄눈 보수
④ 배부름 보강은 헬리 핀 / 균열부위 나선 날 보강선 / 모서리 부분은 헬리 바 보강
⑤ 침투방수제 또는 고결 재 2회 이상 도포 **"끝"**

문제 9

강구조공사 안전에 관한 내용으로 다음을 설명하시오.
1) 유효좌굴길이의 정의
2) 세장비의 정의
3) 부재의 좌굴내력을 저감시키는 요인 3가지
4) 단면의 형상에 따른 좌굴종류 3가지

정답

(1) 유효좌굴(buckling)길이의 정의

압축재 좌굴공식에 사용되는 등가좌굴길이로서 분기좌굴해석으로부터 결정

$l_e = Kl$
K : 유효좌굴길이 계수
유효좌굴길이계수는 압축부재의 세장비(Kl/r)를 산정할 때 사용하는 계수

보충학습

① 오일러의 좌굴하중을 계산하기 위해서는 유효좌굴길이를 알아야 한다.
② 압축재의 단부조건이나 부재내부의 구속조건 등에 의해 유효좌굴계수(K)을 기둥 전체길이에 곱하여 산정한다.
여기서, 좌굴하중(Pcr)은 유효좌굴길이의 제곱에 반비례한다.

$$P_{cr} = \frac{\pi^2 EI}{(l_e)^2}$$

여기서, $l_e = Kl$: 유효좌굴길이
K : 유효좌굴길이계수가 된다.
유효좌굴길이계수는 압축부재의 세장비(Kl/r)계산시 사용된다.

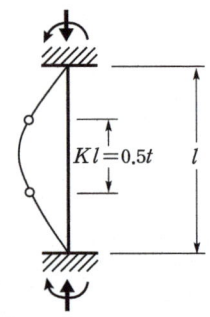

그림 유효좌굴길이의 개념

③ 실제구조물의 일부인 기둥 등 압축재는 경계조건, 압축재의 양단부에 연결된 기둥이나보의 강성, 양단부 절점의 수평이동(Sides Way)가능여부에 따라 압축재의 유효좌굴길이 계수가 서로 다르게 됨

표 유효좌굴길이 계수(K)

기둥의 좌굴형태를 점선으로 표시	(a)	(b)	(c)	(d)	(e)	(f)
이론값	0.5	0.7	1.0	1.0	2.0	2.0
설계값	0.65	0.8	1.2	1.0	2.1	2.0
단부조건	회전고정 및 이동고정	회전자유 및 이동고정	회전고정 및 이동자유	회전자유 및 이동자유		

(2) 세장비의 정의

기둥의 유효좌굴길이와 단면성능에 의해 정해지는 비율로 기둥이 하중에 견디는 정도를 나타내는 값이며, 기둥의 변곡되는 값의 정도를 말한다.

보충학습

① 세장비 : 기둥의 길이 L과 최소 단면 2차 반경 r과의 비 : L/r
② 단주 : 탄성거동을 하는 단주(短柱, short column)의 경우, 축방향 응력이 항복강도 또는 극한강도에 이르면 압축 파괴가 일어난다.
③ 장주 : 세장비가 100 이상인 기둥
　㉮ 탄성 재료로 된 완벽하게 곧은 장주(長柱, slender column)에 축방향으로 하중이 재하
　㉯ 하중의 크기가 커지면, 작은 하중에서는 기둥의 길이가 줄어든다.
　㉰ 한계 하중에 도달하면 기둥에 큰 횡방향 변위 v가 생기면서 불안정해진다.
　㉱ 이런 현상을 좌굴(buckling)이라 하고,

㉤ 이 한계 하중 Pcr을 탄성좌굴하중 또는 오일러 좌굴하중이라고 한다.
㉥ 부재가 세장할수록 좌굴에 저항하는 능력이 작아지며,
㉦ 기둥의 양단 지지 조건에 따라서도 좌굴하중이 달라진다.
㉧ 부재가 세장한 경우 탄성범위 내에서 좌굴이 발생하는데 이를 탄성좌굴하중이라고 한다.

(3) 부재의 좌굴내력을 저감시키는 요인 3가지
① 부재의 초기 변형으로 저감 : 초기변형
② 부재 잔류응력 존재으로 저감 : 잔류응력
③ 하중 단면 도심 미작용으로 저감 : 편심 축하중

(4) 단면의 형상에 따른 좌굴 종류 3가지
① 개요 : 압축재가 중심 압축력을 받으면 단면 형상에 따라 휨좌굴, 비틀림좌굴, 휨-비틀림 좌굴이 발생한다.
② 종류
  ㉮ 휨좌굴은 세장비가 큰 압축 방향 휨에 의해 발생한다 : 휨좌굴
  ㉯ 비틀림좌굴은 매우 세장한 2축대칭단면의 압축재에 주로 발생한다 : 비틀림 좌굴
    (열간 압연 형강보다 얇은 판재를 조립한 조립압축재에 발생) : 휨-비틀림 좌굴
  ㉰ 휨-비틀림 좌굴은 비대칭 단면의 압축재에 발생한다. "끝"

"이하여백"

> **정답근거**
> KDS 14 30 05 : 2019 강구조 설계 일반사항

> **보충학습**
> ■ KDS 14 30 05 : 2019 강구조 설계 일반사항

1. 용어
- 국부좌굴(Local Buckling) : 부재 전체의 파괴를 유발할 수도 있는 압축 판요소의 좌굴
- 비틀림(Torsion) : 부재가 그 중심축 주위로 회전력을 받아 각 단면이 상대적으로 회전변형을 유발하는 상태
- 세장비(Slenderness Ratio) : 기둥에 있어서 휨 축과 동일한 축의 단면 2차 반경에 대한 기둥 유효길이의 비
- 세장판 단면 : 탄성범위 내에서 국부좌굴이 발생할 수 있는 세장판 요소가 있는 단면 (slender section)

- 유효좌굴길이 : 압축재 좌굴공식에 사용되는 등가좌굴길이로서 분기좌굴해석으로부터 결정
- 유효좌굴길이계수 : 유효좌굴길이와 부재의 비지지길이의 비
- 유효폭(Effective Width) : 불균등 응력분포를 가진 판이나 슬래브가 균등 응력분포를 가진다고 가정하며 구조적 거동이 같은 효과를 갖도록 감소시킨 판이나 슬래브의 폭
- 좌굴 : 임계하중상태에서 구조물이나 구조요소가 기하학적으로 갑자기 변화하는 한계상태(buckling), 가늘고 긴 부재 또는 얇은 판에 압축력과 전단력이 가해지면 휘거나 주름이 발생하는 현상, 좌굴이 일어나면 애초의 부재의 내력보다 훨씬 낮은 힘에서 부재의 파괴가 일어나기 때문에 부재가 소성변형능력을 충분히 발휘할 때까지 좌굴이 일어나지 않도록 해야 한다.
- 좌굴길이(Effective Length) : 압축재 좌굴공식에 사용되는 등가좌굴길이로서, 좌굴해석으로부터 결정
- 좌굴길이계수(Effective Length Factor) : 가새 부재의 도심 사이에서 측정된 부재의 비
- 횡비틀림좌굴 : 휨모멘트가 어떤 값에 달해서 부재가 가로방향으로 처지고 비틀림을 수반하면서 좌굴하는 현상
- 횡좌굴(Lateral or lateral-Torsional Buckling) : 횡방향 변위와 비틀림을 수반하는 부재의 좌굴
- 휨좌굴 : 단면의 비틀림이나 형상의 변화없이 압축부재가 휨으로 휘는 좌굴모드(flexural buckling)
- 휨-비틀림좌굴 : 단면형상의 변화 없이 압축부재에 휨과 비틀림변형이 발생하는 좌굴모드

2021년 6월 5일 제11회 기출문제 NCS 분석

1. 시험과목 및 배점분석

구분	시험과목	시험시간	문제유형	배점
2차 전공필수	건설안전공학	100분	주관식 단답형 및 논술형 1) 단답형 : 5문제 2) 논술형 : 4문제 중 3문제 (필수 : 2, 선택 : 1)	총점 100점 1) 단답형 : 5×5=25점 2) 논술형 : 25×3=75점

2. NCS 문제분석

대분류	중분류	소분류	문제내용	비고
단답형	토목공사	기본	1. 원지반의 굴착 또는 절토작업 시 토량의 변화를 평가하는 토량변화율에 대한 팽창률(L), 압축률(C)과 토량환산계수(f)를 설명하시오. (5점)	전공
	국토교통부	고시	2. 절토면에 설치되는 기대기(계단식)옹벽의 안정조건 5가지를 쓰시오. (5점)	제2020-572호
	작업지침	터널공사	3. 터널 콘크리트 라이닝의 구조적 역할(기능) 5가지를 쓰시오. (5점)	제22조
	산업안전보건법령	기본	4. GHS(Globally Harmonized System of Classification and Labelling of Chemicals)의 경고표지 구성요소 5가지만 쓰시오. (5점)	
	교량공사	교량	5. 교량 상부구조 형식 분류 중 트러스트교의 종류 5가지를 쓰시오. (5점)	전공
논술형	산업안전보건법령	안전보건규칙	6. 산업안전보건기준에 관한 규칙상 붕괴 등에 의한 위험 방지에 관하여 다음 물음에 답하시오. (25점) 1) 사업주가 지반의 붕괴, 구축물의 붕괴 또는 토석의 낙하 등에 의하여 근로자가 위험해질 우려가 있는 경우 그 위험을 방지하기 위한 조치사항 3가지를 쓰시오. 2) 사업주가 구축물 또는 이와 유사한 시설물에 대하여 자중(自重), 적재하중, 적설, 풍압(風壓), 지진이나 진동 및 충격 등에 의하여 전도·폭발하거나 무너지는 등의 위험을 예방하기 위한 조치사항 3가지를 쓰시오.	제52조

대분류	중분류	소분류	문제내용	비고
논술형			3) 사업주가 구축물 또는 이와 유사한 시설물의 안전진단 등 안전성 평가를 해야하는 경우 6가지를 쓰시오.	
	토목공사	옹벽	7. 보강토 옹벽의 안정성 검토에 관하여 다음 물음에 답하시오. (25점) 1) 내적안정성 검토사항 5가지를 쓰시오. 2) 외적안정성 검토사항 4가지를 쓰시오.	전공
	토목공사	도로공사	8. 도로공사의 노상 성토 작업 시 안전상태를 확인하기 위한 다짐도 판정방법 5가지를 설명하시오. (25점)	전공
	건설기술진흥법령	시행규칙	9. 건설기술 진흥법 시행규칙에서 정하고 있는 총괄 안전관리계획의 수립기준에 관하여 다음 물음에 답하시오. (25점) 1) 건설공사의 개요에 관하여 설명하시오. 2) 현장 특성 분석 4가지를 쓰시오. 3) 현장운영계획 5가지를 쓰시오. 4) 비상시 긴급조치계획 2가지를 쓰시오.	[별표 7]

합격자 현황

구분		1차			2차			3차		
2021년		응시	합격	합격률	응시	합격	합격률	응시	합격	합격률
소계		2,000	607	30%	411	76	18%	401	168	42%
안전	기계	377	144	38	112	38	34%	87	30	34
	전기	98	32	33	29	13	45%	20	7	35
	화공	158	63	40	46	22	48%	45	24	53
	건설	1,367	368	27	224	3	1%	249	107	43

시간	응시분야	수험번호	성명
100분	건설안전공학	20210605	도서출판 세화

다음 단답형 5문제를 모두 답하시오.(각 5점)

문제 1

원지반의 굴착 또는 절토작업 시 토량의 변화를 평가하는 토량변화율에 대한 팽창률(L), 압축률(C)과 토량환산계수(f)를 설명하시오.

정답

(1) 개요

토공의 작업단계는 절토, 굴착, 운반, 성토, 다짐의 단계로 구성된다.
토량변화율은 단계에 따라 체적 변화가 발생하고 자연상태 토량을 기준으로 흐트러지고 다져진 상태를 말한다.

(2) 용어설명

① 팽창률(L) = $\dfrac{운반(흐트러진\ 상태)토량}{자연상태의\ 토량}$

② 압축률(C) = $\dfrac{완성(다진\ 후\ 상태)토량}{자연상태의\ 토량}$

③ 토량환산계수(f) : 토량작업시 기준이 되는 흙의 상태로 환산한 값 "끝"

보충학습

■ **토량환산계수**(soil amount conversion factor : 土量換算系數)

① 토양이 흐트졌을 때와 다져졌을 때의 체적이 다른데 토량환산계수는 (흐트러진 상태의 토량/자연상태의토량)이나 (다져진 상태의 토량/자연상태의 토량)으로 표현한다.
② 임도설계에 적용하는 토양별 토량환산계수가 있다.
③ 토량환산계수(f) : 토량 작업시 기준이 되는 흙의상태로 환산한 값

④ 굴착, 적재, 운반토량 : 흐트러진 상태의 토량
⑤ 토공장비의 작업량 계산 : 흐트러진 상태의 토량
⑥ 성토량 계산 : 다져진 상태의 토량

표 토량환산 계수

구분	자연상태토량	흐트러진 상태 토량	다진 후 상태 토량
자연상태토량	1	L	C
흐트러진 상태 토량	$1/L$	1	C/L
다진 후 상태 토량	C	C/L	1

> **합격key**
> 2014년 출제

문제 2

절토면에 설치되는 기대기(계단식)옹벽의 안정조건 5가지를 쓰시오.

정답

(1) 개요

비탈면 표면의 탈락으로 불안정해진 구간이나 장기적으로 불안정해질 가능성이 있는 비탈면 표면에 콘크리트를 타설하여 자중으로 비탈면을 안정시키는 옹벽을 말한다.
기대기 옹벽은 절토사면 하단부의 지지력이 상실된 공간이 발생하여 추가적으로 암이탈이 발생할 위험성이 높거나 단층 등의 파쇄대 발달에 의한 절토사면의 침식 등으로 불안정성이 예상될 때 사면의 안정성을 높이기 위해 적용하는 공법이다.

(2) 종류

① 합벽식옹벽
② 계단식옹벽

(3) 기대기(계단식) 옹벽의 안정조건 5가지

① 전도
② 활동
③ 지지력
④ 전단파괴(자체파괴)
⑤ 휨 파괴(모멘트, 자체파괴)

표 검토항목 및 안전율

검토항목	안전율
활동	1.5
전도	1.5
지지력	2.5
옹벽 자체의 파괴(전단, 모멘트)	2.0

"끝"

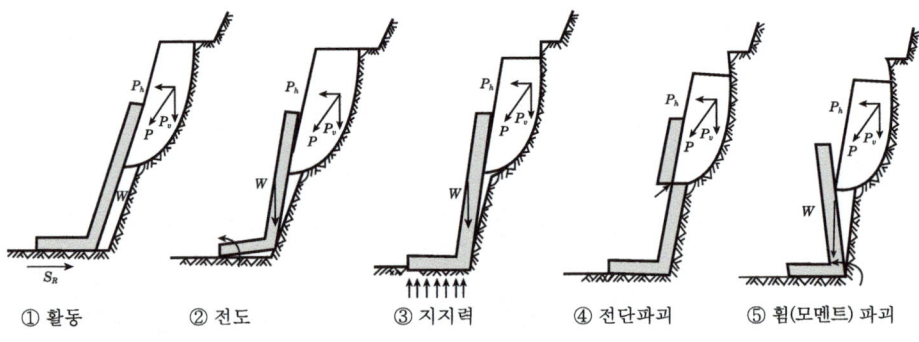

그림 기대기 옹벽의 종류

① 활동 ② 전도 ③ 지지력 ④ 전단파괴 ⑤ 휨(모멘트) 파괴

정답근거

① 건설기술진흥법 고시 : 비탈면 설계기준
② 국토교통부 고시 제2020-572호 : KDS 11 70 00(비탈면 설계기준)

문제 3

터널 콘크리트 라이닝의 구조적 역할(기능) 5가지를 쓰시오.

정답

① 내구연한 동안 구조체로서의 내구성 확보 및 역학적 기능
② 비배수형 방수형식 터널에서의 내압기능
③ 터널 내 점검 및 보수 관리 기능
④ 터널 내장재로서 미관유지 기능
⑤ 터널이 붕괴되지 않도록 상부하중을 지지하는 역할 "끝"

보충학습

■ 터널 콘크리트 라이닝의 비 구조적(유지관리 측면) 역할(기능)5가지
① 지하수 누수가 적고 수밀성이 좋은 구조물
② 수로터널의 경우 조도계수를 향상시켜 유량 이동 효율 향상
③ 터널내 각종 가설선, 조명, 환기 등 시설지지 또는 부착
④ 차량 전조등에 의한 산란 균등 확보
⑤ 운전자의 심리적 안정
⑥ 터널내 시설물 보호
⑦ 환기시설 설치지지
⑧ 소화전, 조명시설지지

참고

터널공사 표준안전 작업지침 – NATM공법 제27조(콘크리트 라이닝)

문제 4

GHS(Globally Harmonized System of Classification and Labelling of Chemicals)의 경고표지 구성요소 5가지만 쓰시오.

정답

구분	내용
명칭	MSDS상의 대상화학물질의 제품명
그림문자	5개 이상일 경우 4개만 표시 가능
신호어	"위험" 또는 "경고" 문구 표시(모두 해당하는 경우 "위험" 만 표시)
유해·위험 문구	해당문구 모두 기재(중복문구 생략, 유사문구 조합 가능)
예방조치 문구	예방·대응·저장·폐기각 1개 이상 포함 6개만 표시 가능
공급자 정보	제조자/공급자의 회사명, 전화번호, 주소 등

"끝"

보충학습

■ GHS(Global Harmonized System of classification and labelling of chemicals)

화학물질에 대한 분류·표시 국제조화 시스템. 1989년 ILO 총회에서 인도는 화학제품의 위험유해성에 관한 분류 및 표지의 세계통일화를 제안했고 이듬해 ILO 화학물질회의에서 인도의 제안이 채택되었다. 그리고 1992년 리우의 UN환경개발 회의(UNCED)에서 GHS를 추진하기로 결정하였다. 그 후 UN 관계 전문가들의 노력으로 2002년 9월 UN은 지속가능개발세계정상회의에서 2008년까지 OECD 가입국가에 대하여 GHS를 도입하기로 결정한 바 있다.

※우리나라의 경우 국립환경과학원이 구체적인 분류를 정하고 있다.

문제 5

교량 상부구조 형식 분류 중 트러스교의 종류 5가지를 쓰시오.

정답

① 워렌 트러스
② 플랫 트러스
③ 하우 트러스
④ 킹포스트 트러스
⑤ K-트러스 **"끝"**

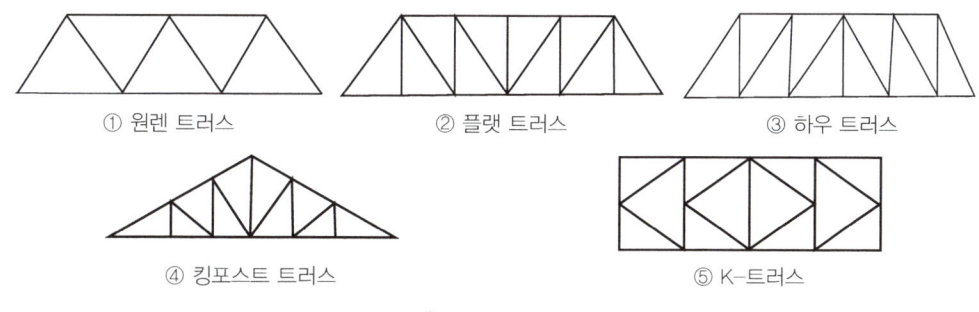

그림 트러스교 종류 5가지

보충학습

① 교량의 상부구조는 교대 교각위에 주형 girder와 slab로 구성되고 부속시설로 교좌장치, 배수시설 등이 있다.
② 교량의 상부구조 구조형식에 따라 Slab교, Ramen교, Girder교, Truss교, Arch교, 사장교, 현수교 등이 있다.
③ 트러스(Truss)교는 한 평면내 연속된 삼각형 구조로 조립한 교량으로, 트러스를 사용한 교량을 말한다.

참고

19세기 중반 철강기술의 발달과 강철이 발달하면서 그전까지 나무로 가설된 트러스교는 전부 강재 트러스교로 바뀌게 된다. 그리고 트러스교의 종류도 통행로의 위치에 따라 나뉘어지는데 하로 트러스, 중로 트러스, 상로 트러스로 나뉘어진다. 대표적으로 강재트러스 철도교량은 영국의 포스만 교, 테이교, 캐나다의 퀘백교가 대규모 트러스 철도교량으로 알려져 있다.

다음 논술형 2문제를 모두 답하시오.(각 25점)

문제 6

산업안전보건기준에 관한 규칙상 붕괴 등에 의한 위험 방지에 관하여 다음 물음에 답하시오.

(1) 사업주가 지반의 붕괴, 구축물의 붕괴 또는 토석의 낙하 등에 의하여 근로자가 위험해질 우려가 있는 경우 그 위험을 방지하기 위한 조치사항 3가지를 쓰시오.

(2) 사업주가 구축물 또는 이와 유사한 시설물에 대하여 자중(自重), 적재하중, 적설, 풍압(風壓), 지진이나 진동 및 충격 등에 의하여 전도·폭발하거나 무너지는 등의 위험을 예방하기 위한 조치사항 3가지를 쓰시오.

(3) 사업주가 구축물 또는 이와 유사한 시설물의 안전진단 등 안전성 평가를 해야하는 경우 6가지를 쓰시오.

정답

(1) 근로자 위험방지 조치사항 3가지

산업안전보건에 관한 규칙(이하 안전보건규칙) 제50조에서는 붕괴 낙하에 의한 위험방지에 대해 규정하고 있다. 사업주는 지반의 붕괴, 구축물의 붕괴 등에 대한 아래의 위험방지 조치를 취해야 한다.

① 지반은 안전한 경사로 하고 낙하의 위험이 있는 토석을 제거하거나 옹벽, 흙막이 지보공 등을 설치할 것
② 지반의 붕괴 또는 토석의 낙하 원인이 되는 빗물이나 지하수 등을 배제할 것
③ 갱내의 낙반·측벽(側壁) 붕괴의 위험이 있는 경우에는 지보공을 설치하고 부석 제거하는 등 필요한 조치를 할 것

정답근거

산업안전보건기준에 관한 규칙 제50조(붕괴·낙하에 의한 위험방지)

(2) 전도·폭발·무너짐 등의 예방 조치사항 3가지

산업안전보건에 관한 규칙(이하 안전보건규칙) 제51조에서는 구축물 또는 이와 유사한 시설물 등의 안전 유지에 대해 규정하고 있다.
사업주는 구축물 또는 이와 유사한 시설물에 대하여 자중, 적재하중, 적설, 풍압, 지진이나

<u>진동 및 충격 등에 의하여 전도</u>, 폭발하거나 무너지는 등의 위험을 예방하기 위한 아래의 조치를 취해야 한다.
① 설계도서에 따라 시공했는지 확인
② 건설공사 시방서(示方書)에 따라 시공했는지 확인
③ 건축물의 구조기준 등에 관한 규칙에 따른 구조기준을 준수했는지 확인

> **정답근거**
> 산업안전보건기준에 관한 규칙 제52조(구축물 등의 안전성 평가)

(3) 안전성 평가를 해야하는 경우 6가지

산업안전보건에 관한 규칙(이하 안전보건규칙) 제52조에서는 구축물 또는 이와 유사한 시설물의 안전성 평가를 실시하도록 규정하고 있다. 사업주가 구축물 또는 이와 유사한 시설물의 안전진단 등 안전성 평가를 해서 근로자의 위험을 예방해야 한다.
① 구축물 또는 이와 유사한 시설물의 인근에서 굴착·항타작업 등으로 침하·균열 등이 발생하여 붕괴의 위험이 예상될 경우
② 구축물 또는 이와 유사한 시설물에 지진, 동해(凍害), 부동침하(不同沈下) 등으로 균열·비틀림 등이 발생하였을 경우
③ 구조물, 건축물, 그 밖의 시설물이 그 자체의 무게·적설·풍압 또는 그 밖에 부가되는 하중 등으로 붕괴 등의 위험이 있을 경우
④ 화재 등으로 구축물 또는 이와 유사한 시설물의 내력(耐力)이 심하게 저하되었을 경우
⑤ 오랜 기간 사용하지 아니하던 구축물 또는 이와 유사한 시설물을 재사용하게 되어 안전성 검토하여야 하는 경우
⑥ 그 밖에 잠재위험이 예상될 경우 "끝"

> **정답근거**
> 산업안전보건기준에 관한 규칙 제52조(구축물 등의 안전성 평가)

문제 7

보강토 옹벽의 안정성 검토에 관하여 다음 물음에 답하시오.
(1) 내적안정성 검토사항 5가지를 쓰시오.
(2) 외적안정성 검토사항 5가지를 쓰시오.

정답

1. 개요

보강토 옹벽은 흙쌓기 제방이나 벽체의 배면 또는 사면에 금속, 합성섬유, 천 등의 보강재를 넣어 흙과 보강재가 일체가 되어 전단에 저항하도록 조성하는 공법이다.

보강토 옹벽은 시공이 신속하고, 용지 폭이 적고, 높은 옹벽 시공이 가능하며 연약지반 기초 없이 시공하고 미관이 좋다. 반면, 보강토 옹벽은 변형 및 균열, 부등침하, 국부적 붕괴, 보강토체 파괴, 전체 사면 활동, 보강재 인발/파단으로 인한 재해가 발생할 우려가 있다.

이에 따라 보강토 옹벽 설계 시 내외적 안전성을 검토하는 것이 필요하다. 보강토 옹벽은 중력식 옹벽의 외적 안정에 대해서 동일하나, 내적 안정 조건에도 안정해야 하는 것이 차이점이라 할 수 있다.

2. 안전성 검토사항

(1) 내적안전성 검토사항 5가지

① 보강토옹벽 자체의 전단 파괴 검토
② 보강토옹벽 자체의 모멘트 파괴 검토
③ 인발파괴 검토
④ 보강재파단 검토
⑤ 보강재와 전면판의 연결부 파단 검토

(2) 외적안정성 검토사항 5가지

① 저면활동(하단의 작용 마찰력)에 대한 검토
② 전도(수평토압)에 대한 검토
③ 지지력(회전 모멘트)에 대한 검토
④ 수평토와 회전 모멘트에 대한 검토
⑤ 전체안정성(자중, 연직하중·극관지지력)에 대한 검토 "끝"

다음 논술형 2문제 중 1문제를 선택하여 답하시오.(각 25점)

문제 8

도로공사의 노상 성토 작업 시 안전상태를 확인하기 위한 다짐도 판정방법 5가지를 설명하시오.

정답

(1) 상대다짐도(RC : 건조밀도)로 규정(이용)하는 판정 방법
① 건조밀도로 규정하는 방법으로 현장 건조밀도/실내(실험실) 최대건조밀도로 상대다짐도를 구함
② 노상은 최대건조밀도 95[%], 노체 90[%] 이상이면 합격

(2) 상대밀도(DC)로 규정하는 판정 방법
① 점성이 없는 사질토의 경우에 상대밀도로 규정
② 시방서(값) 기준이상이면 합격

(3) 포화도 또는 공극률로 규정하는 판정 방법
① 주로 고함수비 점토 등과 같이 건조밀도로 규정하기 어렵거나 토질 변화가 현저한 곳에 적용
② 포화도 기준은 85~98[%]
③ 공극률기준 2~10[%]

(4) 강도로 규정하는 판정방법
① CBR 값이 시방서 기준을 충족시키며 합격
 노상토의 지지력 상태파악 및 재료선정, 포장설계에서 사용되는 데이터를 얻기 위해 시험실에서 준비한 시료로서 규정의 관입시험 실시하는 것을 CBR시험이라 함.
 CBR=시험하중×100/표준하중
② 지반지지력(PBT : 평판재하시험) 계수 K값으로 규정(시방서 기준을 충족시키며 합격)
③ Cone 지수

(5) 변형량(Proof rolling) 벤켈만 시험으로 판정
노상·노반에 일정 하중의 차량이나 롤러를 주행시키고 하중에 의한 침하량을 측정하여 지지력이나 시공의 균일성을 시험하는 것(벤켈만 빔 시험에 의한 변형량 판정) **"끝"**

문제 9

건설기술 진흥법 시행규칙에서 정하고 있는 총괄 안전관리계획의 수립기준에 관하여 다음 물음에 답하시오.
(1) 건설공사의 개요에 관하여 설명하시오.
(2) 현장 특성 분석 4가지를 쓰시오.
(3) 현장운영계획 5가지를 쓰시오.
(4) 비상시 긴급조치계획 2가지를 쓰시오.

정답

(1) 건설공사의 개요
공사 전반에 대한 개략적인 내용을 파악하기 위한 위치도, 공사개요, 전체 공정표 및 설계도서 등

(2) 현장 특성 분석 4가지
① 현장 여건 분석
  ㉮ 주변 지장물 여건
  ㉯ 지반조건(지질 특성, 지하수위, 토질주상도)
  ㉰ 주변의 교통여건 및 환경요소 등
② 시공단계의 위험요소, 위험성 및 그에 대한 저감대책
  ㉮ 핵심관리가 필요한 공정으로 선정된 공법
  ㉯ 시공단계에서 반드시 고려해야 하는 위험요소
  ㉰ 그 외 시공자가 시공단계에서 위험 요소 및 위험성을 발굴한 경우
③ 공사장 주변 안전관리대책
  ㉮ 지하매설물의 방호
  ㉯ 인접 시설물 및 지반의 보호
④ 통행 안전시설의 설치 및 교통소통계획
  ㉮ 공사장 주변의 교통소통대책
  ㉯ 교통안전시설물(시설물의 점검 및 손상 등에 대한 보수관리계획 포함)
  ㉰ 교통사고예방대책
  ㉱ 현장차량 운행계획
  ㉲ 공사장 내부의 주요 지점별 건설기계·장비의 전담 유도원 배치계획

(3) 현장운영계획 5가지
① 안전관리조직
  ㉮ 공사관리조직 및 임무에 관한 사항으로서 시설물의 시공안전 및 공사장 주변안전에 대한

　　　　점검 · 확인 등을 위한 관리조직표
　② 공정별 안전점검계획
　　㉮ 자체안전점검, 정기안전점검의 시기 · 내용, 안전점검 공정표, 안전점검 체크리스트 등 실시계획에 관한 사항
　　㉯ 계측장비 및 폐쇄회로 텔레비전 등 안전 모니터링 장비의 설치 및 운용계획에 관한 사항
　③ 안전관리비 집행계획
　　안전관리비의 계상, 산출 · 집행계획, 사용계획 등에 관한 사항
　④ 안전교육계획
　　안전교육계획표, 교육의 종류 · 내용 및 교육관리에 관한 사항
　⑤ 안전관리계획 이행보고 계획
　　위험한 공정으로 감독관의 작업허가가 필요한 공정과 그 시기, 안전관리계획 승인권자에게 안전관리계획 이행 여부 등에 대한 정기적 보고계획 등

(4) 비상시 긴급조치계획 2가지

① 공사현장에서의 사고, 재난, 기상이변 등 비상사태에 대비한 내부 · 외부 비상연락망, 비상 동원조직, 경보체제, 응급조치 및 복구 등에 관한 사항
② 건축공사 중 화재발생을 대비한 대피로 확보 및 비상대피 훈련계획에 관한 사항 **"끝"**

"이하여백"

> **정답근거**
>
> **건설기술진흥법 시행규칙 [별표 7] 안전관리계획의 수립기준(제58조 관련)**

제22조(콘크리트 라이닝) 콘크리트 라이닝을 시공함에 있어서는 시공전, 시공중 다음 각 호의 사항을 사전 검토하여야 한다.
1. 콘크리트 라이닝 공법 선정시 다음 각 목의 사항을 검토하여 시공방식을 선정하여야 한다.
　가. 지질, 암질상태
　나. 단면형상
　다. 라이닝의 작업능률
　라. 굴착공법
2. 굴착공법에 따른 라이닝공법의 선정은 다음 [표 3]을 준용한다.

[표 3] 굴착공법에 따른 라이닝 공법

라이닝 공법		굴착공법	
측벽선행공법	전단면 공법	아아치 선행 공법	상부반단면 선진공법
측변도갱선진 상부반단면 공법		지질도갱선진 상부반단면 공법	

3. 라이닝 콘크리트 배면과 뿜어붙인 콘크리트면 사이의 공극이 생기지 않도록 하여야 한다.

4. 콘크리트 재료의 혼합 후 타설 완료때까지의 소요시간은 다음 각 호를 기준으로 하여야 한다.
   가. 온난·건조시 1시간 이내
   나. 저온·습윤시 2시간 이내
5. 콘크리트 운반 중 재료의 분리, 손실, 이물의 혼입이 발생하지 않는 방법으로 운반하여야 한다.
6. 콘크리트 타설표면은 이물질이 없도록 사전에 제거하여야 한다.
7. 1구간의 콘크리트는 연속해서 타설하여야 하며, 좌우대칭으로 같은 높이로 하여 거푸집에 편압이 작용하지 않도록 하여야 한다.
8. 타설슈우트, 벨트컨베이어 등을 사용하는 경우에는 충격, 휘말림 등에 대하여 충분한 주의를 하여야 한다.
9. 굳지않은 콘크리트의 처짐 및 침하로 인하여 터널천정 부분에 공극이 생기는 위험을 방지하기 위해서 콘크리트가 경화된 후 시방에 의한 접착 그라우팅을 천정부에 시행하여야 한다.

■ 건설기술 진흥법 시행규칙 [별표 7] 〈개정 2020. 3. 18〉

안전관리계획의 수립기준(제58조 관련)

1. 일반기준

가. 안전관리계획은 다음 표에 따라 구분하여 각각 작성·제출해야 한다.

구분	작성 기준	제출 기한
1) 총괄 안전관리계획	제2호에 따라 건설공사 전반에 대하여 작성	건설공사 착공 전까지
2) 공종별 세부 안전관리계획	제3호 각 목 중 해당하는 공종별로 작성	공종별로 구분하여 해당 공종의 착공 전까지

나. 각 안전관리계획서의 본문에는 반드시 필요한 내용만 작성하며, 해당 사항이 없는 내용에 대해서는 "해당 사항 없음"으로 작성한다.
다. 각 안전관리계획서에 첨부하는 관련 법령, 일반도면, 시방기준 등 일반적인 내용의 자료는 특별히 필요한 자료 외에는 최소한으로 첨부한다. 다만, 안전관리계획의 검토를 위하여 필요한 배치도, 입면도, 층별 평면도, 종·횡단면도(세부 단면도를 포함한다) 및 그 밖에 공사현황을 파악할 수 있는 주요 도면 등은 각 안전관리계획과 별도로 첨부하여 제출해야 한다.
라. 이 표에서 규정한 사항 외에 건설공사의 안전 확보를 위하여 안전관리계획에 포함해야 하는 세부사항은 국토교통부장관이 정하여 고시할 수 있다.

2. 총괄 안전관리계획의 수립기준

가. 건설공사의 개요공사 전반에 대한 개략을 파악하기 위한 위치도, 공사개요, 전체 공정 표 및 설계도서(해당 공사를 인가·허가 또는 승인한 행정기관 등에 이미 제출된 경우는 제외한다)

나. 현장 특성 분석
  1) 현장 여건 분석
    주변 지장물(支障物) 여건(지하 매설물, 인접 시설물 제원 등을 포함한다), 지반 조건[지질 특성, 지하수위(地下水位), 시추주상도(試錐柱狀圖) 등을 말한다], 현장시공 조건, 주변 교통 여건 및 환경요소 등
  2) 시공단계의 위험 요소, 위험성 및 그에 대한 저감대책
    가) 핵심관리가 필요한 공정으로 선정된 공정의 위험 요소, 위험성 및 그에 대한 저감대책
    나) 시공단계에서 반드시 고려해야 하는 위험 요소, 위험성 및 그에 대한 저감대책(영 제75조의2제1항에 따라 설계의 안전성 검토를 실시한 경우에는 같은 조 제2항제1호의 사항을 작성하되, 같은 조 제4항에 따라 설계도서의 보완·변경 등 필요한 조치를 한 경우에는 해당 조치가 반영된 사항을 기준으로 작성한다)
    다) 가) 및 나) 외에 시공자가 시공단계에서 위험 요소 및 위험성을 발굴한 경우에 대한 저감대책 마련 방안
  3) 공사장 주변 안전관리대책
    공사 중 지하매설물의 방호, 인접 시설물 및 지반의 보호 등 공사장 및 공사현장 주변에 대한 안전관리에 관한 사항(주변 시설물에 대한 안전 관련 협의서류 및 지반침하 등에 대한 계측계획을 포함한다)
  4) 통행안전시설의 설치 및 교통소통계획
    가) 공사장 주변의 교통소통대책, 교통안전시설물, 교통사고예방대책 등 교통안전 관리에 관한 사항(현장차량 운행계획, 교통 신호수 배치계획, 교통안전시설물 점검계획 및 손상·유실·작동이상 등에 대한 보수 관리계획을 포함한다)
    나) 공사장 내부의 주요 지점별 건설기계·장비의 전담유도원 배치계획

다. 현장운영계획
  1) 안전관리조직
    공사관리조직 및 임무에 관한 사항으로서 시설물의 시공안전 및 공사장 주변안전에 대한 점검·확인 등을 위한 관리조직표(비상시의 경우를 별도로 구분하여 작성한다)
  2) 공정별 안전점검계획
    가) 자체안전점검, 정기안전점검의 시기·내용, 안전점검 공정표, 안전점검 체크리스트 등 실시계획 등에 관한 사항
    나) 계측장비 및 폐쇄회로 텔레비전 등 안전 모니터링 장비의 설치 및 운용계획에 관한 사항(「시설물의 안전 및 유지관리에 관한 특별법 시행령」 별표 1에 따른 제2종

시설물 중 공동주택의 건설공사는 공사장 상부에서 전체를 실시간으로 파악할 수 있도록 폐쇄회로 텔레비전의 설치·운영계획을 마련해야 한다)
3) 안전관리비 집행계획
안전관리비의 계상, 산출·집행계획, 사용계획 등에 관한 사항
4) 안전교육계획
안전교육계획표, 교육의 종류·내용 및 교육관리에 관한 사항
5) 안전관리계획 이행보고 계획
위험한 공정으로 감독관의 작업허가가 필요한 공정과 그 시기, 안전관리계획 승인 권자에게 안전관리계획 이행 여부 등에 대한 정기적 보고계획 등

라. 비상시 긴급조치계획
1) 공사현장에서의 사고, 재난, 기상이변 등 비상사태에 대비한 내부·외부 비상연락망, 비상동원조직, 경보체제, 응급조치 및 복구 등에 관한 사항
2) 건축공사 중 화재발생을 대비한 대피로 확보 및 비상대피 훈련계획에 관한 사항(단열재 시공시점부터는 월 1회 이상 비상대피 훈련을 실시해야 한다)

예상문제

건설기술진흥법 시행규칙에서 공종별 세부 안전관리계획 8가지를 쓰시오.

정답

① 가설공사
　㉮ 가설구조물의 설치개요 및 시공상세도면
　㉯ 안전시공 절차 및 주의사항
　㉰ 안전점검계획표 및 안전점검표
　㉱ 가설물 안전성 계산서
② 굴착공사 및 발파공사
　㉮ 굴착, 흙막이, 발파, 항타 등의 개요 및 시공상세도면
　㉯ 안전시공 절차 및 주의사항(지하매설물, 지하수위 변동 및 흐름, 되메우기 다짐 등에 관한 사항을 포함한다)
　㉰ 안전점검계획표 및 안전점검표
　㉱ 굴착 비탈면, 흙막이 등 안전성 계산서
③ 콘크리트공사
　㉮ 거푸집, 동바리, 철근, 콘크리트 등 공사개요 및 시공상세도면
　㉯ 안전시공 절차 및 주의사항
　㉰ 안전점검계획표 및 안전점검표
　㉱ 동바리 등 안전성 계산서

④ 강구조물공사
  ㉮ 자재·장비 등의 개요 및 시공상세도면
  ㉯ 안전시공 절차 및 주의사항
  ㉰ 안전점검계획표 및 안전점검표
  ㉱ 강구조물의 안전성 계산서
⑤ 성토(흙쌓기) 및 절토(땅깎기) 공사(흙댐공사를 포함한다)
  ㉮ 자재·장비 등의 개요 및 시공상세도면
  ㉯ 안전시공 절차 및 주의사항
  ㉰ 안전점검계획표 및 안전점검표
  ㉱ 안전성 계산서
⑥ 해체공사
  ㉮ 구조물해체의 대상·공법 등의 개요 및 시공상세도면
  ㉯ 해체순서, 안전시설 및 안전조치 등에 대한 계획
⑦ 건축설비공사
  ㉮ 자재·장비 등의 개요 및 시공상세도면
  ㉯ 안전시공 절차 및 주의사항
  ㉰ 안전점검계획표 및 안전점검표
  ㉱ 안전성 계산서
⑧ 타워크레인 사용공사
  ㉮ 타워크레인 운영계획안전작업절차 및 주의사항, 관리자 및 신호수 배치계획, 타워크레인간 충돌방지계획 및 공사장 외부 선회방지 등 타워크레인 설치·운영계획, 표준작업시간 확보계획, 관련 도면[타워크레인에 대한 기초 상세도, 브레이싱(압축 또는 인장에 작용하며 구조물을 보강하는 대각선 방향 등의 구조 부재) 연결 상세도 등 설치 상세도를 포함한다]
  ㉯ 타워크레인 점검계획점검시기, 점검 체크리스트 및 검사업체 선정계획 등
  ㉰ 타워크레인 임대업체 선정계획적정 임대업체 선정계획(저가임대 및 재임대 방지방안을 포함한다), 조종사 및 설치·해체 작업자 운영계획(원격조종 타워크레인의 장비별 전담조정사 지정여부 및 조종사의 운전시간 등 기록관리 계획을 포함한다), 임대업체 선정과 관련된 발주자와의 협의시기, 내용, 방법 등 협의계획
  ㉱ 타워크레인에 대한 안전성 계산서(현장조건을 반영한 타워크레인의 기초 및 브레이싱에 대한 계산서는 반드시 포함해야 한다) **"끝"**

"이하여백"

2022년 6월 11일 제12회 기출문제 NCS 분석

1. 시험과목 및 배점분석

구분	시험과목	시험시간	문제유형	배점
2차 전공필수	건설안전공학	100분	주관식 단답형 및 논술형 1) 단답형 : 5문제 2) 논술형 : 4문제 중 3문제 (필수 : 2, 선택 : 1)	총점 100점 1) 단답형 : 5×5=25점 2) 논술형 : 25×3=75점

2. NCS 문제분석

대분류	중분류	소분류	문제내용	비고
단답형	산업안전보건법령, 고시, 작업지침	안전보건규칙	1. 근로자의 추락위험방지를 위한 안전난간의 구조 및 설치요건 5가지를 쓰시오.(5점)	제13조
		콘크리트구조 내구성 설계기준	2. 콘크리트 구조물의 내구성능 평가 시 고려해야하는 성능저하인자 5가지를 쓰시오.(5점)	KSD14 2040:2022
		안전보건규칙	3. 산업안전보건기준에 관한 규칙상 지반 등의 굴착 시 위험방지를 위한 굴착면의 기울기 기준을 쓰시오.(5점) 1) 보통흙의 습지 2) 보통흙의 건지 3) 암반의 풍화암 4) 암반의 연암 5) 암반의 경암	별표 11
		안전보건규칙	4. 건설기계 중 항타기 또는 항발기 조립 시 점검사항 5가지를 쓰시오.(5점)	제207조
		철골공사	5. 철골공사에서 제3자의 위해방지를 위한 비래낙하 및 비산방지 설비 5가지를 쓰시오.(5점)	제16조
논술형	표준안전작업지침	해체공사	6. 해체공사에 관하여 다음 물음에 답하시오.(25점) 1) 해체대상 구조물 조사사항 10가지를 쓰시오. 2) 부지상황 조사사항 5가지를 쓰시오. 3) 해체공법의 종류 중 기계력에 의한 공법 5가지를 쓰시오. 4) 해체공법의 종류 중 유압력에 의한 공법 3가지를 쓰시오.	제2장 제3장

대분류	중분류	소분류	문제내용	비고
논술형	표준안전작업지침 산업안전보건법령 표준시방서	콘크리트 공사	7. 콘크리트공사의 안전작업에 관하여 다음 물음에 답하시오. (25점) 1) 거푸집 및 지보공(동바리) 설계(구조검토)시 고려해야할 하중 5가지에 관하여 설명하시오. 2) 거푸집 등을 조립할 때 준수사항 5가지를 쓰시오. 3) 펌프카에 의해 콘크리트를 타설 시 안전수칙 준수사항 5가지를 쓰시오.	제4조 (하중) 제6조 (조립) 제14조 (펌프카)
		안전보건규칙	8. 흙막이공법 작업 시 안전 계획 및 관리에 관하여 다음 물음에 답하시오. (25점) 1) 흙막이공법 선정 시 고려사항 5가지를 쓰시오. 2) 흙막이 및 굴착공사 계측기의 종류 10가지를 쓰시오. 3) 흙막이 지보공을 설치하였을 때 정기적으로 점검할 사항 4가지를 쓰시오.	제347조 (붕괴 등의 위험방지)
		가설공사	9. 시스템 동바리의 안전성 확보를 위한 시공에 관하여 다음 물음에 답하시오. (25점) 1) 지주 형식 동바리 시공 시 준수사항 8가지를 쓰시오. 2) 보 형식 동바리 시공 시 준수사항 5가지를 쓰시오.	표준시방서 (KCS 215005)

합격자 현황

구분			1차			2차			3차		
2022년			응시	합격	합격률	응시	합격	합격률	응시	합격	합격률
소계			2,734	1,061	39%	676	215	32%	831	348	42%
안전		기계	554	231	42	202	52	26	160	82	51
		전기	153	53	82	36	14	39	49	23	47
		화공	260	113	43	104	32	31	68	51	75
		건설	1,776	664	26	334	117	35	554	192	35

2022년도 6월 11일 산업안전지도사 2차 국가자격시험

시간	응시분야	수험번호	성명
100분	건설안전공학	20220611	도서출판 세화

다음 단답형 5문제를 모두 답하시오.(각 5점)

문제 1

근로자의 추락위험방지를 위한 안전난간의 구조 및 설치요건 5가지를 쓰시오.

정답

① 상부 난간대, 중간 난간대, 발끝막이판 및 난간기둥으로 구성할 것. 다만, 중간 난간대, 발끝막이판 및 난간기둥은 이와 비슷한 구조와 성능을 가진 것으로 대체할 수 있다.
② 상부 난간대는 바닥면·발판 또는 경사로의 표면(이하 "바닥면등"이라 한다)으로부터 90[cm] 이상 지점에 설치하고, 상부 난간대를 120[cm] 이하에 설치하는 경우에는 중간 난간대는 상부 난간대와 바닥면등의 중간에 설치하여야 하며, 120[cm] 이상 지점에 설치하는 경우에는 중간 난간대를 2단 이상으로 균등하게 설치하고 난간의 상하 간격은 60[cm] 이하가 되도록 할 것. 다만, 난간기둥 간의 간격이 25[cm] 이하인 경우에는 중간 난간대를 설치하지 아니할 수 있다.
③ 발끝막이판은 바닥면등으로부터 10[cm] 이상의 높이를 유지할 것. 다만, 물체가 떨어지거나 날아올 위험이 없거나 그 위험을 방지할 수 있는 망을 설치하는 등 필요한 예방 조치를 한 장소는 제외한다.
④ 난간기둥은 상부 난간대와 중간 난간대를 견고하게 떠받칠 수 있도록 적정한 간격을 유지할 것
⑤ 상부 난간대와 중간 난간대는 난간 길이 전체에 걸쳐 바닥면등과 평행을 유지할 것
⑥ 난간대는 지름 2.7[cm] 이상의 금속제 파이프나 그 이상의 강도가 있는 재료일 것
⑦ 안전난간은 구조적으로 가장 취약한 지점에서 가장 취약한 방향으로 작용하는 100[kg] 이상의 하중에 견딜 수 있는 튼튼한 구조일 것 "끝"

정답근거

산업안전보건기준에 관한 규칙 제13조(안전난간의 구조 및 설치요건)
([시행 2024. 12. 29.][고용노동부령 제417호, 2024. 6. 28., 타법개정] 적용)

합격자의 조언

본 문제는 구조 및 설치요건을 나누어서 답하시면 안됩니다.(이유 : 법기준)

문제 2

콘크리트 구조물의 내구성능 평가 시 고려해야하는 성능저하인자 5가지를 쓰시오.

정답

① 염해 ② 탄산화 ③ 동결융해 ④ 화학적 침식 ⑤ 알칼리 골재반응 "끝"

정답근거

콘크리트구조 내구성 설계기준 KDS 14 2040:2022 국가건설기준센터

콘크리트 구조물의 내구성 평가

1. 일반사항

① 이 부록은 내구성이 특별히 요구되지 않는 콘크리트 구조물이나, 특수한 공법 및 재료를 사용한 콘크리트 구조물을 제외한 일반적인 콘크리트 구조물에 대해 성능저하요인별 시공 전 콘크리트 구조물의 내구성을 평가하고 이에 따른 내구성의 확보를 위해 적용한다.
② 성능저하환경에 놓여있는 콘크리트 구조물의 주된 성능저하인자인 염해, 탄산화, 동결융해, 화학적 침식, 알칼리 골재반응에 대하여 검토하여야 한다.
③ 콘크리트 구조물이 목표내구수명 동안에 지배적인 성능저하인자에 따라 요구되는 내구성능을 평가하여야 한다.
④ 콘크리트 구조물에 여러 성능저하인자가 복합적으로 작용하는 경우에는 각각의 성능저하인자가 독립적으로 작용한다고 가정하여 콘크리트 구조물의 내구성을 평가하며, 가장 지배적인 성능저하인자에 대한 내구성 평가 결과를 적용할 수 있다.

2. 염해에 관한 내구성 평가

(1) 해당구조물의 염해 환경 설정
(2) 철근부식 임계염소이온 농도 설정
(3) 콘크리트 구조물의 염해 내구성 평가

3. 탄산화에 관한 내구성 평가

(1) 탄산화 내구성능
① 콘크리트 구조물의 시공계획단계에서 탄산화에 대한 내구성 평가는 구조물 설계 당시의

내구성 조건과 콘크리트의 재료, 배합, 시공방법 등에 따라 대상구조물의 탄산화에 관한 환경조건을 고려한 내구성 평가를 통하여 대상 구조물의 목표내구수명 내에서 탄산화에 대한 요구내구성능을 확보하고 있는지 여부를 수행하여야 한다.
② 탄산화에 대한 허용 성능저하 한도는 탄산화 침투깊이가 철근의 깊이까지 도달한 상태를 탄산화에 대한 허용 성능저하 한계상태로 정하도록 한다.

(2) 콘크리트 구조물의 탄산화 내구성 평가

4. 동해에 관한 내구성 평가

(1) 동해의 내구성능
① 콘크리트 구조물의 시공계획단계에서 동결융해에 대한 내구성 평가는 구조물 설계 당시의 내구성 조건과 콘크리트의 재료, 배합, 시공방법 등에 따라 대상구조물의 동결융해에 관한 환경조건을 고려한 내구성 평가를 통하여 대상 구조물의 목표내구수명내에서 동결융해에 대한 요구내구성능을 확보하고 있는지 여부를 수행하여야 한다.

(2) 동해의 내구성 평가

5. 화학적 침식에 관한 내구성 평가

(1) 화학적 침식의 내구성능
① 콘크리트의 화학적 침식에서 다음과 같은 여러 요인에 대해 평가하여야 한다.
  ㉮ 산에 의한 침식
  ㉯ 황산염에 의한 침식
  ㉰ 염류에 의한 침식
  ㉱ 강알칼리에 의한 침식
  ㉲ 동·식물성 기름에 의한 침식
  ㉳ 당류에 의한 침식
  ㉴ 부식성 가스에 의한 침식

(2) 화학적 침식의 내구성 평가

6. 알칼리 골재반응에 관한 내구성 평가

(1) 알칼리 골재반응의 내구성능
① 구조물의 요구성능이 콘크리트의 알칼리 골재반응에 의해 손상 받지 않아야 한다.
② 콘크리트 표면을 피복함으로써 알칼리 골재반응에 관한 구조물의 성능을 확보할 수 있으

며, 이런 경우에는 유지관리계획을 고려하여 표면피복에 의한 방수 효과를 적절한 방법으로 평가하여야 한다.
③ 알칼리 골재반응에 의한 피해를 방지하기 위해서는 외부로부터 알칼리금속이온 및 염소이온 등이 침투되지 않도록 시공하여야 한다.
④ 알칼리 골재반응에 의한 피해를 감소시키기 위하여 콘크리트 구조물의 외부를 방수처리 하거나 배수를 용이하게 하여야 한다.

(2) 알칼리 골재반응의 내구성 평가

문제 3

산업안전보건기준에 관한 규칙상 지반 등의 굴착 시 위험방지를 위한 굴착면의 기울기 기준을 쓰시오.
① 모래   ② 연암 및 풍화암
③ 경암   ④ 그 밖의 흙

정답

지반의 종류	굴착면의 기울기
① 모래	1:1.8
② 연암 및 풍화암	1:1.0
③ 경암	1:0.5
④ 그 밖의 흙	1:1.2

"끝"

정답근거

산업안전보건기준에 관한 규칙 [별표 11] 굴착면의 기울기 기준(제339조 제1항 관련)

문제 4

건설기계 중 항타기 또는 항발기 조립 시 점검사항 5가지를 쓰시오.

정답

① 본체 연결부의 풀림 또는 손상의 유무
② 권상용 와이어로프 · 드럼 및 도르래의 부착상태의 이상 유무
③ 권상장치의 브레이크 및 쐐기장치 기능의 이상 유무
④ 권상기의 설치상태의 이상 유무
⑤ 버팀의 방법 및 고정상태의 이상 유무 "끝"

정답근거

산업안전보건기준에 관한 규칙 제207조(조립 시 점검)

문제 5

철골공사에서 제3자의 위해방지를 위한 비래낙하 및 비산방지 설비 5가지를 쓰시오.

정답

① 방호철망
② 방호시트
③ 방호울타리
④ 방호선반
⑤ 낙하물방지망 **"끝"**

참고

산업안전지도사(건설안전공학) p.2-71 [표 1] 재해방지설비

정답근거

철골공사 표준안전 작업지침 제16조(재해방지설비)

다음 논술형 2문제를 모두 답하시오.(각 25점)

문제 6

해체공사에 관하여 다음 물음에 답하시오.
(1) 해체대상 구조물 조사사항 10가지를 쓰시오.
(2) 부지상황 조사사항 5가지를 쓰시오.
(3) 해체공법의 종류 중 기계력에 의한 공법 5가지를 쓰시오.
(4) 해체공법의 종류 중 유압력에 의한 공법 3가지를 쓰시오.

정답

(1) 해체대상 구조물 조사사항 10가지
① 구조(철근콘크리트조, 철골철근콘크리트조 등)의 특성 및 치수, 층수, 건물높이 기준층 면적)
② 평면구성상태, 폭, 층고, 벽 등의 배치상태
③ 부재별 치수, 배근상태, 해체시 주의하여야 할 구조적으로 약한 부분
④ 해체시 전도의 우려가 있는 내외장재
⑤ 설비기구, 전기배선, 배관설비 계통의 상세 확인
⑥ 구조물의 설립년도 및 사용목적
⑦ 구조물의 노후정도, 재해(화재, 동해 등) 유무
⑧ 증설, 개축, 보강 등의 구조변경 현황
⑨ 해체공법의 특성에 의한 비산각도, 낙하반경 등의 사전 확인
⑩ 진동, 소음, 분진의 예상치 측정 및 대책방법
⑪ 해체물의 집적 운반방법
⑫ 재이용 또는 이설을 요하는 부재현황
⑬ 그 밖에 해당 구조물 특성에 따른 내용 및 조건

(2) 부지상황 조사사항 5가지
① 부지 내 공지유무, 해체용 기계설비위치, 발생재 처리장소
② 해체공사 착수에 앞서 철거, 이설, 보호해야 할 필요가 있는 공사 장애물 현황
③ 접속도로의 폭, 출입구 갯수 및 매설물의 종류 및 개폐 위치
④ 인근 건물동수 및 거주자 현황
⑤ 도로 상황조사, 가공 고압선 유무
⑥ 차량대기 장소 유무 및 교통량(통행인 포함)
⑦ 진동, 소음발생 영향권 조사

(3) 해체공법의 종류 중 기계력에 의한 공법 5가지

① 철해머공법(Steel Ball 공법, 타격공법)
② 소형 Hand Breaker 공법
③ 대형 브레이커(Giant Breaker) 공법
④ 절단(Cutter) 공법
⑤ 전도공법

(4) 해체공법의 종류 중 유압력에 의한 공법 3가지

① 압쇄공법
② 유압 Jack(잭) 공법
③ 팽창압 공법 **"끝"**

> **참고**
> ① 산업안전지도사(건설안전공학) p.5-227 제6절 해체공사 논술형 예상문제
> ② 건설안전실기 필답형 p.5-227

> **정답근거**
> ① 해체공사 표준안전 작업지침 제2장 해체작업용 기계기구
> ② 해체공사 표준안전 작업지침 제3장 해체공사전 확인

> **합격Key**
> 2020년 11월 14일 단답형 출제

문제 7

콘크리트공사의 안전작업에 관하여 다음 물음에 답하시오.
(1) 거푸집 및 지보공(동바리) 설계(구조검토)시 고려해야할 하중 5가지에 관하여 설명하시오.
(2) 거푸집 등을 조립할 때 준수사항 5가지를 쓰시오.
(3) 펌프카에 의해 콘크리트를 타설 시 안전수칙 준수사항 5가지를 쓰시오.

정답

(1) 거푸집 및 지보공(동바리) 설계(구조검토)시 고려해야할 하중 5가지

① 연직방향 하중 : 거푸집, 지보공(동바리), 콘크리트, 철근, 작업원, 타설용 기계기구, 가설설비등의 중량 및 충격하중
② 횡(수평)방향 하중 : 작업할때의 진동, 충격, 시공오차 등에 기인되는 횡방향 하중이외에 필요에 따라 풍압, 유수압, 지진 등
③ 콘크리트의 측압 : 굳지않은 콘크리트의 측압
④ 특수하중 : 시공중에 예상되는 특수한 하중
⑤ 상기 ①~④호의 하중에 안전율을 고려한 하중

합격key

2013년 출제

정답근거

콘크리트공사 표준안전작업지침 제4조(하중)

(2) 거푸집 등을 조립할 때 준수사항 5가지

① 조립등의 작업을 할 때에는 다음 각 목에 정하는 사항을 준수하여야 한다.
㉮ 거푸집 지보공을 조립할때에는 안전담당자를 배치하여야 한다.
㉯ 거푸집의 운반, 설치 작업에 필요한 작업장내의 통로 및 비계가 충분한가를 확인하여야 한다.
㉰ 재료, 기구, 공구를 올리거나 내릴때에는 달줄, 달포대 등을 사용하여야 한다.
㉱ 강풍, 폭우, 폭설 등의 악천 후에는 작업을 중지시켜야 한다.
㉲ 작업장 주위에는 작업원 이외의 통행을 제한하고 슬라브 거푸집을 조립할 때에는 많은 인원이 한곳에 집중되지 않도록 하여야 한다.
㉳ 사다리 또는 이동식 틀비계를 사용하여 작업할 때에는 항상 보조원을 대기시켜야 한다.
㉴ 거푸집을 현장에서 제작할때는 별도의 작업장에서 제작하여야 한다.

> 보충학습

② 강관지주(동바리) 조립 등의 작업을 할 때에는 다음 각 목에 정하는 사항을 준수하여야 한다.
  ㉮ 거푸집이 곡면일 경우에는 버팀대의 부착 등 해당 거푸집의 변형을 방지하기 위한 조치를 하여야 한다.
  ㉯ 지주의 침하를 방지하고 각부가 활동하지 아니하도록 견고하게 하여야 한다.
  ㉰ 강재와 강재와의 접속부 및 교차부는 볼트, 클램프 등의 철물로 정확하게 연결하여야 한다.
  ㉱ 강관 지주는 3본 이상 이어서 사용하지 아니하여야 하며, 또 높이가 3.6[m] 이상의 경우에는 높이 1.8[m] 이내마다 수평 연결재를 2개방향으로 설치하고 수평연결재의 변위가 일어나지 아니하도록 이음 부분은 견고하게 연결하여 좌굴을 방지하여야 한다.
  ㉲ 지보공 하부의 받침판 또는 받침목은 2단 이상 삽입하지 아니하도록 하고 작업인원의 보행에 지장이 없어야 하며, 이탈되지 않도록 고정시켜야 한다.
③ 강관틀비계를 지보공(동바리)으로 사용할 때에는 교차 가새를 설치하고 다음 각 목에 정하는 사항을 준수하여야 한다.
  ㉮ 강관틀비계를 지보공(동바리)으로 사용할 때에는 교차 가새를 설치하고, 최상층 및 5층 이내마다 거푸집 지보공의 측면과 틀면방향 및 교차가새의 방향에서 5개 틀 이내마다 수평연결재를 설치하고, 수평연결재의 변위를 방지하여야 한다.
  ㉯ 강관틀비계를 지주(동바리)로 사용할 때에는 상단의 강재에 단판을 부착시켜 이것을 보 또는 작은 보에 고정시켜야 한다.
  ㉰ 높이가 4[m]를 초과할 때에는 4[m] 이내마다 수평연결재를 2개 방향으로 설치하고 수평방향의 변위를 방지하여야 한다.
④ 목재를 지주(동바리)로 사용할 때에는 다음 각목에 정하는 사항을 준수하여야 한다.
  ㉮ 높이 2[m] 이내마다 수평연결재를 설치하고, 수평연결재의 변위를 방지하여야 한다.
  ㉯ 목재를 이어서 사용할 때에는 2본 이상의 덧댐목을 사용하여 당해 상단을 보 또는 멍에 고정시켜야 한다.
  ㉰ 철선 사용을 가급적 피하여야 한다.

> 정답근거
> **콘크리트공사 표준안전작업지침 제6조(조립)**

(3) 펌프카에 의해 콘크리트 타설 시 안전수칙 준수사항 5가지

① 레디믹스트 콘크리트(이하 레미콘이라 함) 트럭과 펌프카를 적절히 유도하기 위하여 차량안내자를 배치하여야 한다.
② 펌프배관용 비계를 사전점검하고 이상이 있을 때에는 보강 후 작업하여야 한다.
③ 펌프카의 배관상태를 확인하여야 하며, 레미콘 트럭과 펌프카와 호스선단의 연결작업을 확인하여야 하며 장비사양의 적정호스 길이를 초과하여서는 아니된다.

④ 호스선단이 요동하지 아니하도록 확실히 붙잡고 타설하여야 한다.
⑤ 공기압송 방법의 펌프카를 사용할 때에는 콘크리트가 비산하는 경우가 있으므로 주의하여 타설하여야 한다.
⑥ 펌프카의 붐대를 조정할 때에는 주변 전선 등 지장물을 확인하고 이격 거리를 준수하여야 한다.
⑦ 아웃트리거를 사용할 때 지반의 부동침하로 펌프카가 전도되지 아니하도록 하여야 한다.
⑧ 펌프카의 전후에는 식별이 용이한 안전표지판을 설치하여야 한다. "끝"

정답근거
① 콘크리트공사 표준안전작업지침 제14조(펌프카)
② 산업안전보건기준에 관한 규칙 제335조(콘크리트 타설장비 등 사용시의 준수사항)

합격Key
2020년 11월 14일 단답형 출제

다음 논술형 2문제 중 1문제를 선택하여 답하시오.(각 25점)

문제 8

흙막이공법 작업 시 안전 계획 및 관리에 관하여 다음 물음에 답하시오.
(1) 흙막이공법 선정 시 고려사항 5가지를 쓰시오.
(2) 흙막이 및 굴착공사 계측기의 종류 10가지를 쓰시오.
(3) 흙막이 지보공을 설치하였을 때 정기적으로 점검할 사항 4가지를 쓰시오.

정답

(1) 흙막이 공법 선정시 고려사항 5가지

① 굴착 토질의 형상 및 지층분석
② 지하수위에 대한 대책
③ 인접 구조물의 침하 변위
④ 사면 안전성에 대한 고려
⑤ 주변 침하로 인한 문제점

(2) 흙막이 및 굴착공사 계측기의 종류 10가지

종류	설치목적
건물 경사계(tilt meter)	지상 인접구조물의 기울기 측정
지표면 침하계 (surface settlement system)	주위 지반에 대한 지표면의 침하량 측정
지중 경사계(inclinometer)	지중수평변위를 측정하여 흙막이의 기울어진 정도 파악
지중 침하계(extenso meter)	지중수직변위를 측정하여 지반의 침하정도 파악
변형률계(strain gauge)	흙막이 버팀대의 변형 정도 파악
하중계(load cell)	흙막이 버팀대에 작용하는 토압, 토류벽 어스앵커의 인장력 등을 측정
토압계(earth pressure meter)	흙막이에 작용하는 토압의 변화 파악
간극수압계(piezo meter)	굴착으로 인한 지하의 간극수압 측정
지하수위계(water level meter)	지하수의 수위변화 측정
균열계(crack gauge)	건축물 노후화로 인한 균열 및 구조안전진단

(3) 흙막이 지보공을 설치하였을 때 정기적으로 점검할 사항 4가지

① 부재의 손상·변형·부식·변위 및 탈락의 유무와 상태
② 버팀대의 긴압(緊壓)의 정도

③ 부재의 접속부 · 부착부 및 교차부의 상태
④ 침하의 정도 **"끝"**

"이하여백"

> **정답근거**
> 산업안전보건기준에 관한 규칙 제347조(붕괴 등의 위험방지)

> **합격Key**
> 2017년 6월 24일 단답형 출제

문제 9

시스템 동바리의 안전성 확보를 위한 시공에 관하여 다음 물음에 답하시오.
(1) 지주 형식 동바리 시공 시 준수사항 8가지를 쓰시오.
(2) 보 형식 동바리 시공 시 준수사항 5가지를 쓰시오.

정답

(1) 지주 형식 동바리 시공 시 준수사항 8가지

① 수급인은 동바리 시공시 공급자가 제시한 설치 및 해체방법과 안전수칙을 준수하여야 한다.
② 동바리는 구조설계 결과를 반영한 시공상세도에 따라 정확히 설치한 후 검사하여 안전성을 확인하여야 한다.
③ 동바리를 지반에 설치할 경우에는 연직하중에 견딜 수 있도록 지반의 지지력을 검토하고 침하 방지 조치를 하여야 한다.
④ 수직재와 수평재는 직교되게 설치하여야 하며 이음부나 접속부 등은 흔들림이 없도록 체결하여야 한다.
⑤ 수직재와 수평재 및 가새제 등의 여러 부재를 연결한 경우에는 수직도를 유지하도록 시공하여야 한다.
⑥ 시스템 동바리는 연직 및 수평하중에 대한 구조적 안전성이 확보되도록 구조설계에 의해 작성된 조립도에 따라 수직재 및 수평재에 가새재를 설치하고 연결부는 견고하게 고정하여야 한다.
⑦ 동바리를 설치하는 높이는 단별길이의 3배를 초과하지 말아야 하며, 초과 시에는 주변구조물에 지지하는 등 붕괴방지 조치를 하여야 한다. 다만, 수평버팀대 등의 설치를 통해 전도 및 좌굴에 대한 구조 안전성이 확인된 경우에는 3배를 초과하여 설치할 수 있다.
⑧ 콘크리트 두께가 0.5[m] 이상일 경우에는 동바리 수직재 상단과 하단의 경계조건 및 U-Head와 조절형 받침철물의 나사부 유격에 의한 수직재 좌굴하중의 감소를 방지하기 위하여, U-Head 밑면으로부터 최상단 수평재 윗면, 조절형 받침철물 윗면으로부터 최하단 수평재 밑면까지의 순간격이 400[mm] 이내가 되도록 설치하여야 한다.
⑨ 수직재를 설치할 때에는 수평재와 수평재 사이에 수직재의 연결부위가 2개소 이상되지 않도록 하여야 한다.
⑩ 가새재는 수평재 또는 수직재에 핀 또는 클램프 등의 결합방법에 의해 견고하게 결합되어 이탈되지 않도록 하여야 한다.
⑪ 동바리 최하단에 설치하는 수직재는 받침철물의 조절너트와 밀착되게 설치하여야 하며, 편심하중이 발생하지 않도록 수평을 유지하여야 한다.
⑫ 멍에는 편심하중이 발생하지 않도록 U-Head의 중심에 위치하여야 하며, 멍에가 U-Head에서 전도되거나 이탈되지 않도록 고정시켜야 한다.
⑬ 동바리 자재의 반복 사용으로 인한 변형 및 부식 등 심하게 손상된 자재는 사용하지 않도록 한다.

⑭ 경사진 바닥에 설치할 경우 고임재 등을 이용하여 동바리 바닥이 수평이 되도록 하여야 하며, 고임재는 미끄러지지 않도록 바닥에 고정시켜야 한다.

(2) 보 형식 동바리 시공시 준수사항 5가지
① 수급인은 동바리 시공 시 공급자가 제시한 설치 및 해체방법과 안전수칙을 준수하여야 한다.
② 동바리는 구조설계 결과를 반영한 시공상세도에 따라 정확히 설치한 후 검사하여 안전성을 확인하여야 한다.
③ 보 형식 동바리의 양단은 지지물에 고정하여 움직임 및 탈락을 방지하여야 한다.
④ 보와 보 사이에는 수평연결재를 설치하여 움직임을 방지하여야 한다.
⑤ 보조 브라켓 및 핀 등의 부속장치는 소정의 성능과 안전성을 확보할 수 있도록 시공하여야 한다.
⑥ 보 설치지점은 콘크리트의 연직하중 및 보의 하중을 견딜 수 있는 견고한 곳이어야 한다.
⑦ 보는 정해진 지점 이외의 곳을 지점으로 이용해서는 안된다. **"끝"**

정답근거

가설공사 표준시방서(KCS215005)

"이하여백"

2023년 6월 17일 제13회 기출문제 NCS 분석

1. 시험과목 및 배점분석

구분	시험과목	시험시간	문제유형	배점
2차 전공필수	건설안전공학	100분	주관식 단답형 및 논술형 1) 단답형 : 5문제 2) 논술형 : 4문제 중 3문제 　(필수 : 2, 선택 : 1)	총점 100점 1) 단답형 : 5×5=25점 2) 논술형 : 25×3=75점

2. NCS 문제분석

대분류	중분류	소분류	문제내용	비고
단답형	산업안전보건법령	표준안전 작업지침	1. 구조물의 해체공사에서 대형브레이커 설치, 사용 시 준수사항 5가지를 쓰시오.(5점)	제4조
	산업안전보건법령	안전보건규칙	2. 사업장에 설치하는 국소배기장치(이동식은 제외) 덕트(Duct)의 설치기준 5가지를 쓰시오.(5점)	제73조
	산업안전보건법령, 고시, 작업지침	표준안전 작업지침	3. 기계에 의한 굴착작업 시 작업 시작 전에 기계의 정비상태를 정비기록표 등에 의해 확인하고 점검하여야 할 사항 3가지만 쓰시오.(5점)	제100조2항
	산업안전보건법령, 고시, 작업지침	가이드라인	4. 콘크리트 타설 작업에서 거푸집과 동바리의 존치기간에 영향을 미치는 요인 3가지만 쓰시오.(5점)	거푸집동바리 존치기간
	산업안전보건법령, 고시, 작업지침	표준안전 작업지침	5. 철골공사에서 외압에 대한 내력 설계 검토대상 구조물 5가지만 쓰시오.(5점)	제3조
논술형	건축공사	비파괴시험	6. 강재구조물의 용접결함을 찾기 위해서 시행하는 비파괴검사법에 관하여 다음 물음에 답하시오.(25점) 물음 1) 비파괴검사법 종류 5가지를 쓰시오. 물음 2) 비파괴 검사법 종류 5가지 방법에 대하여 각각 설명하시오. 물음 3) 비파괴검사법 종류 5가지의 특성을 각각 2가지만 쓰시오	용접결함

대분류	중분류	소분류	문제내용	비고
논술형	산업안전보건법령	안전보건규칙	7. 건설현장에 발생하는 추락을 방지하기 위한 조치에 관하여 다음 물음에 답하시오.(25점) 물음 1) 개구부 등의 방호 조치(안전난간, 울타리, 수직형 추락방망 또는 덮개 등)시 준수해야 할 사항 3가지만 쓰시오. 물음 2) 추락하거나 넘어질 위험이 있는 장소에서 작업발판을 설치하기 곤란한 경우 추락방호망의 설치기준 3가지를 쓰시오.	제42조 제43조
	건축공사	교량건설	8. 다음 콘크리트교량 건설공법을 설명하고, 각 건설공법의 경제적 장점을 쓰시오.(25점) 물음 1) 동바리(완전 지보)공법(FSM, Full Staging Method) 물음 2) 연속 압출 공법(ILM, Incremental Launching Method) 물음 3) 캔틸레버 공법(FCM, Free Cantilever Method) 물음 4) 이동식비계 공법(MSS, Movable Scaffolding System) 물음 5) 프리캐스트 세그멘트 공법(PSM, Precast Segment Method)	공법장단점
	산업안전보건법령	안전보건규칙	9. 건설현장에서 사용되는 이동식 크레인에 관하여 다음 물음에 답하시오.(25점) 물음 1) 이동식 크레인의 종류 3가지만 쓰시오. 물음 2) 이동식 크레인의 선정 시 고려사항 3가지만 쓰시오. 물음 3) 이동식 크레인의 작업 전 확인사항 3가지만 쓰시오.	제132조

합격자 현황

구분			1차			2차			3차		
2023년		응시	합격	합격률	응시	합격	합격률	응시	합격	합격률
소계			5,261	1,295	25%	1,071	148	14%	858	314	37%
안전	기계					323	48	15%	134	59	44%
	전기					43	35	81%	64	60	47%
	화공					135	28	21%	57	23	40%
	건설					570	37	6%	603	202	33%

2023년도 6월 17일
산업안전지도사 2차 국가자격시험

시간	응시분야	수험번호	성명
100분	건설안전공학	20230617	도서출판 세화

다음 단답형 5문제를 모두 답하시오.(각 5점)

문제 1

구조물의 해체공사에서 대형브레이커 설치, 사용 시 준수사항 5가지를 쓰시오.(5점)

정답

① 대형 브레이커는 중량, 작업 충격력을 고려, 차체 지지력을 초과하는 중량의 브레이커 부착을 금지하여야 한다.
② 대형 브레이커의 부착과 해체에는 경험이 많은 사람으로서 선임된 자에 한하여 실시하여야 한다.
③ 유압작동구조, 연결구조 등의 주요구조는 보수점검을 수시로 하여야 한다.
④ 유압식일 경우에는 유압이 높기 때문에 수시로 유압 호스가 새거나 막힌 곳이 없는지 점검하여야 한다.
⑤ 해체대상물에 따라 적합한 형상의 브레이커를 사용하여야 한다. **"끝"**

정답근거

해체공사 표준안전작업지침 제4조(대형브레이커)

문제 2

사업장에 설치하는 국소배기장치(이동식은 제외) 덕트(Duct)의 설치기준 5가지를 쓰시오. (5점)

정답

① 가능하면 길이는 짧게 하고 굴곡부의 수는 적게 할 것
② 접속부의 안쪽은 돌출된 부분이 없도록 할 것
③ 청소구를 설치하는 등 청소하기 쉬운 구조로 할 것
④ 덕트 내부에 오염물질이 쌓이지 않도록 이송속도를 유지할 것
⑤ 연결 부위 등은 외부 공기가 들어오지 않도록 할 것 "끝"

정답근거

산업안전보건기준에 관한 규칙 제73조(덕트)

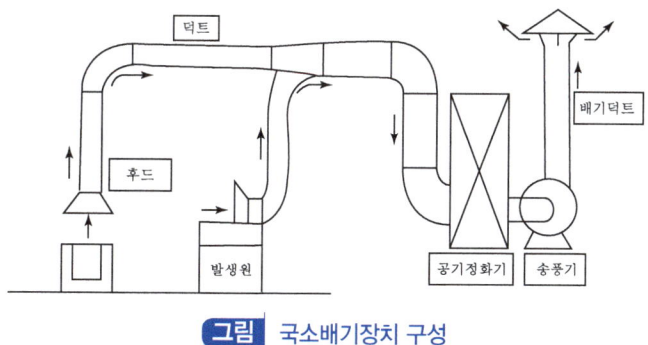

그림 국소배기장치 구성

문제 3

기계에 의한 굴착작업 시 작업 시작 전에 기계의 정비상태를 정비기록표 등에 의해 확인하고 점검하여야 할 사항 3가지만 쓰시오. (5점)

정답

① 낙석, 낙하물 등의 위험이 예상되는 작업 시 견고한 헤드가이드 설치 상태
② 브레이크 및 클러치의 작동 상태
③ 타이어 및 궤도차륜 상태
④ 경보장치 작동 상태
⑤ 부속장치의 상태 **"끝"**

정답근거

굴착공사 표준안전작업지침 제10조 2항

참고

장부정비기록부

설비장비 정비기록부

부서명 :
작성자 :

시설/장비명		제작회사		구입일자	20년 월 일
형식 및 규격		등록번호		구입가격	
일자	정비 및 수리내역			소요비용	확인	비 고

일자	정비 및 수리내역	소요비용	확인	비 고
합계				

기업에서 운영 및 생산에 필요한 장비를 구입할 경우, 구입한 장비는 기업의 재산으로 규정되며 그것은 공적사용을 목적으로 한다. 그렇기 때문에 기업에서 사용되는 모든 장비는 기업의 보유자산으로 규정하여 주기적으로 관리한다.

장비 정비기록부는 장비의 수리내역을 기재하는 서식으로 수리 받은 장비의 현황을 한눈에 파악할 수 있도록 작성한다. 이것은 장비관리를 쉽게 할 수 있도록 도와주는 역할을 한다.

정비 수리 사항을 기록하고 보관하는 용도로 활용하므로 수리내역을 정확하게 작성하여 상부의 결재를 받도록 한다. 기업은 주기적으로 장비를 보수, 유지하여 장비의 재구매를 줄이고 최소의 금액으로 생산성을 높일 수 있다. [네이버 지식백과] 장비정비기록부[裝備整備記錄簿, equipment maintenance records] (예스폼 서식사전)

문제 4

콘크리트 타설 작업에서 거푸집과 동바리의 존치기간에 영향을 미치는 요인 3가지만 쓰시오. (5점)

정답

① 시멘트의 성질
② 콘크리트의 배합
③ 구조물의 종류와 중요도
④ 부재의 종류 및 크기
⑤ 부재가 받는 하중
⑥ 콘크리트 내부 온도와 표면 온도의 차이 **"끝"**

정답근거

거푸집 및 동바리 해체 가이드라인(국토교통부) 2장 거푸집 및 동바리 존치기간

문제 5

철골공사에서 외압에 대한 내력 설계 검토대상 구조물 5가지만 쓰시오. (5점)

정답

① 높이 20[m] 이상의 구조물
② 구조물의 폭과 높이의 비가 1:4 이상인 구조물
③ 단면구조에 현저한 차이가 있는 구조물
④ 연면적당 철골량이 50[kg/m²] 이하인 구조물
⑤ 기둥이 타이플레이트(Tie Plate)형인 구조물
⑥ 이음부가 현장용접인 구조물 "끝"

정답근거

철골공사 표준안전작업지침 제3조(설계도 및 공작도 확인) 7항

다음 논술형 2문제를 모두 답하시오.(각 25점)

문제 6

강재구조물의 용접결함을 찾기 위해서 시행하는 비파괴검사법에 관하여 다음 물음에 답하시오.(25점)
물음 1) 비파괴검사법 종류 5가지를 쓰시오.
물음 2) 비파괴 검사법 종류 5가지 방법에 대하여 각각 설명하시오.
물음 3) 비파괴검사법 종류 5가지의 특성을 각각 2가지만 쓰시오.

정답

물음 1) 비파괴검사법 종류 5가지

① VT(Visual Test) : 육안검사법
② PT(Penetration Test) : 침투탐상법
③ RT(Radiographic Test) : 방사선투과법
④ UT(Ultrasonic Test) : 초음파탐상법
⑤ MT(Magnetic Test) : 자분탐상법

물음 2) 비파괴검사법 종류 5가지 방법

구분	방법
VT(육안검사법)	육안으로 직접 용접 표면을 검사한다.
PT(침투탐상법)	침투제를 용접 부위 등 시험체에 침투시켜 충분한 시간이 경과한 후 침투제를 제거하고 그 위에 현장제를 도포하여 침투제를 빨아들인 모양을 보고 결함을 확인한다.
RT(방사선투과법)	방사선을 시험체에 투과시켜 반대쪽 필름에 촬영한 후 결함을 검출한다.
UT(초음파탐상법)	시험체에 초음파를 전달하여 내부에 존재하는 결함의 위치 및 크기 등을 파악한다.
MT(자분탐상법)	시험체에 자분을 적용시켜 자분이 모이거나 붙어 있는 부분을 분석한 후 결함을 판단한다.

물음 3) 비파괴검사법 종류 5가지의 특성

구분	특성
VT(육안검사법)	① 사용이 간편하다. ② 개인의 판단에 좌우된다.
PT(침투탐상법)	① 검사비용이 저렴하다. ② 부재형상에 한계가 없다.
RT(방사선투과법)	① 검사비용이 고가이다. ② 슬래브의 경우 필름 붙이기가 힘들다.
UT(초음파탐상법)	① 검사결과가 정확하다. ② 결함 종류 판별이 개인적 판단에 좌우된다.
MT(자분탐상법)	① 부재의 형상에 관계없이 실시가 가능하다. ② 판독이 빠르다.

"끝"

> **참고**
>
> **비파괴 자격증 종류**
> 모든 종류의 비파괴검사 방법에 대한 내용과 더불어 금속재료와 용접에 관한 내용까지 포함
> ① 방사선투과검사(RT)
> ② 초음파탐상검사(UT)
> ③ 자기탐상검사(MT)
> ④ 침투탐상검사(PT)
> ⑤ 누설비파괴검사(LT)
> ⑥ 와전류비파괴검사(ECT)

문제 7

건설현장에 발생하는 추락을 방지하기 위한 조치에 관하여 다음 물음에 답하시오. (25점)

물음 1) 개구부 등의 방호 조치(안전난간, 울타리, 수직형 추락방망 또는 덮개 등)시 준수해야 할 사항 3가지만 쓰시오.

물음 2) 추락하거나 넘어질 위험이 있는 장소에서 작업발판을 설치하기 곤란한 경우 추락방호망의 설치기준 3가지를 쓰시오.

정답

물음 1) 개구부 등의 방호 조치 시 준수해야 할 사항 3가지

① 방호 조치는 충분한 강도를 가진 구조로 튼튼하게 설치해야 한다.
② 덮개를 설치하는 경우에는 뒤집히거나 떨어지지 않도록 설치하여야 한다.
③ 덮개는 어두운 장소에서도 알아볼 수 있도록 개구부임을 표시해야 한다.
④ 수직형 추락방망은 한국산업표준에서 정하는 성능기준에 적합한 것을 사용해야 한다.
⑤ 난간등을 설치하는 것이 매우 곤란하거나 작업의 필요상 임시로 난간등을 해체하여야 하는 경우 추락방호망을 설치하여야 한다.
⑥ 추락방호망을 설치하기 곤란한 경우에는 근로자에게 안전대를 착용하도록 하는 등 추락할 위험을 방지하기 위하여 필요한 조치를 하여야 한다.

정답근거

산업안전보건기준에 관한 규칙 제43조(개구부 등의 방호조치)

물음 2) 작업발판을 설치하기 곤란한 경우 추락방호망의 설치기준 3가지

① 추락방호망의 설치위치는 가능하면 작업면으로부터 가까운 지점에 설치하여야 하며, 작업면으로부터 망의 설치지점까지의 수직거리는 10[m]를 초과하지 아니할 것
② 추락방호망은 수평으로 설치하고, 망의 처짐은 짧은 변 길이의 12[%] 이상이 되도록 할 것
③ 건축물 등의 바깥쪽으로 설치하는 경우 추락방호망의 내민 길이는 벽면으로부터 3[m] 이상 되도록 할 것 다만, 그물코가 20[mm] 이하인 추락방호망을 사용한 경우에는 제14조제3항에 따른 낙하물 방지망을 설치한 것으로 본다.

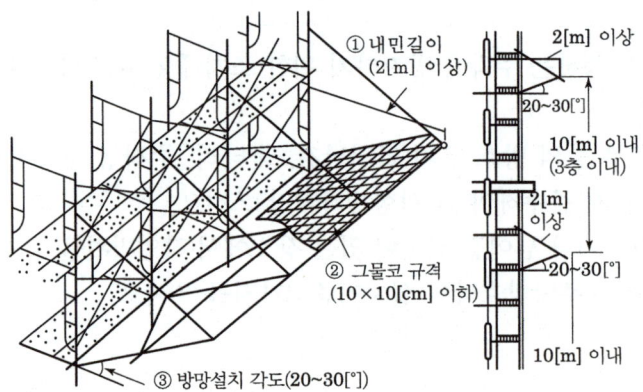

그림 | 추락방호망(방호선반)

"끝"

합격key
2015년 출제

정답근거
산업안전보건기준에 관한 규칙 제42조(추락의 방지)

다음 논술형 2문제 중 1문제를 선택하여 답하시오.(25점)

문제 8

다음 콘크리트교량 건설공법을 설명하고, 각 건설공법의 경제적 장점을 쓰시오.(5점)
물음 1) 동바리(완전 지보)공법(FSM, Full Staging Method)
물음 2) 연속 압출 공법(ILM, Incremental Launching Method)
물음 3) 캔틸레버 공법(FCM, Free Cantilever Method)
물음 4) 이동식비계 공법(MSS, Movable Scaffolding System)
물음 5) 프리캐스트 세그멘트 공법(PSM, Precast Segment Method)

정답

각 건설공법 설명 및 공법별 경제적 장점

물음	설명	경제적 장점
1) 동바리(완전지보)공법 : FSM	콘크리트를 타설하는 경간 전체에 동바리 등을 설치하여 콘크리트 강도가 발현될 때까지 동바리를 그대로 유지하는 공법	• 특수한 거푸집 장비가 필요없어 비용이 저렴 • 공사방법이 간단
2) 연속 압출 공법 : ILM	교대 후방의 작업장에서 세그먼트를 제작한 후 바로 앞의 세그먼트에 포스트텐션을 가하여 연결하고 압출하여 교량을 설치하는 방법	• 동바리 설치가 불필요함 • 거푸집의 반복 사용이 가능 • 같은 제작장에서 작업하므로 효율적임
3) 캔틸레버 공법 : FCM	상부구조를 지보공 없이 교각의 주두부에서부터 트래블러 폼을 이용하여 연속적으로 건설하는 공법	• 하부 동바리 작업이 어려운 높은 곳의 작업이 가능 • 지보공 설치 불필요 • 경간이 긴 경우 효과적
4) 이동식 비계 공법 : MSS	동바리 없이 거푸집이 부착된 이동식 지보를 이용하여 교각 위를 이동하면서 교량을 건설하는 공법	• 교량 하부의 작업조건에 상관없이 작업 가능 • 시공으로 인한 단순반복작업
5) 프리캐스트 세그먼트 공법 : PSM	PSC 거더를 제작장에서 제작한 후 운반하여 교량을 건설하고 포스트텐션으로 세그먼트를 일체화시키는 공법	• 거더 공장 제작에 의해 공기단축 • 상하부 동시 작업 가능 • 단면의 변화 가능 • 하부 작업조건 제약 경미

"끝"

문제 9

건설현장에서 사용되는 이동식 크레인에 관하여 다음 물음에 답하시오.
(25점)

물음 1) 이동식 크레인의 종류 3가지만 쓰시오.
물음 2) 이동식 크레인의 선정 시 고려사항 3가지만 쓰시오.
물음 3) 이동식 크레인의 작업 전 확인사항 3가지만 쓰시오.

정답

물음 1) 이동식 크레인의 종류 3가지

① 트럭 크레인(Truck Crane)
② 크롤러 크레인(Crawler Crane)
③ 트럭 탑재형(Cago crane)
④ 험지형 크레인(R/T Crane ; Rough Terrain Crane)
⑤ 전지형 크레인(A/T Crane ; All Terrain Crane)

물음 2) 이동식 크레인 선정 시 고려사항 3가지

① 이동식 크레인의 중량물 작업계획 등 작업과 관련된 위험성평가를 수행하여 장비를 선정하여야 한다.
② 작업조건, 주변의 환경, 공간 확보, 제작사의 사용기준 등을 사전에 검토하여 적합한 장비를 선정하여야 한다.
③ 크레인 반출·입로와 장비 조립 및 설치 장소, 작업장 지지력과 작업장 주변의 장애물, 지하매설물 등을 확인하여야 한다.
④ 지브와 인양물 및 기존 구조물의 상호 간섭을 고려하여 크레인의 설치 위치를 선정하여야 한다.

물음 3) 이동식 크레인 작업 전 확인사항 3가지

① 이동식 크레인의 지브, 후크 블록 및 도르래, 아웃트리거, 차체 등 주요부를 점검하고 이상 발견 시 수리 또는 교체 등의 조치를 하여야 한다.
② 충격하중은 이동식 크레인의 전도사고로 이어질 수 있으므로 작업계획을 사전에 검토하여 충격하중의 발생을 예방하여야 한다.
③ 이동식 크레인을 이용한 인양작업 시 하물을 수직으로 상승 및 하강하여 이동식 크레인의 사용기준을 벗어난 수평하중이 작용하지 않도록 하여야 한다.
④ 인양작업 시 인양 반경을 최소화하여 전도 및 낙하 등에 의한 재해를 예방하여야 한다.
⑤ 풍속을 측정하여 확인하고, 풍속이 초당 10[m] 이상인 경우 작업을 중지하여야 한다.
⑥ 크레인의 수평도를 확인하고, 아웃트리거를 설치할 위치의 지반 상태를 점검하여야 한다.

⑦ 작업 시작 전에 권과방지장치나 경보장치, 브레이크, 클러치, 및 조정장치, 와이어로프가 통하고 있는 곳의 상태 등을 점검하여야 한다.
⑧ 길이가 긴 인양물을 수평에서 수직으로 세울 필요가 있는 경우에는 인양 반경 증가에 따른 크레인 인양 능력을 사전에 검토하여야 한다.
⑨ 작업 장소 주변의 인양작업에 간섭될 수 있는 장애물 여부를 점검하여야 한다.
⑩ 크레인 인양작업 시 신호수를 배치하여야 하며, 운전원과 신호수가 상호 신호를 확인할 수 있는 장소에서 작업을 하여야 한다.
⑪ 이동식 크레인의 정격하중과 인양물의 중량을 확인하여야 한다.
⑫ 이동식 크레인 작업반경 내에 관계자 외의 출입통제 조치를 확인하여야 한다.
⑬ 카고 크레인에 버킷을 연결하여 사용할 경우 작업 전에 주요 부재의 볼트 체결부 및 용접부를 점검한 후에 작업하여야 한다. "끝"

"이하여백"

2024년 6월 8일 제14회 기출문제 NCS 분석

1. 시험과목 및 배점분석

구분	시험과목	시험시간	문제유형	배점
2차 전공필수	건설안전공학	100분	주관식 단답형 및 논술형 1) 단답형 : 5문제 2) 논술형 : 4문제 중 3문제 　(필수 : 2, 선택 : 1)	총점 100점 1) 단답형 : 5×5=25점 2) 논술형 : 25×3=75점

2. NCS 문제분석

대분류	중분류	소분류	문제내용	비고
단답형	산업안전보건법	시행령	1. 산업안전보건법상 대여자 등이 안전조치 등을 해야하는 기계·기구·설비 및 건축물 중 양중기에 해당하는 3가지를 쓰시오.	제71조 [별표 21]
	산업안전보건법	안전보건규칙	2. 산업안전보건기준에 관한 규칙상 강관비계의 구조에 관한 내용이다. ( )에 들어갈 알맞은 것을 쓰시오.	제60조
	토목공학	흙막이공법	3. 흙막이 가시설 버팀 지지공법 5가지를 쓰시오.	
	산업안전보건법	안전보건규칙	4. 산업안전보건기준에 관한 규칙상 사업주가 구축물 등에 대한 구조검토 안전진단 등의 안전성 평가를 하여 위험성을 미리 제거해야하는 경우 5가지를 쓰시오.	제52조
	산업안전보건법	안전보건규칙	5. 산업안전보건기준에 관한 규칙상 타워크레인을 벽체에 지지하는 경우 준수 사항 4가지를 쓰시오.	제142조
논술형	산업안전보건법	안전보건규칙	6. 산업안전보건기준에 관한 규칙상 건설현장에서 사용되는 굴착기에 관하여 다음 물음에 답하시오. 물음 1) 굴착기에 사람이 부딪히는 것을 방지하기 위한 충돌위험 방지조치에 관하여 설명하시오. 물음 2) 굴착기를 사용하여 화물 인양작업을 하는 경우 굴착기가 갖추어야 할 사항 3가지를 쓰시오. 물음 3) 굴착기를 사용하여 인양작업을 하는 경우 준수해야 할 사항 5가지를 쓰시오.	제221조의2

대분류	중분류	소분류	문제내용	비고
논술형	표준안전작업지침	사면파괴(붕괴)	7. 사면파괴 및 붕괴에 관하여 다음 물음에 답하시오. 물음 1) 사면파괴의 종류 3가지를 쓰시오. 물음 2) 사면붕괴(활동)의 원인 중 내적원인(전단응력 감소 원인)에 대하여 5가지만 쓰시오. 물음 3) 사면붕괴(활동)의 원인 중 외적원인(전단응력 증가 원인)에 대하여 5가지만 쓰시오.	제28조 제29조
	산업안전보건법	안전보건규칙	8. 산업안전보건기준에 관한 규칙상 화재감시자에 관하여 다음 물음에 답하시오. 물음 1) 화재감시자의 업무 3가지를 쓰시오. 물음 2) 용접.용단 작업을 하는 경우 화재감시자를 지정하여 배치해야 할 장소 3가지를 쓰시오. 물음 3) 사업주가 배치된 화재감시자에게 지급해야 할 3가지를 쓰시오.	제241조의2
	건설시공학 및 산업안전보건법	교량작업 안전보건규칙	9. 교량작업에 관하여 다음 물음에 답하시오. 물음 1) 콘크리트교 상부구조 가설공법의 종류 4가지만 쓰시오. 물음 2) 거더 인양 및 거치 후 전도방지를 위한 고정방법을 3가지만 쓰시오. 물음 3) 산업안전보건기준에 관한 규칙상 교량의 설치. 해체 또는 변경작업 시 준수 사항 4가지를 쓰시오.	제369조

합격자 현황

구분 2024년			1차			2차			3차		
			응시	합격	합격률	응시	합격	합격률	응시	합격	합격률
소계			7,232	2,559	35%	2,078	587	28%	1,504	423	28%
안전	기계					559	31	6%	121	38	31%
	전기					93	35	38%	94	17	18%
	화공					188	24	13%	73	37	51%
	건설					1,238	497	40%	1,216	331	27%

제14회 산업안전·보건지도사 제3차 시험 상세 합격자 통계

1. 합격 현황

(단위 : 명, %)

시험 구분		대상인원	응시인원	결시	응시율	합격인원	합격률
산업안전지도사	계	1,558	1,504	54	96.53	423	28.12
	건설안전	1,263	1,216	47	96.28	331	27.22
	기계안전	126	121	5	96.03	38	31.40
	전기안전	96	94	2	97.92	17	18.08
	화공안전	73	73	0	100	37	50.68
산업보건지도사	계	79	77	2	97.47	20	25.97
	직업환경의학	47	45	2	95.74	16	35.55
	산업위생공학	32	32	0	100	4	12.50

2. 합격자 연령별 현황

(단위 : 명)

구분	계	20대	30대	40대	50대	60대	70대 이상
산업안전지도사	423	2	38	94	209	78	2
산업보건지도사	20	0	7	8	4	1	0

3. 합격자 성별 현황

(단위 : 명, %)

구분	계	남성	여성	여성합격자 비율
산업안전지도사	423	405	18	4.26
산업보건지도사	20	11	9	45

2024년도 6월 8일 산업안전지도사 2차 국가자격시험

시간	응시분야	수험번호	성명
100분	건설안전공학	20240608	도서출판 세화

다음 단답형 5문제를 모두 답하시오.(각 5점)

문제 1

산업안전보건법상 대여자 등이 안전조치 등을 해야하는 기계·기구·설비 및 건축물 중 양중기에 해당하는 3가지를 쓰시오.(단, 그 밖에 산업재해보상보험 및 예방심의위원회 심의를 거쳐 고용노동부장관이 정하여 고시하는 기계, 기구, 설비 및 건축물 등은 제외함)

정답

① 이동식 크레인
② 타워크레인
③ 리프트   "끝"

정답근거

① **산업안전보건법 시행령 제71조(대여자 등이 안전조치 등을 해야 하는 기계·기구 등)**
법 제81조에서 "대통령령으로 정하는 기계·기구·설비 및 건축물 등"이란 별표 21에 따른 기계·기구·설비 및 건축물 등을 말한다.
② **산업안전보건기준에 관한 규칙 제132조(양중기)**

산업안전보건법 시행령 [별표 21]

대여자 등이 안전조치 등을 해야 하는
기계·기구·설비 및 건축물 등(제71조 관련)

1. 사무실 및 공장용 건축물
2. 이동식 크레인
3. 타워크레인
4. 불도저
5. 모터 그레이더
6. 로더
7. 스크레이퍼
8. 스크레이퍼 도저
9. 파워 셔블
10. 드래그라인
11. 클램셸
12. 버킷굴착기
13. 트렌치
14. 항타기
15. 항발기
16. 어스드릴
17. 천공기
18. 어스오거
19. 페이퍼드레인머신
20. 리프트
21. 지게차
22. 롤러기
23. 콘크리트 펌프
24. 고소작업대
25. 그 밖에 산업재해보상보험및예방심의위원회 심의를 거쳐 고용노동부장관이 정하여 고시하는 기계, 기구, 설비 및 건축물 등

산업안전보건기준에 관한 규칙

제132조(양중기) ① 양중기란 다음 각 호의 기계를 말한다.
1. 크레인[호이스트(hoist)를 포함한다]
2. 이동식 크레인
3. 리프트(이삿짐운반용 리프트의 경우에는 적재하중이 0.1톤 이상인 것으로 한정한다)
4. 곤돌라
5. 승강기

② 제1항 각 호의 기계의 뜻은 다음 각 호와 같다.
1. "크레인"이란 동력을 사용하여 중량물을 매달아 상하 및 좌우(수평 또는 선회를 말한다)로 운반하는 것을 목적으로 하는 기계 또는 기계장치를 말하며, "호이스트"란 훅이나 그 밖의 달기구 등을 사용하여 화물을 권상 및 횡행 또는 권상동작만을 하여 양중하는 것을 말한다.
2. "이동식 크레인"이란 원동기를 내장하고 있는 것으로서 불특정 장소에 스스로 이동할 수 있는 크레인으로 동력을 사용하여 중량물을 매달아 상하 및 좌우(수평 또는 선회를 말한다)로 운반하는 설비로서 「건설기계관리법」을 적용 받는 기중기 또는 「자동차관리법」제3조에 따른 화물·특수자동차의 작업부에 탑재하여 화물운반 등에 사용하는 기계 또는 기계장치를 말한다.
3. "리프트"란 동력을 사용하여 사람이나 화물을 운반하는 것을 목적으로 하는 기계설비로서 다음 각 목의 것을 말한다.
   가. 건설용 리프트 : 동력을 사용하여 가이드레일(운반구를 지지하여 상승 및 하강 동작을 안내하는 레일)을 따라 상하로 움직이는 운반구를 매달아 사람이나 화물을 운반할 수 있는 설비 또는 이와 유사한 구조 및 성능을 가진 것으로 건설현장에서 사용하는 것
   나. 산업용 리프트 : 동력을 사용하여 가이드레일을 따라 상하로 움직이는 운반구를 매달아 화물을 운반할 수 있는 설비 또는 이와 유사한 구조 및 성능을 가진 것으로 건설현장 외의 장소에서 사용하는 것
   다. 자동차정비용 리프트 : 동력을 사용하여 가이드레일을 따라 움직이는 지지대로 자동차 등을 일정한 높이로 올리거나 내리는 구조의 리프트로서 자동차 정비에 사용하는 것
   라. 이삿짐운반용 리프트 : 연장 및 축소가 가능하고 끝단을 건축물 등에 지지하는 구조의 사다리형 붐에 따라 동력을 사용하여 움직이는 운반구를 매달아 화물을 운반하는 설비로서 화물자동차 등 차량 위에 탑재하여 이삿짐 운반 등에 사용하는 것

문제 2

산업안전보건기준에 관한 규칙상 강관비계의 구조에 관한 내용이다. ( )에 들어갈 알맞은 것을 쓰시오.

> ○ 비계기둥의 간격은 띠장 방향에서는 (ㄱ) 미터 이하, 장선 방향에서는 (ㄴ) 미터 이하로 할 것.
> ○ 띠장 간격은 (ㄷ) 미터 이하로 할것. 다만 작업의 성질상 이를 준수하기가 곤란하여 쌍기둥틀 등에 의하여 해당 부분을 보강한 경우에는 그러지 아니하다.

정답

ㄱ : 1.85
ㄴ : 1.5
ㄷ : 2.0 "끝"

정답근거

산업안전보건기준에 관한 규칙

제60조(강관비계의 구조) 사업주는 강관을 사용하여 비계를 구성하는 경우 다음 각 호의 사항을 준수해야 한다.
1. 비계기둥의 간격은 띠장 방향에서는 1.85미터 이하, 장선(長線) 방향에서는 1.5미터 이하로 할 것. 다만, 다음 각 목의 어느 하나에 해당하는 작업의 경우에는 안전성에 대한 구조검토를 실시하고 조립도를 작성하면 띠장 방향 및 장선 방향으로 각각 2.7미터 이하로 할 수 있다.
    가. 선박 및 보트 건조작업
    나. 그 밖에 장비 반입·반출을 위하여 공간 등을 확보할 필요가 있는 등 작업의 성질상 비계기둥 간격에 관한 기준을 준수하기 곤란한 작업
2. 띠장 간격은 2.0미터 이하로 할 것. 다만, 작업의 성질상 이를 준수하기가 곤란하여 쌍기둥틀 등에 의하여 해당 부분을 보강한 경우에는 그러하지 아니하다.
3. 비계기둥의 제일 윗부분으로부터 31미터되는 지점 밑부분의 비계기둥은 2개의 강관으로 묶어 세울 것. 다만, 브라켓(bracket, 까치발) 등으로 보강하여 2개의 강관으로 묶을 경우 이상의 강도가 유지되는 경우에는 그러하지 아니하다.
4. 비계기둥 간의 적재하중은 400킬로그램을 초과하지 않도록 할 것

문제 3

흙막이 가시설 버팀 지지공법 5가지를 쓰시오.

정답

① 자립식
② 버팀대(strut)식
③ 당김줄식
④ 어스앵커(Earth Ancher)방식
⑤ 소일네일링(Soil Nailing)공법   "끝"

보충학습

흙막이공법의 구분

(1) 흙막이 지지방식에 의한 분류
  ① 자립공법
  ② 버팀대공법
   – 경사버팀대식 흙막이
   – 수평버팀대식 흙막이
  ③ Earth Anchor Method
  ④ Tie Rod Method

(2) 흙막이 구조방식에 의한 분류
  ① H-pile공법
  ② 버팀대공법
   – 강널말뚝공법
   – 강관널말뚝공법
  ③ 지하연속벽공법
   – 주열식 지하연속벽
   – 벽식 지하연속벽
  ④ Top Down Method(역타공법)

> **문제 4**
>
> 산업안전보건기준에 관한 규칙상 사업주가 구축물 등에 대한 구조검토 안전진단 등의 안전성 평가를 하여 위험성을 미리 제거해야하는 경우 5가지를 쓰시오.(단, 그 밖의 잠재위험이 예상될 경우는 제외함)

정답

① 구축물등의 인근에서 굴착·항타작업 등으로 침하·균열 등이 발생하여 붕괴의 위험이 예상될 경우
② 구축물등에 지진, 동해(凍害), 부동침하(不同沈下) 등으로 균열·비틀림 등이 발생했을 경우
③ 구축물등이 그 자체의 무게·적설·풍압 또는 그 밖에 부가되는 하중 등으로 붕괴 등의 위험이 있을 경우
④ 화재 등으로 구축물등의 내력(耐力)이 심하게 저하됐을 경우
⑤ 오랜 기간 사용하지 않던 구축물등을 재사용하게 되어 안전성을 검토해야 하는 경우
⑥ 구축물등의 주요구조부(「건축법」 제2조제1항제7호에 따른 주요구조부를 말한다. 이하 같다)에 대한 설계 및 시공 방법의 전부 또는 일부를 변경하는 경우   "끝"

정답근거

산업안전보건기준에 관한 규칙 제52조(구축물등의 안전성 평가)
사업주는 구축물등이 다음 각 호의 어느 하나에 해당하는 경우에는 구축물등에 대한 구조검토, 안전진단 등의 안전성 평가를 하여 근로자에게 미칠 위험성을 미리 제거해야 한다.

문제 5

산업안전보건기준에 관한 규칙상 타워크레인을 벽체에 지지하는 경우 준수 사항 4가지를 쓰시오.

정답

① 「산업안전보건법 시행규칙」 제110조제1항제2호에 따른 서면심사에 관한 서류(「건설기계관리법」 제18조에 따른 형식승인서류를 포함한다) 또는 제조사의 설치작업 설명서 등에 따라 설치할 것
② 제1호의 서면심사 서류 등이 없거나 명확하지 아니한 경우에는 「국가기술자격법」에 따른 건축구조·건설기계·기계 안전·건설안전기술사 또는 건설안전분야 산업안전지도사의 확인을 받아 설치하거나 기종별·모델별 공인된 표준방법을 설치할 것
③ 콘크리트구조물에 고정시키는 경우에는 매립이나 관통 또는 이와 같은 수준 이상의 방법으로 충분히 지지되도록 할 것
④ 건축 중인 시설물에 지지하는 경우에는 그 시설물의 구조적 안정성에 영향이 없도록 할 것
"끝"

정답근거

산업안전보건기준에 관한 규칙 제142조(타워크레인의 지지)

사업주는 타워크레인을 자립고(自立高) 이상의 높이로 설치하는 경우 건축물 등의 벽체에 지지하도록 하여야 한다. 다만, 지지할 벽체가 없는 등 부득이한 경우에는 와이어로프에 의하여 지지할 수 있다.

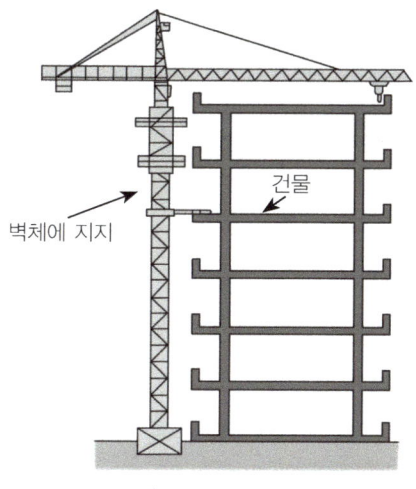

그림 벽체에 지지하는 경우

> [보충학습]

사업주는 타워크레인을 와이어로프로 지지하는 경우 다음 각 호의 사항을 준수해야 한다.
① 제2항제1호 또는 제2호의 조치를 취할 것
② 와이어로프를 고정하기 위한 전용 지지프레임을 사용할 것
③ 와이어로프 설치각도는 수평면에서 60도 이내로 하되, 지지점은 4개소 이상으로 하고, 같은 각도로 설치할 것
④ 와이어로프와 그 고정부위는 충분한 강도와 장력을 갖도록 설치하고, 와이어로프를 클립·샤클(shackle, 연결고리) 등의 고정기구를 사용하여 견고하게 고정시켜 풀리지 않도록 하며, 사용 중에는 충분한 강도와 장력을 유지하도록 할 것. 이 경우 클립·샤클 등의 고정기구는 한국산업표준 제품이거나 한국산업표준이 없는 제품의 경우에는 이에 준하는 규격을 갖춘 제품이어야 한다.
⑤ 와이어로프가 가공전선(架空電線)에 근접하지 않도록 할 것

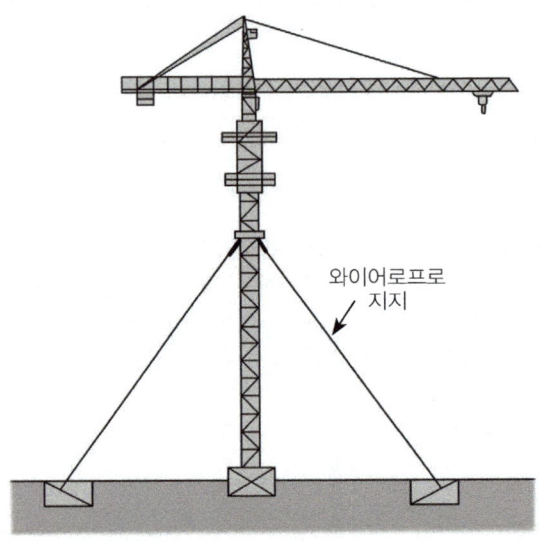

그림 와이어로프로 지지하는 경우

다음 논술형 2문제를 모두 답하시오.(각 25점)

문제 6

산업안전보건기준에 관한 규칙상 건설현장에서 사용되는 굴착기에 관하여 다음 물음에 답하시오.

물음 1) 굴착기에 사람이 부딪히는 것을 방지하기 위한 충돌위험 방지조치에 관하여 설명하시오.

물음 2) 굴착기를 사용하여 화물 인양작업을 하는 경우 굴착기가 갖추어야 할 사항 3가지를 쓰시오.

물음 3) 굴착기를 사용하여 인양작업을 하는 경우 준수해야 할 사항 5가지를 쓰시오.

정답

물음 1) 굴착기에 사람이 부딪히는 것을 방지하기 위한 충돌위험 방지조치에 관하여 설명하시오.

① 사업주는 굴착기에 사람이 부딪히는 것을 방지하기 위해 후사경과 후방영상표시장치 등 굴착기를 운전하는 사람이 좌우 및 후방을 확인 할 수 있는 장치를 굴착기에 갖춰야 한다.

② 사업주는 굴착기로 작업을 하기 전에 후사경과 후방영상표시장치 등의 부착상태와 작동 여부를 확인해야 한다.

정답근거

산업안전보건기준에 관한 규칙 제221조의2(충돌위험 방지조치)

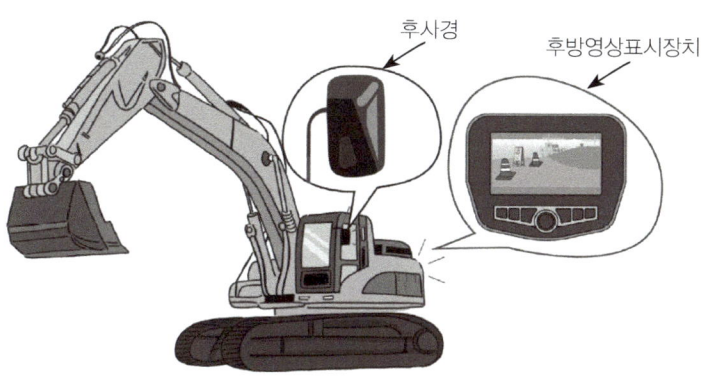

그림 충돌위험 방지조치

물음 2) 굴착기를 사용하여 화물 인양작업을 하는 경우 굴착기가 갖추어야 할 사항 3가지를 쓰시오.

① 굴착기의 퀵커플러 또는 작업장치에 달기구(훅, 걸쇠 등을 말한다)가 부착되어 있는 등 인양작업이 가능하도록 제작된 기계일 것
② 굴착기 제조사에서 정한 정격하중이 확인되는 굴착기를 사용할 것
③ 달기구에 해지장치가 사용되는 등 작업 중 인양물의 낙하우려가 없을 것

물음 3) 굴착기를 사용하여 인양작업을 하는 경우 준수해야 할 사항 5가지를 쓰시오.

① 굴착기 제조사에서 정한 작업설명서에 따라 인양할 것
② 사람을 지정하여 인양작업을 신호하게 할 것
③ 인양물과 근로자가 접촉할 우려가 있는 장소에 근로자의 출입을 금지시킬 것
④ 지반의 침하 우려가 없고 평평한 장소에서 작업할 것
⑤ 인양 대상 화물의 무게는 정격하중을 넘지 않을 것   "끝"

정답근거

산업안전보건기준에 관한 규칙 제221조의5(인양작업 시 조치)
①항 및 ②항

문제 7

사면파괴 및 붕괴에 관하여 다음 물음에 답하시오.
물음 1) 사면파괴의 종류 3가지를 쓰시오.
물음 2) 사면붕괴(활동)의 원인 중 내적원인(전단응력 감소 원인)에 대하여 5가지만 쓰시오.
물음 3) 사면붕괴(활동)의 원인 중 외적원인(전단응력 증가 원인)에 대하여 5가지만 쓰시오.

정답

물음 1) 사면파괴의 종류 3가지를 쓰시오.
① 사면 천단부 붕(파)괴
② 사면 중심부 붕(파)괴
③ 사면 하단부 붕(파)괴

물음 2) 사면붕괴(활동)의 원인 중 내적원인(전단응력 감소 원인)에 대하여 5가지만 쓰시오.
① 절토 사면의 토질·암질
② 성토 사면의 토질구성 및 분포
③ 토석의 강도 저하
④ 누수·용수
⑤ 지하수위의 변화

물음 3) 사면붕괴(활동)의 원인 중 외적원인(전단응력 증가 원인)에 대하여 5가지만 쓰시오.
① 사면, 법면의 경사 및 기울기의 증가
② 절토 및 성토 높이의 증가
③ 공사에 의한 진동 및 반복 하중의 증가
④ 지표수 및 지하수의 침투에 의한 토사 중량의 증가
⑤ 지진, 차량, 구조물의 하중작용
⑥ 토사 및 암석의 혼합층 두께   "끝"

정답근거

굴착공사표준안전작업지침

제28조(토석붕괴의 원인) ① 토석이 붕괴되는 외적 원인은 다음 각 호와 같으므로 굴착 작업시에 적절한 조치를 취하여야 한다.
1. 사면, 법면의 경사 및 기울기의 증가

2. 절토 및 성토 높이의 증가
3. 공사에 의한 진동 및 반복 하중의 증가
4. 지표수 및 지하수의 침투에 의한 토사 중량의 증가
5. 지진, 차량, 구조물의 하중작용
6. 토사 및 암석의 혼합층두께

② 토석이 붕괴되는 내적 원인은 다음 각 호와 같으므로 굴착작업시에 적절한 조치를 취하여야 한다.

1. 절토 사면의 토질·암질
2. 성토 사면의 토질구성 및 분포
3. 토석의 강도 저하

제29조(붕괴의 형태) ① 토사의 미끄러져 내림(Sliding)은 광범위한 붕괴현상으로 일반적으로 완만한 경사에서 완만한 속도로 붕괴한다.

② 토사의 붕괴는 사면 천단부 붕괴, 사면중심부 붕괴, 사면하단부 붕괴의 형태이며 작업위치와 붕괴예상지점의 사전조사를 필요로 한다.

③ 얕은 표층의 붕괴는 경사면이 침식되기 쉬운 토사로 구성된 경우 지표수와 지하수가 침투하여 경사면이 부분적으로 붕괴된다. 절토 경사면이 암반인 경우에도 파쇄가 진행됨에 따라서 균열이 많이 발생되고, 풍화하기 쉬운 암반인 경우에는 표층부 침식 및 절리발달에 의해 붕괴가 발생된다.

④ 깊은절토 법면의 붕괴는 사질암과 전석토층으로 구성된 심층부의 단층이 경사면 방향으로 하중응력이 발생하는 경우 전단력, 점착력 저하에 의해 경사면의 심층부에서 붕괴될 수 있으며, 이러한 경우 대량의 붕괴재해가 발생된다.

⑤ 성토경사면의 붕괴는 성토 직후에 붕괴 발생률이 높으며, 다짐불충분 상태에서 빗물이나 지표수, 지하수 등이 침투되어 공극수압이 증가되어 단위중량증가에 의해 붕괴가 발생된다. 성토자체에 결함이 없어도 지반이 약한 경우는 붕괴되며, 풍화가 심한 급경사면과 미끄러져 내리기 쉬운 지층구조의 경사면에서 일어나는 성토붕괴의 경우에는 성토된 흙의 중량이 지반에 부가되어 붕괴된다.

다음 논술형 2문제 중 1문제를 선택하여 답하시오. (25점)

문제 8

산업안전보건기준에 관한 규칙상 화재감시자에 관하여 다음 물음에 답하시오.
물음 1) 화재감시자의 업무 3가지를 쓰시오.
물음 2) 용접·용단 작업을 하는 경우 화재 감시자를 지정하여 배치해야 할 장소 3가지를 쓰시오.
물음 3) 사업주가 배치된 화재감시자에게 지급해야 할 3가지를 쓰시오.

정답

물음 1) 화재감시자의 업무 3가지를 쓰시오.
① 제1항 각 호에 해당하는 장소에 가연성물질이 있는지 여부의 확인
② 제232조제2항에 따른 가스 검지, 경보 성능을 갖춘 가스 검지 및 경보 장치의 작동 여부의 확인
③ 화재 발생 시 사업장 내 근로자의 대피 유도

물음 2) 용접·용단 작업을 하는 경우 화재 감시자를 지정하여 배치해야 할 장소 3가지를 쓰시오.
① 작업반경 11미터 이내의 바닥 하부에 가연성 물질이 11미터 이상 떨어져 있지만 불꽃에 의해 쉽게 발화될 우려가 있는 장소
② 작업반경 11미터 이내의 바닥 하부에 가연성물질이 11미터 이상 떨어져 있지만 불꽃에 의해 쉽게 발화될 우려가 있는 장소
③ 가연성 물질이 금속으로 된 칸막이·벽·천장 또는 지붕의 반대쪽 면에 인접해 있어 열전도나 열복사에 의해 발화 될 우려가 있는 장소

물음 3) 사업주가 배치된 화재감시자에게 지급해야 할 3가지를 쓰시오.
① 확성기
② 휴대용 조명기구
③ 화재 대피용 마스크(한국산업표준 제품이나 「소방산업의 진흥에 관한 법률」에 따른 한국소방산업기술원이 정하는 기준을 충족하는 것이어야 한다)등 대피용 방연장비를 지금
"끝"

정답근거

산업안전보건기준에 관한 규칙 제241조의2(화재감시자)

문제 9

교량작업에 관하여 다음 물음에 답하시오.
물음 1) 콘크리트교 상부구조 가설공법의 종류 4가지만 쓰시오.
물음 2) 거더(Girder) 인양 및 거치 후 전도방지를 위한 고정방법을 3가지만 쓰시오.
물음 3) 산업안전보건기준에 관한 규칙상 교량의 설치. 해체 또는 변경작업 시 준수 사항 4가지를 쓰시오.

정답

물음 1) 콘크리트교 상부구조 가설공법의 종류 4가지만 쓰시오.

① FSM(Full Staging Method)
② ILM(Incremental Launching Method)
③ FCM(Free Cantilever Method)
④ MSS(Movable Scaffolding System)
⑤ PSM(Precast Segment Method)

보충학습

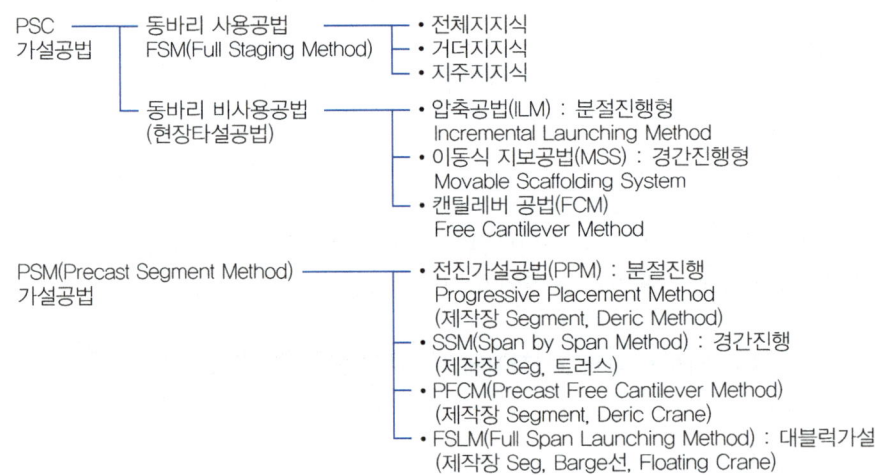

물음 2) 거더(Girder) 인양 및 거치 후 전도방지를 위한 고정방법을 3가지만 쓰시오.

① 와이어로프로 고정 : 매립된 철근에 와이어로프로 연결하여 턴버클로 고정
② 삼각프레임으로 고정 : 삼각프레임으로 전도되지 않도록 측면에 지지
③ 거더 받침쐐기로 고정 : 거더 하부에 쐐기형식으로 임시받침 설치
④ 전도방지철근으로 고정 : 철근으로 거더 전체를 일체로 연결하여 5m 간격으로 고정

물음 3) 산업안전보건기준에 관한 규칙상 교량의 설치. 해체 또는 변경작업 시 준수 사항 4가지를 쓰시오.

① 작업을 하는 구역에는 관계 근로자가 아닌 사람의 출입을 금지할 것
② 재료, 기구 또는 공구 등을 올리거나 내릴 경우에는 근로자로 하여금 달줄, 달포대 등을 사용하도록 할 것
③ 중량물 부재를 크레인 등으로 인양하는 경우에는 부재에 인양용 고리를 견고하게 설치하고, 인양용로프는 부재에 두 군데 이상 결속하여 인향하여야 하며, 중량물이 안전하게 거치되기 전까지는 걸이로프를 해제시키지 아니할 것
④ 자재나 부재의 낙하·전도 또는 붕괴 등에 의하여 근로자에게 위험을 미칠 우려가 있을 경우에는 출입금지구역의 설정, 자재 또는 가설시설의 좌굴(挫屈) 또는 변형 방지를 위한 보강재 부착 등의 조치를 할 것   "끝"

"이하여백"

정답근거

산업안전보건기준에 관한 규칙 제369조(작업 시 준수사항)

특별부록 1
참고문헌 및 자료

특별부록 1 참고문헌 및 자료

1. Campbell.A.,M.,$Alexander,M.1995.
2. ORP연구소, 직무능력중심 채용과 NCS, ORP연구소, 2016.
3. 고명훈, 생산관리시스템, 선학출판사, 2003.
4. 공민선, 기업정리력, 라온북, 2015.
5. 공업진흥청, ISO/IEC 인증제도에 관한 이론과 실제, 공업진흥청, 1995.
6. 권혁기외, 인전자원관리, 도서출판청람, 2015.
7. 김두환외 6인, 안전관리대사전, 한국안전연구원, 1993.
8. 김민준, 신인전자원관리, 법학사, 2016.
9. 김병석외 1인, 시스템안전공학, 형설출판사, 2006.
10. 김병진외 3인, 산업안전관리(공통), 한국산업안전공단, 1995.
11. 김병철, 프로젝트관리의 이해, 도서출판세화, 2010
12. 김영재외, 경영학개론, 한올출판사, 2017.
13. 김원경, 전략적인전자원관리, 형설출판사, 2005.
14. 김태경, 지금당장 경영학 공부하라, 한빛비즈, 2014.
15. 나기현, 전략적인전자원관리, 부산외국어대학교출판부, 2014.
16. 독학사학위연구소, 인전자원관리, (주)시대고시기획, 2017.
17. 李炯秀, 電氣安全工學槪論, 신광문화사, 1993.
18. 문용갑외, 조직갈등관리, 학지사, 2016.
19. 박재희외, 인간공학, 한경사, 2010.
20. 박필수, 産業安全管理論, 중앙경제사, 1993.
21. 서광석, 산업위생관리기사, 도서출판대학서림, 2004.
22. 서영민, 산업위생관리기사, 성안당, 2012.
23. 서창호외, 산업위생관리기술사 기출문제 예상문제해설, 한솔아카데미, 2017.
24. 손희주역, 심리학에 속지말라, 부키, 2014.
25. 양성환, 인간공학, 형설출판사, 2006.
26. 염경철, 품질경영기사, 성안당, 2013.
27. 염영하, 표준기계공작법, 동명사, 1997.
28. 오병권외4인, 인간과 환경, 경기도교육청, 2006.
29. 윤두열, 인전자원관리론, 무역경영사, 2016.

30. 이근희, 인간공학, 창지사, 1985.
31. 이덕수, 위험물기능장필기, (주)시대고시기획, 2015.
32. 이덕수외 1인, 위험물기능사필기, 도서출판 책과상상, 2015.
33. 이순룡외, 생산운영관리, 법문사, 2016.
34. 이영순외3인, 화공안전공학, 대영사, 1994.
35. 이우헌외, 경영학원론, 신영사, 2017.
36. 이종대, 알기쉬운산업보건학, 고려의학, 2004.
37. 이평원, 행정조직관리, 청목출판사, 2016.
38. 이헌, 생산관리, GS인터버전, 2016.
39. 日本總合安全硏究所, FTA安全工學, 機電硏究社, 2007.
40. 정병용외1인, 현대인간공학, 민영사, 2005.
41. 정순진, 경영학연습, 법문사, 2010.
42. 정일구, 도요다처럼 생산하고 관리하고경영하라, 시대의창, 2008.
43. 정재수, 산업안전보건 , 한국산업인력공단, 2002
44. 정재수, 건설안전기사 실기작업형, 도서출판세화, 2025
45. 정재수, 건설안전기사 실기필답형, 도서출판세화, 2025
46. 정재수, 건설안전기사 필기, 도서출판세화, 2025
47. 정재수, 건설안전기술사, 도서출판세화, 2025
48. 정재수, 건설안전산업기사 필기, 도서출판세화, 2025
49. 정재수, 고등학교 산업안전공학, 서울교과서, 2015
50. 정재수, 기계안전기술사, 도서출판세화, 2025
51. 정재수, 산업보건지도사필기1.2.3., 도서출판세화, 2025
52. 정재수, 산업안전기사 실기작업형, 도서출판세화, 2025
53. 정재수, 산업안전기사 실기필답형, 도서출판세화, 2025
54. 정재수, 산업안전기사필기, 도서출판세화, 2025
55. 정재수, 산업안전기사필기동영상, 한국방송통신대학교, 2017
56. 정재수, 산업안전산업기사필기, 도서출판세화, 2025
57. 정재수, 산업안전지도사실기(건설), 도서출판세화, 2025
58. 정재수, 산업안전지도사실기(기계), 도서출판세화, 2025
59. 정재수, 산업안전지도사필기1.2.3., 도서출판세화, 2025
60. 정재수, 재난안전방재 관계법규, 도서출판세화, 2015
61. 정재수, 전기안전기술사200점, 도서출판세화, 2025
62. 정재수, 화공안전기술사200점, 도서출판세화, 2025
63. 주상윤, 산업심리학, 울산대학출판부, 2009.
64. 진종순외, 조직형태론, 대영문화사, 2016.

65. 편집부, 보건산업100년사, 보건신문사, 2016.
66. 한국고시회편집부, NCS(국가직무능력표준)NHIS 국민건강보험공단NCS직업기초능력평가, 한국고시회, 2016.
67. 한국능률협회, 안전보건경영시스템 추진 실무과정, 한국능률협회, 1999.
68. 한국방재학회, 재난관리론, 도서출판구미서관, 2014.
69. 한국산업안전공단, 건설업 공종별 위험성 평가 모델, 한국산업안전공단, 2007.
70. 한국산업안전공단, 산업재해예방 기술에 관한연구, 한국산업안전공단, 2000.
71. 한국산업안전공단, 전기작업의 안전, 한국산업안전공단, 1993.
72. 한국산업안전학회, 불안전한 행동 인간특성에 관한연구, 한국산업안전학회, 1996.
73. 한국산업인력공단, 국가직무능력표준생산관리(공정관리), 진한엠엔비, 2015.
74. 한국산업인력공단, 국가직무능력표준생산관리(구매조달), 진한엠엔비, 2015.
75. 한국산업인력공단, 국가직무능력표준생산관리(자재관리), 진한엠엔비, 2015.
76. 한국생산성본부, 생산자동화 성공사례집, 한국생산성본부, 1999.
77. 한국표준협회, 표준화, 한국표준협회, 1999.
78. 한국표준협회, 품질경영, 한국표준협회, 1999.
79. 한돈희, 산업보건위생, 동화기술교역, 2011.
80. 한돈희외, 산업보건위생, 신광문화사, 2013.
81. 홍성수역, 생산관리, 새로운제안, 2007.

특별부록 2
답안지 양식 및
답안작성 시 유의사항

(총 권 중 번째)

1교시(과목)

(20)년도 ( )시험 답안지

과목명

수험자 확인사항	1. 답안지 인적사항 기재란 외에 수험번호 및 성명 등 특정인임을 암시하는 표시가 없음을 확인하였습니다. 확인 ☐ 2. 연필류, 유색필기구 등을 사용하지 않았습니다. 확인 ☐ 3. 답안지 작성시 유의사항을 읽고 확인하였습니다. 확인 ☐

답안지 작성시 유의사항

가. 답안지는 **표지, 연습지, 답안내지(16쪽)**로 구성되어 있으며, 교부받는 즉시 쪽 번호 등 정상 여부를 확인하고 연습지를 포함하여 1매라도 분리하거나 훼손해서는 안 됩니다.

나. 답안지 표지 앞면 빈칸에는 시행년도 · 자격시험명 · 과목명을 정확하게 기재하여야 합니다.

다. 채점 사항	1. 답안지 작성은 반드시 **검정색 필기구만 사용**하여야 합니다.(그 외 연필류, 유색필기구 등을 사용한 **답항은 채점하지 않으며 0점 처리**됩니다.) 2. 수험번호 및 성명은 반드시 연습지 첫 장 좌측 인적사항 기재란에만 작성하여야 하며, **답안지의 인적사항 기재란 외의 부분에 특정인임을 암시**하거나 답안과 관련 없는 특수한 표시를 하는 경우 **답안지 전체를 채점하지 않으며 0점 처리**합니다. 3. **계산문제는 반드시 계산과정, 답, 단위를 정확히 기재**하여야 합니다. 4. 요구한 가지(문제) 수 이상을 답란에 표기한 경우, 답란 기재 순으로 요구한 가지(문제) 수만 채점합니다. 5. 답안 정정 시에는 두 줄(=)을 긋고 다시 기재 또는 수정테이프 사용이 가능하며 수정액을 사용할 경우 채점상의 불이익을 받을 수 있으므로 사용하지 마시기 바랍니다. 6. 기 작성한 문항 전체를 삭제하고자 할 경우 반드시 해당 문항의 답안 전체에 명확하게 X표시하시기 바랍니다.**(X표시 한 답안은 채점대상에서 제외)** 7. 채점기준 및 모범답안은 「공공기관의 정보공개에 관한 법률」제9조제1항제5호에 의거 공개하지 않습니다.
라. 일반 사항	1. 답안 작성 시 문제번호 순서에 관계없이 답안을 작성하여도 되나, 문제번호 및 문제를 기재(긴 경우 요약기재 가능)하고 해당 답안을 기재하여야 합니다. 2. 각 문제의 답안작성이 끝나면 바로 옆에 **"끝"**이라고 쓰고, 최종 답안작성이 끝나면 줄을 바꾸어 중앙에 **"이하여백"**이라고 써야합니다. 3. 수험자는 시험시간이 종료되면 즉시 답안작성을 멈춰야 하며, 종료시간 이후 계속 답안을 작성하거나 감독위원의 답안지 **제출지시에 불응**할 때에는 **당회 시험을 무효처리**합니다. 4. 답안지가 부족할 경우 추가 지급하며, 이 경우 먼저 작성한 답안지의 16쪽 우측하단 [ ]란에 **"계속"**이라고 쓰고, 답안지 표지의 우측 상단(총 권 중 번째)에는 답안지 **총 권수, 현재 권수**를 기재하여야 합니다.**(예시: 총 2권 중 1번째)**

HRDK 한국산업인력공단

부정행위 처리규정

다음과 같은 행위를 한 수험자는 부정행위자 응시자격 제한 법률 및 규정 등에 따라 **당회 시험을 정지 또는 무효**로 하며, 그 시험 시행일로부터 **일정 기간 동안 응시자격을 정지**합니다.

1. 시험 중 다른 수험자와 시험과 관련한 대화를 하는 행위
2. 시험문제지 및 답안지를 교환하는 행위
3. 시험 중에 다른 수험자의 문제지 및 답안지를 엿보고 자신의 답안지를 작성하는 행위
4. 다른 수험자를 위하여 답안을 알려주거나 엿보게 하는 행위
5. 시험 중 시험문제 내용을 책상 등에 기재하거나 관련된 물건(메모지 등)을 휴대하여 사용 또는 이를 주고 받는 행위
6. 시험장 내·외의 자로부터 도움을 받고 답안지를 작성하는 행위
7. 사전에 시험문제를 알고 시험을 치른 행위
8. 다른 수험자와 성명 또는 수험번호를 바꾸어 제출하는 행위
9. 대리시험을 치르거나 치르게 하는 행위
10. 수험자가 시험시간 중에 통신기기 및 전자기기(휴대용 전화기, 휴대용 개인정보 단말기(PDA), 휴대용 멀티미디어 재생장치(PMP), 휴대용 컴퓨터, 휴대용 카세트, 디지털 카메라, 음성파일 변환기(MP3), 휴대용 게임기, 전자사전, 카메라 펜, 시각표시 이외의 기능이 부착된 시계)를 휴대하거나 사용하는 행위
11. 공인어학성적표 등을 허위로 증빙하는 행위
12. 응시자격을 증빙하는 제출서류 등에 허위사실을 기재한 행위
13. 그 밖에 부정 또는 불공정한 방법으로 시험을 치르는 행위

[연습지]

※ 연습지에 성명 및 수험번호를 기재하지 마십시오.(기재할 경우, 0점 처리됩니다.)
※ 연습지에 기재한 사항은 채점하지 않으나 분리하거나 훼손하면 안됩니다.

[연습지]

※ 연습지에 성명 및 수험번호를 기재하지 마십시오.(기재할 경우, 0점 처리됩니다.)
※ 연습지에 기재한 사항은 채점하지 않으나 분리하거나 훼손하면 안됩니다.

번호	

수험생 여러분의 합격을 기원합니다!

※ 여기에 기재한 사항은 채점하지 않으나, 분리하거나 훼손하면 안됩니다.
※ 채점기준 및 모범답안은 「공공기관의 정보공개에 관한 법률」
　 제9조제1항제5호에 의거 공개하지 않습니다.

HRDK 한국산업인력공단

저자약력

정재수(靑波 : 鄭再琇)

인하대학교 공학박사/GTCC 대학교 명예 교육학박사/한양대학교 공학석사/공학사/문학사/각종국가고시 출제, 검토, 채점, 감독, 면접위원역임/매경TV/EBS/KBS라디오 출연 및 강사/중소기업진흥공단 강사/대한산업안전협회 강사/호원대학교/신성대학교/대림대학교/수원대학교 외래교수/울산대학교/군산대학교/한경대학교 등 특강/한국폴리텍Ⅱ대학 산학협력단장, 평생교육원장, 산학기술연구소장, 디자인센터장/한국폴리텍 대학 교수/한국폴리텍대학남인천캠퍼스 학장/대한민국산업현장 교수/(사)대한민국에너지상생포럼 집행위원장/(사)한국안전돌봄서비스협회 회장/(사)대한민국 청렴코리아 공동대표/협성대학교 IPP 추진기획단 특별위원/GTCC대학교 겸임교수/인천광역시 새마을문고 및 직장 회장/ISO국제선임심사원/우수산업안전 숙련기술자/**한국방송통신대학교 및 한국폴리텍 대학 공동 선정 동영상 강의**

저서
- 산업안전공학(도서출판 세화)
- 건설안전기술사(도서출판 세화)
- 건설안전기사(필기, 실기 필답형, 실기 작업형)(도서출판 세화)
- 산업보건지도사 시리즈(도서출판 세화)
- 공업고등학교안전교재(서울교과서)
- 한국방송통신대학과 한국폴리텍대학 선정 동영상 촬영
- 기계안전기술사(도서출판 세화)
- 산업안전기사(필기, 실기 필답형, 실기 작업형)(도서출판 세화)
- 산업안전지도사 시리즈(도서출판 세화)
- 산업안전보건(한국산업인력공단)
- 산업안전보건동영상(한국산업인력공단) 등 60여권 저술

상훈
대한민국 근정 포장(대통령)/국무총리 표창/행정자치부 장관표창/300만 인천광역시민상 수상 및 효행표창 등 7회 수상/인천광역시 교육감 상 수상/Vision2010교육혁신대상수상/2018년 대한민국청렴대상수상/30년이상봉사 새마을기념장 수상/몽골옵스 주지사 표창 수상

출강기업(무순)
삼성(전자, 건설, 중공업, 조선, 물산)/현대(건설, 자동차, 중공업, 제철)/포스코건설/대우(건설, 자동차, 조선), SK(정유)/GS건설/에스원(S1)/두산(건설, 중공업), 동부(반도체), 멀티캠퍼스, e-mart, CJ 등 100여기업/이상 안전자격증특강

산업안전지도사 2차 전공필수

건설안전공학 과년도 문제

3판 3쇄 발행 2025. 3. 10.
2판 2쇄 발행 2024. 2. 10.
1판 1쇄 발행 2023. 4. 11.

지은이 정재수
펴낸이 박 용
펴낸곳 도서출판 세화 **주소** 경기도 파주시 회동길 325-22(서패동 469-2)
영업부 (031)955-9331~2 **편집부** (031)955-9333 **FAX** (031)955-9334
등록 1978. 12. 26 (제 1-338호)

정가 30,000원
ISBN 978-89-317-1328-2 13530
※ 파손된 책은 교환하여 드립니다.

본 도서의 내용 문의 및 궁금한 점은 더 정확한 정보를 위하여 저자분에게 문의하시고, 저희 홈페이지 수험서 자료실이나 저자 이메일에 문의바랍니다.
저자명 정재수(jjs90681@naver.com) TEL 010-7209-6627

산업안전, 건설안전, 기술사, 지도사 등 안전자격증취득 준비는 이렇게 하세요

기초부터 차근차근 다져나가는 것이 중요합니다.
이론 습득을 정확히 한 후 과년도 기출문제 풀이와 출제예상문제로 반복훈련하십시오.

기사 · 산업기사

STEP 1 | 기초 이론 | **기사 산업기사 필기** — 과목별 필수요점 및 이론 학습과 출제예상문제 풀이로 개념잡고 최근 과년도 기출문제 풀이로 유형잡는 필기 수험 완벽 대비서

STEP 2 | 기출 문제 풀이 | **기사 산업기사 필기과년도** — 과년도 기출문제를 상세한 백과사전식 문제풀이로 필기 수험 출제경향을 미리 알고 대비할 수 있는 최고·최상의 수험준비서

STEP 3 | 실기 대비 | **실기 필답형** — 요점 및 예상문제 합격작전과 과년도기출문제 풀이로 준비하는 실기 필답형시험 완벽 대비서

STEP 4 | 실전 테스트 | **실기 작업형** — 요점 및 예상문제 합격작전과 과년도기출문제 풀이로 준비하는 실기 작업형시험 완벽 대비서

지도사 · 기술사

STEP 1 | 공통 필수 | **1차 필기** — 과목별 필수요점과 출제예상문제 풀이 및 과년도 기출문제 풀이로 준비하는 1차 필기시험 완벽 대비서

STEP 2 | 전공 필수 | **2차 필기** — 전공별 필수요점과 출제예상문제 풀이 및 과년도 기출문제 풀이로 준비하는 2차 필기시험 완벽 대비서 (기술사 STEP 1, 2 동시)

STEP 3 | 실기 | **3차 면접** — 각 자격증별 면접의 시작부터 면접 사례까지, 심층면접 대비를 위한 면접합격 가이드

건설안전

「일품」 건설안전기사 필기, 건설안전산업기사 필기

2색 컬러 B5_합격요점 포함 [필기수험 대비 01]
- 본서의 요점정리는 간단하고 명료하게 구체적으로 표현을 했다.
- 본서는 최근 심도있게 거론이 되고 있는 출제예상문제를 빠짐없이 수록하여 타 교재와 차별화가 되도록 구성하였다.
- 건설안전기사(산업기사) 자격 취득의 결론은 본서의 요점과 예상문제 합격작전으로 합격을 보장할 수 있도록 엮었다.
- 최근까지 출제된 과년도 출제 문제를 수록하여 수험준비에 만전을 기하였다.

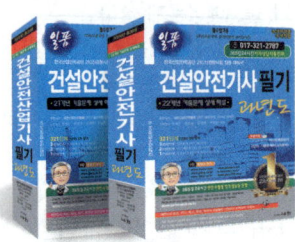

「일품」 건설안전기사필기 과년도, 건설안전산업기사필기 과년도

2색 컬러 B5_계산문제총정리, 미공개문제 포함 [필기수험 대비 02]
- 제1회의 해설에서 이해하지 못했다면 제2, 제3의 문제해설을 통하여 반드시 이해할 수 있도록 하였다.
- 한 문제(1항목)를 이해하여 열 문제(10항목)를 해결할 수 있게 구성하였다.
- 건설안전기사(산업기사) 자격취득의 결론은 본서의 문제와 해설의 합격작전으로 합격을 보장할 수 있도록 엮었다.
- 최근까지 출제된 과년도 출제 문제를 수록하여 수험준비에 만전을 기하였다.

「일품」 건설안전(산업)기사실기필답형, 건설안전(산업)기사실기작업형

2색 컬러 B5_최종정리 포함 [실기수험 대비 01] | _전면컬러 B5 [실기수험 대비 02]
- 본서의 요점정리는 간단하고 명료하게 구체적으로 표현을 했다.
- 본문의 요점에서 이해하지 못했다면 예상문제 합격작전에서 반드시 이해할 수 있도록 하였다.
- 한 문제(1항목)를 이해하면 열 문제(10항목)를 해결할 수 있도록 구성하였다.
- 참고 및 고시 등을 수록하여 단원마다 중요점을 재강조하였다.
- 본서는 최근 심도있게 거론이 되고 출제가 예상되는 모든 문제를 빠짐없이 수록하여 타 교재와 차별화가 되도록 구성하였다.
- 건설안전 자격취득의 결론은 본서의 요점과 예상문제 합격작전이 합격을 보장한다.

산업안전지도사

「일품」 산업안전지도사 1차필기

총 3단계로 구성 _1색 B5 [1차 필기수험 대비]
- [Ⅰ] 산업안전보건법령, [Ⅱ] 산업안전 일반, [Ⅲ] 기업진단 · 지도, 산업안전지도사(과년도)
- 본서의 요점정리는 간단하고 명료하게 구체적으로 표현을 했다.
- 본문의 요점에서 이해하지 못했다면 출제예상문제에서 반드시 이해할 수 있도록 하였다.
- 본서는 최근 심도있게 거론이 되고 있는 출제예상문제를 빠짐없이 수록하여 타 교재와 차별화가 되도록 구성하였다.
- 산업안전지도사 자격 취득의 결론은 본서의 요점과 예상문제 합격작전으로 합격을 보장할 수 있도록 엮었다.

「일품」 산업안전지도사 2차전공필수 및 3차 면접

총 4과목 중 택1 _1색 B5 [2차 전공필수수험 대비]
- 본서의 요점정리는 간단하고 명료하게 구체적으로 표현을 했다.
- 본문의 요점에서 이해하지 못했다면 출제예상문제에서 반드시 이해할 수 있도록 하였다.
- 산업안전지도사 자격 취득의 결론은 본서의 요점과 예상문제 · 실전모의시험 합격작전으로 합격을 보장할 수 있도록 엮었다.

산업안전

「일품」 산업안전기사 필기, 산업안전산업기사 필기

2색 컬러 B5_합격요점 포함 [필기수험 대비 01]

- 본서의 요점정리는 간단하고 명료하게 구체적으로 표현을 했다.
- 본서는 최근 심도있게 거론이 되고 있는 출제예상문제를 빠짐없이 수록하여 타 교재와 차별화가 되도록 구성하였다.
- 산업안전기사(산업기사) 자격 취득의 결론은 본서의 요점과 예상문제 합격작전으로 합격을 보장할 수 있도록 엮었다.
- 최근까지 출제된 과년도 출제 문제를 수록하여 수험준비에 만전을 기하였다.

「일품」 산업안전기사필기 과년도, 산업안전산업기사필기 과년도

2색 컬러 B5_계산문제총정리, 미공개문제 포함 [필기수험 대비 02]

- 제1회의 해설에서 이해하지 못했다면 제2, 제3의 문제해설을 통하여 반드시 이해할 수 있도록 하였다.
- 한 문제(1항목)를 이해하여 열 문제(10항목)를 해결할 수 있게 구성하였다.
- 산업안전기사(산업기사) 자격취득의 결론은 본서의 문제와 해설의 합격작전으로 합격을 보장할 수 있도록 엮었다.
- 최근까지 출제된 과년도 출제 문제를 수록하여 수험준비에 만전을 가하였다.

「일품」 산업안전(산업)기사실기필답형, 산업안전(산업)기사실기작업형

2색 컬러 B5_최종정리 포함 [실기수험 대비 01] | _전면컬러 B5 [실기수험 대비 02]

- 본서의 요점정리는 간단하고 명료하게 구체적으로 표현을 했다.
- 본문의 요점에서 이해하지 못했다면 예상문제 합격작전에서 반드시 이해할 수 있도록 하였다.
- 한 문제(1항목)를 이해하면 열 문제(10항목)를 해결할 수 있도록 구성하였다.
- 참고 및 고시 등을 수록하여 단원마다 중요점을 재강조하였다.
- 본서는 최근 심도있게 거론이 되고 출제가 예상되는 모든 문제를 빠짐없이 수록하여 타 교재와 차별화가 되도록 구성하였다.
- 산업안전 자격취득의 결론은 본서의 요점과 예상문제 합격작전이 합격을 보장한다.

기술사

「일품」 기계안전기술사, 건설안전기술사, 화공안전기술사, 전기안전기술사

1색 B5 [기술사 필기수험 대비]

- 본서의 요점정리는 간단하고 명료하게 구체적으로 표현을 했다.
- 본문의 요점에서 이해하지 못했다면 출제예상문제에서 반드시 이해할 수 있도록 하였다.
- 본서는 최근 심도있게 거론이 되고 있는 출제예상문제를 빠짐없이 수록하여 타 교재와 차별화가 되도록 구성하였다.
- 기술사 자격 취득의 결론은 본서의 요점과 예상문제 합격작전으로 합격을 보장할 수 있도록 엮었다.
- 최근까지 출제된 과년도 출제 문제를 수록하여 수험준비에 만전을 기하였다.

기술사 200점

「일품」 기계안전기술사, 건설안전기술사, 화공안전기술사, 전기안전기술사

1색 B5 [기술사 필기수험 대비]

- 본서의 요점정리는 간단하고 명료하게 구체적으로 표현을 했다.
- 본문의 요점에서 이해하지 못했다면 출제예상문제에서 반드시 이해할 수 있도록 하였다.
- 본서는 최근 심도있게 거론이 되고 있는 시사성문제 및 모범답안을 빠짐없이 수록하여 타 교재와 차별화가 되도록 구성하였다.
- 기술사 자격 취득의 결론은 본서의 요점과 예상문제 합격작전으로 합격을 보장할 수 있도록 엮었다.
- 최근까지 출제된 과년도 출제 문제를 수록하여 수험준비에 만전을 기하였다.

안전관리 수험서의 대표기업

도서출판 세화

기사 · 산업기사

「일품」 건설안전분야 수험서

> 우리나라 국내 각종 안전관리자격증 수험에 대비하려면 이러한 내용들을 학습해야 합니다. 대부분의 내용이 자격증 취득에 많은 도움을 주도록 알찬 내용들로 꾸며져 있습니다. 추천감수 : 대한산업안전협회 기술안전이사 공학박사 이백현

건설안전기사 필기 | 건설안전산업기사 필기 | 건설안전기사필기 과년도 | 건설안전산업기사필기 과년도 | 건설안전(산업)기사실기 필답형 | 건설안전(산업)기사실기 작업형

「일품」 산업안전분야 수험서

산업안전기사 필기 | 산업안전산업기사 필기 | 산업안전기사필기 과년도 | 산업안전산업기사필기 과년도 | 산업안전(산업)기사실기 필답형 | 산업안전(산업)기사실기 작업형

지도사 · 기술사

「일품」 산업안전지도사 수험서

1차 필기　　　　　　　　　　　　**2차 전공필수**　　　　　　**3차 면접**

[Ⅰ] 산업안전보건법령 | [Ⅱ] 산업안전 일반 | [Ⅲ] 기업진단·지도 | 기계안전공학 | 건설안전공학

안전분야 베스트셀러
34년 독보적 판매
최신 기출문제 수록

「일품」 기술사 200(300)점 수험서　　　　　「일품」 기술사 수험서

기계안전기술사 300점 | 건설안전기술사 300점 | 화공안전기술사 200점 | 전기안전기술사 200점 | 기계안전기술사 | 건설안전기술사

www.sehwapub.co.kr
에서 주문하세요!!